服装高等教育“十二五”部委级规划教材

服装CAD应用技术

徐蓼芫　沈　岳　赵　兵　编著

中国纺织出版社

内 容 提 要

本书是服装高等教育“十二五”部委级规划教材，根据高等院校服装专业培养目标和基本要求，结合作者多年的教学和应用实践经验编写而成，注重理论和实例相结合、结构和工业制版相结合，注重教材内容的系统性和完整性。

本书主要介绍格柏公司服装CAD操作系统，内容包括：系统的主要功能；样片设计系统中常用工具的用途和操作步骤；放缩系统中放缩表的建立、周边线和内部线的放缩方法；排料系统中注解档案、排版放置限制档案、款式档案、排版规范档案的建立和功能组成以及排版图的生成、编辑；服装CAD系统输入纸样和输出纸样、排版图的方法和操作步骤；不同服装CAD系统文件的转换；按传统的比例方法进行基础样片设计；利用间接法进行新样片设计；结合服装企业生产实际，以经典男西服为例进行工业制版。

本书可作为各类服装院校服装CAD教学的教材，服装企业技术人员的技术培训与参考用书，也可供广大服装从业人员和爱好者学习使用。

图书在版编目（CIP）数据

服装CAD应用技术 / 徐蓼芫，沈岳，赵兵编著 . —北京：中国纺织出版社，2015. 9
服装高等教育“十二五”部委级规划教材
ISBN 978-7-5180-1685-3

Ⅰ. ①服… Ⅱ. ①徐…②沈…③赵… Ⅲ. ①服装设计—计算机辅助设计—AutoCAD软件—高等学校—教材 Ⅳ. ①TS941. 26

中国版本图书馆CIP数据核字（2015）第118425号

策划编辑：金 昊　责任编辑：杨 勇　责任校对：余静雯
责任设计：何 建　责任印制：王艳丽

中国纺织出版社出版发行
地址：北京市朝阳区百子湾东里A407号楼　邮政编码：100124
销售电话：010—67004422　传真：010—87155801
http://www.c-textilep.com
E-mail:faxing@c-textilep.com
中国纺织出版社天猫旗舰店
官方微博 http://weibo.com/2119887771
北京通天印刷有限责任公司印刷　各地新华书店经销
2015年9月第1版第1次印刷
开本：787×1092　1/16　印张：13.25
字数：233千字　定价：32.00元

出版者的话

《国家中长期教育改革和发展规划纲要》中提出“全面提高高等教育质量”、“提高人才培养质量”，教育部教高［2007］1号文件“关于实施高等学校本科教学质量与教学改革工程的意见”中，明确了“继续推进国家精品课程建设”、“积极推进网络教育资源开发和共享平台建设，建设面向全国高校的精品课程和立体化教材的数字化资源中心”，对高等教育教材的质量和立体化模式都提出了更高、更具体的要求。

“着力培养信念执著、品德优良、知识丰富、本领过硬的高素质专门人才和拔尖创新人才”，已成为当今本科教育的主题。教材建设作为教学的重要组成部分，如何适应新形势下我国教学改革要求，配合教育部“卓越工程师教育培养计划”的实施，满足应用型人才培养的需要，在人才培养中发挥作用，成为院校和出版人共同努力的目标。中国纺织服装教育学会协同中国纺织出版社，认真组织制订“十二五”部委级教材规划，组织专家对各院校上报的“十二五”规划教材选题进行认真评选，力求使教材出版与教学改革和课程建设发展相适应，充分体现教材的适用性、科学性、系统性和新颖性，使教材内容具有以下三个特点：

（1）围绕一个核心——育人目标。根据教育规律和课程设置特点，从提高学生分析问题、解决问题的能力入手，教材附有课程设置指导，并于章首介绍本章知识点、重点、难点及专业技能，增加相关学科的最新研究理论、研究热点或历史背景，章后附形式多样的思考题等，提高教材的可读性，增加学生学习兴趣和自学能力，提升学生科技素养和人文素养。

（2）突出一个环节——实践环节。教材出版突出应用性学科的特点，注重理论与生产实践的结合，有针对性地设置教材内容，增加实践、实验内容，并通过多媒体等形式，直观反映生产实践的最新成果。

（3）实现一个立体——开发立体化教材体系。充分利用现代教育技术手段，构建数字教育资源平台，开发教学课件、音像制品、素材库、试题库等多种立体化的配套教材，以直观的形式和丰富的表达充分展现教学内容。

教材出版是教育发展中的重要组成部分，为出版高质量的教材，出版社严格甄选作者，组织专家评审，并对出版全过程进行跟踪，及时了解教材编写进度、编写质量，力求做到作者权威、编辑专业、审读严格、精品出版。我们愿与院校一起，共同探讨、完善教材出版，不断推出精品教材，以适应我国高等教育的发展要求。

中国纺织出版社

教材出版中心

前言

随着服装产业不断升级转型，服装生产向数字化、智能化发展日趋迅猛。服装CAD是集计算机图形学、数据库、网络通信等计算机技术与服装专业知识于一体的高新技术，在服装设计中，按照设计要求，利用计算机软硬件系统，通过人机交互手段，实现高新科技手段与服装设计的紧密结合，使计算机技术在服装领域得到了广泛的应用。目前服装CAD的运用已经成为服装企业设计水平、产品质量和国际市场竞争力的重要标志，在推动服装行业转型升级过程中起了巨大的作用，不断为服装行业注入新的生机，同时也成为服装企业在激烈的国际竞争中获胜的法宝。

本书选用美国格柏科学有限公司开发的AccuMark V8.3系统进行介绍。内容分两大部分共九章：第一部分为基础理论，详细介绍系统样片设计、放缩、排版、读图、绘图、裁割和文件转换等各种功能，为读者学习奠定基础。第二部分为应用与实践，内容包括基础样片设计，样片变化设计和工业制版应用实例。基础样片设计主要按传统的比例方法，对男式经典品种如西裤、衬衫、西服以及第八代文化式女上衣原型进行样片设计；样片变化设计则利用间接法进行新样片设计，分别在原有样片基础上通过分割、加放缩减、省道转移等方法进行修改，生成变化款样片；同时，结合服装企业生产实际，以经典男西服为例进行CAD制版、放码与排料等。

本书由南通大学徐蓼芫、沈岳、赵兵编著。第一章至第四章由沈岳编写，第五章至第六章由赵兵编写，第七章至第九章由徐蓼芫编写，侯昀彤作图。在编写过程中，诸多同行专家和老师给予了大力支持，南通大学杏林学院给予了经费资助，在此一并致谢。

由于作者的水平有限，疏漏之处在所难免，恳请广大读者提出宝贵意见。

编著者

2015年6月

教学内容及课时安排

章/课时	课程性质/课时	节	课程内容
第一章（4课时）	基础理论（36课时）		•服装CAD界面介绍
		一	格柏软件主界面
		二	资源管理界面
		三	样片设计界面
第二章（16课时）			•服装CAD样片设计系统
		一	点工具使用
		二	线段工具使用
		三	样片工具使用
		四	量度工具使用
第三章（4课时）			•服装CAD放缩系统
		一	放缩表建立
		二	周边线放缩
		三	内部线放缩
第四章（4课时）			•服装CAD排料系统
		一	产生排版图的流程
		二	排版系统
第五章（4课时）			•读图、绘图与裁割
		一	服装CAD读图
		二	服装CAD绘图
		三	服装CAD裁割
第六章（4课时）			•服装CAD资料文件转换
		一	资料转换工具的操作
		二	力克文件转换

章/课时	课程性质/课时	节	课程内容
第七章（12课时）	应用与实践（28课时）		•基础样片设计
		一	男西裤样片设计
		二	男衬衫样片设计
		三	男西服样片设计
		四	女装原型样片设计
第八章（8课时）			•样片变化设计
		一	男西裤纸样的变化
		二	男衬衫纸样的变化
		三	男西服纸样的变化
		四	女装纸样的变化
第九章（8课时）			•工业制版应用实例
		一	配齐零部件
		二	加放缝份
		三	做缝制标记
		四	样片放缩
		五	排版操作

注 各院校可根据自身的教学特色和教学计划对课程时数进行调整。

目录

基础理论——

服装CAD界面介绍

课题名称： 服装CAD界面介绍

课题内容： 1. 格柏软件主界面

2. 资源管理界面

3. 样片设计界面

课题时间： 4课时

学习目的： 1. 了解主界面的组成。

2. 掌握储存区的建立、删除、增加。

3. 了解资料的查看、复制和删除。

4. 熟悉样片设计界面分布。

学习重点： 储存区的建立和编辑。

教学方式： 以课堂操作讲授和上机练习为主要授课方式。

教学要求： 熟悉各界面，能够建立、删除、增加储存区。

课前课后准备： 课前了解服装CAD发展现状，课后上机实践。

第一章　服装CAD界面介绍

格柏服装CAD系统是目前世界上最优秀的两大服装设计软件之一，该系统可安装成英文、中文和简繁中文三个版本。格柏系统是美国格柏公司出品的一款优秀的集样版制作、放码、排版图制作和预裁割为一体的自动化服装辅助设计软件，吸纳了众多优秀服装CAD的精粹，代表着这一领域的最高水准，相比其他的服装CAD，具备更高的稳定性和效率性。

本章主要介绍格柏软件主界面、资源管理界面、样片设计界面的组成和主要功能。

第一节　格柏软件主界面

AccuMark软件可以通过双击软件图标即可启动Gerber LanchPad，它主要由四部分功能组成：样片设计、排版、绘图输出、资料管理，如图1-1所示。

一、样片设计功能

点击“样片处理，读图，PDS”，进入样片设计功能界面（图1-2），包括了下列功能键：

（1）：样版设计。

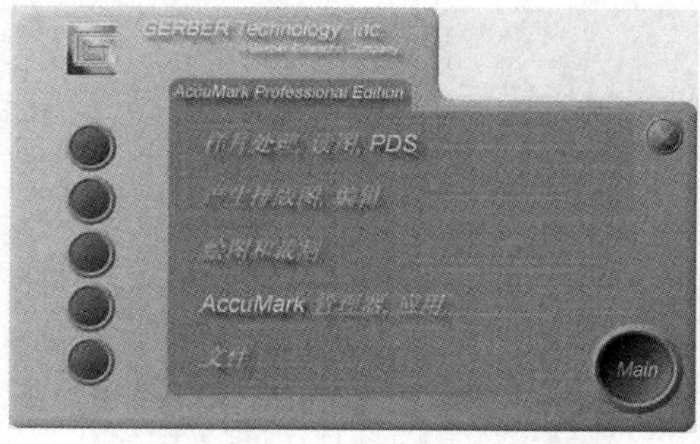

图1-1

图1-2

（2）修改读图资料：显示和编辑样片的读图资料。

（3）放缩表：设定样片尺码和各个点的放缩规则。

（4）输入用户设置：导入PDS中工作环境的个性化设置。

（5）输出用户设置：导出个性化设置，包括对工具列、参数等设置。

二、排版功能

点击“产生排版图，编辑”，进入排版功能界面（图1–3），主要包括了下列功能键：

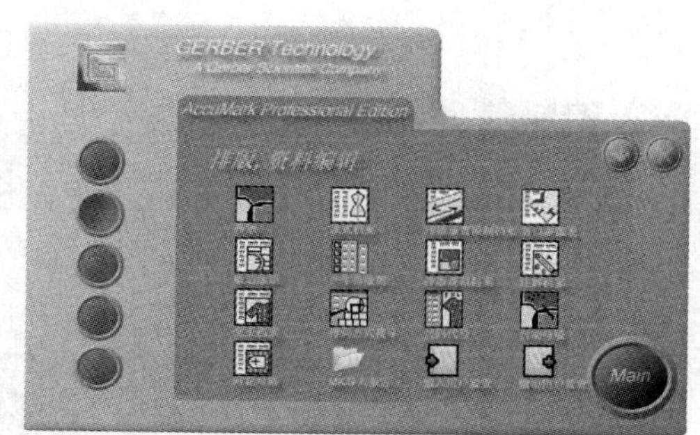

图1–3

（1）：排版。

（2）款式档案：设定组成一件衣服所需的样片及其数量。

（3）排版放置限制档案：设定布料的拉布方式，件份的方向及排版时样片所受的限制。

（4）剪口参数表：设定绘制和裁割的剪口的类型和尺寸。

（5）版边版距：样片的周边线位置预留样版间的距离。

（6）产生排版图。

（7）排版规范档案：设定排版图的相关资料，如布宽、注解、排版放置限制、尺码搭配等。

（8）注解：设定绘图输出时，样片上所写的内容。

（9）变更：设定变更的规则。

（10）排版方式搜寻表。

（11）尺码代号：和变更同时使用。

（12）自动排版。

（13）对花对格：设定样片之间或样片与布料的对格关系。

三、绘图输出功能

点击“绘图和裁割”，进入绘图输出功能界面（图1–4），包括了下列功能键：

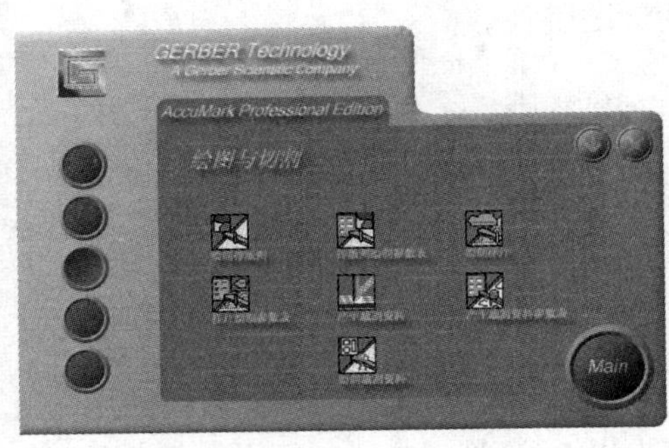

图1-4

（1）绘制排版图。

（2）排版图绘制参数表。

（3）绘制样片。

（4）样片绘制参数表。

（5）产生裁割资料。

（6）产生裁割资料参数表。

（7）裁割绘图。

四、资料管理功能

点击“AccuMark管理器，应用”，进入资料管理功能界面（图1-5），主要包括了下列功能键：

图1-5

（1）AccuMark 资源管理器。

（2）硬件设置。

（3）AccuMark 应用。

（4）查找。

（5）活动讯息记录。

（6）安装许可文件。

第二节　资源管理界面

一、储存区

（一）建立新储存区

储存区是用户在系统硬盘或者网络驱动器上定义的工作区域，用来保存文件。

（1）打开AccuMark资源管理器，如图1-6所示。

（2）在管理器的左面选择相应的驱动区盘符，如C盘、D盘等。

（3）在右面空白区域按鼠标的右键，选择【新建】—【储存区】。

（4）输入储存区的名称。

（二）删除储存区

选中要删除的储存区然后按键盘上的【Delete】，选择【是】，这样储存区就被删除了。

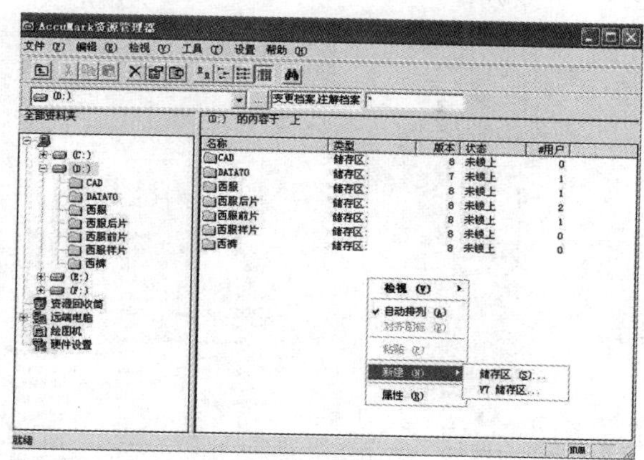

图1-6

（三）增加储存区

（1）如果想要除了C盘以外的驱动器也为AccuMark存放资料使用，要在相应的驱动器跟目录下建立Userroot/Storage的文件夹，复制C盘中的储存区到指定的磁盘中，在AccuMark 资源管理器中可能查看不到这些增加的储存区，需要运行Data Scan 来恢复增加的储存区。通过运行【所有程序】—【启动】—【AccuMark Data Scan】来实现，如图1–7所示。

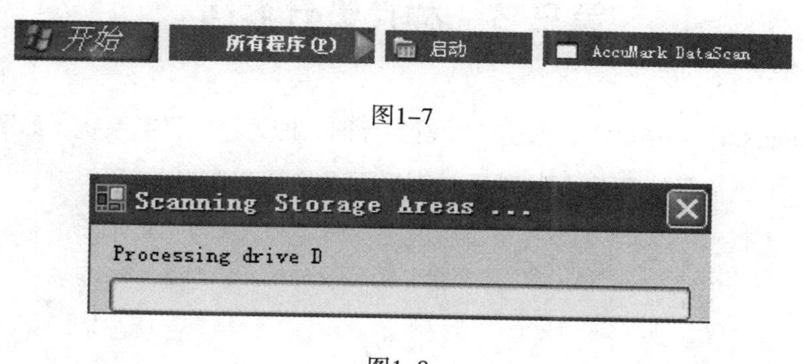

图1–7

图1–8

（2）屏幕上出现资料扫描界面，如图1–8所示。

（3）检查完毕后在AccuMark资源管理器中能查看到增加的储存区。

二、资料管理

（一）查看资料

（1）左边区域选择相应的储存区，右边区域自动显示储存区里的资料，如图1–9所示。

（2）方框注明的三个选项分别是储存区、资料种类、名称。

（二）资料复制、删除

（1）复制：选择相应的文件，可以通过直接拖动到其他储存区进行复制。

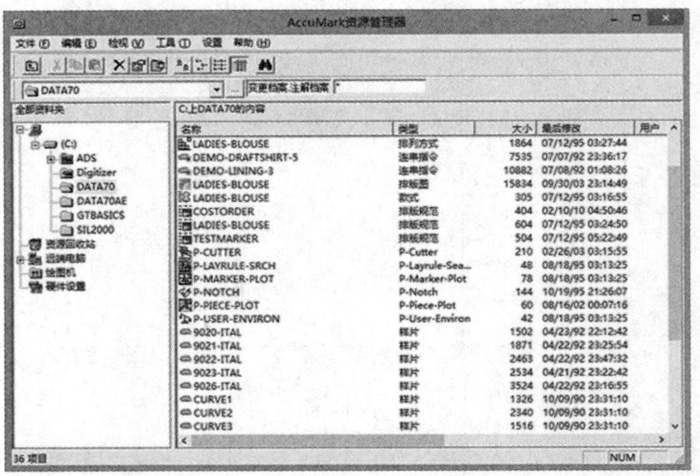

图1-9

（2）删除：删除后的资料可以从【资源回收筒】中复原，但假设是删除整个储存区，则资料无法复原。

第三节　样片设计界面

打开AccuMark的LaunchPad，双击样片设计界面，即可进入打版系统，如图1-10所示。

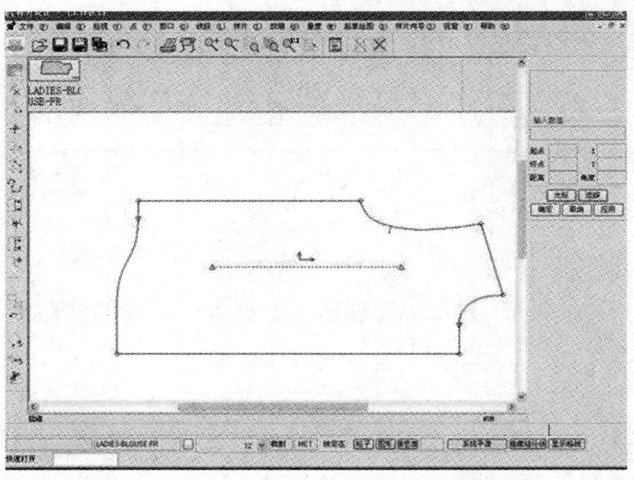

图1-10

一、图像单

样片设计界面图像单如图1-11所示。

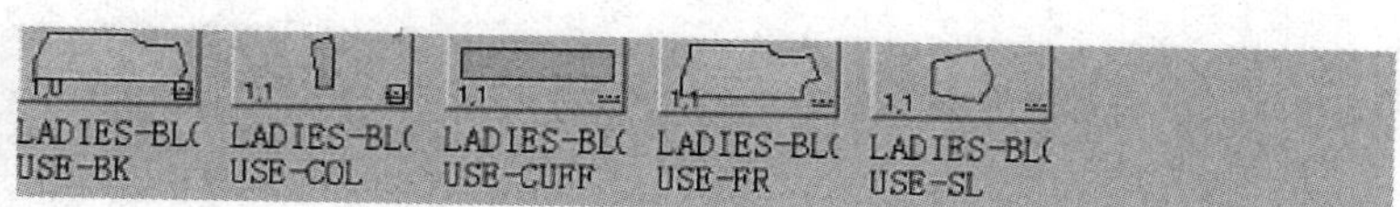

图1–11

二、PDS菜单列

菜单内主要有9个下拉菜单：【文件】【编辑】【检视】【点】【剪口】【线段】【样片】【放缩】【量度】。

三、标准工具列

样片设计界面标准工具列如图1–12所示。

图1–12

四、用户输入列

样片设计界面用户输入列如图1–13所示。

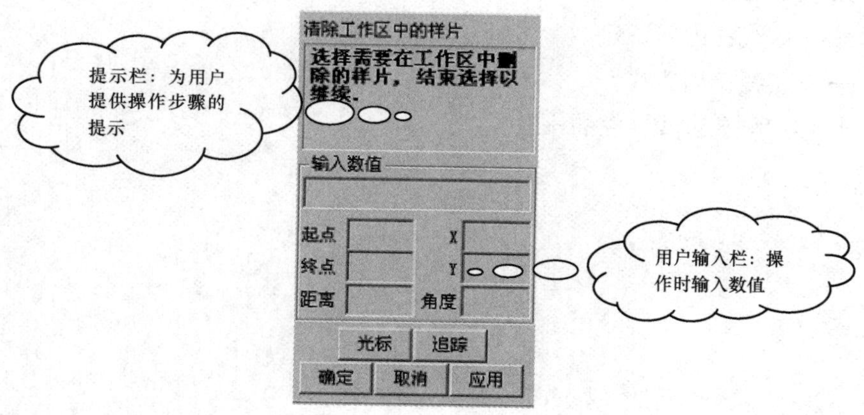

图1–13

五、资料列

资料列提供正在处理的样片或款式的资料，如图1–14所示。

（1）款式名称。

（2）样片名称。

（3）基准码。

（4）周边线的种类：裁割/缝份。

图1-14

（5）量度的制度：公制/英制。

（6）锁定格线，图形，精密度。

（7）系统平滑。

（8）隐藏缝份线。

（9）显示格线。

（10）快速开启：如果用户知道款式或样片的名称，直接在快速开启项目输入名称。

六、工作区域

样片的各种符号：

（1）▲ 三角形：线段的末端点。

（2）▼ 倒三角形：放缩点。

（3）◆ 棱形：在线段末端的放缩点。

（4）□ 空心方形：线段上的位置。

（5）■ 实心方形：中间点。

（6）------ 虚线：内部资料。

（7）—— 实线：周边线。

（8）十 形：袋孔位或独立的一点。

（9）| 形：剪口。

基础理论——

服装CAD样片设计系统

课题名称：服装CAD样片设计系统

课题内容：1. 点工具使用
2. 线段工具使用
3. 样片工具使用
4. 量度工具使用

课题时间：16课时

学习目的：1. 掌握点工具使用技术。
2. 掌握线段工具使用技术。
3. 掌握样片工具使用技术。
4. 掌握量度工具使用技术。

学习重点：点、线、样片的创建、修改和删除，各种测量工具的区别。

教学方式：以课堂操作讲授和上机练习为主要授课方式。

教学要求：能够利用点、线、样片、量度工具进行样片设计、编辑。

课前课后准备：课前复习结构知识，课后上机实践。

第二章　服装CAD样片设计系统

本章主要介绍样片设计系统中常用的点、线、样片、量度四个工具的用途和操作步骤。点、线、样片工具一般分为三大块：创建、删除和修改，量度工具包含样片各种测量方法，这些为样片的编辑提供方便。

第一节　点工具使用

点的工具有三个用途：点的增加、删除和修改。

在使用点的工具时，有两个关键的技术。

（1）选一点：该软件选点时，一定要沿线选择点（除非点不在线上，那么可以直接选择）。即先用鼠标左键点击该点所在的线，然后不要松开左键，沿线选择该点。

（2）精确设置（增加、移动）点的位置：沿线选择参考点或即将移动的点，不要松开左键，再按下右键后同时释放左右键，从而激活用户输入区，在用户输入区输入相应数值后确定即可。

点工具中有以下常用的工具：

（1）：增加点。

（2）：加钻孔点。

（3）：线上加点。

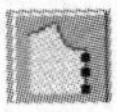

（4）：交接点。

（5）：删除点。

（6）：移动一点。

（7）：移动点。

（8）：沿线移动点。

（9）：水平移动点。

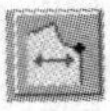

（10）：垂直移动点。

（11）：顺滑移动点。

（12）：顺滑沿线移动点。

（13）：顺滑水平移动点。

（14）：顺滑垂直移动点。

一、增加一个点

1. 用途

为一根线段增加一个点或者为一个样片增加一个内部钻孔点。

2. 操作步骤

（1）用鼠标左键点击上袖边，不要松开左键，沿该线选择上袖口点，不要松开左键，再按下右键后同时释放左右键，从而激活用户输入区，如图2–1所示。

（2）在用户输入区输入数值后确定，如图2–2所示。

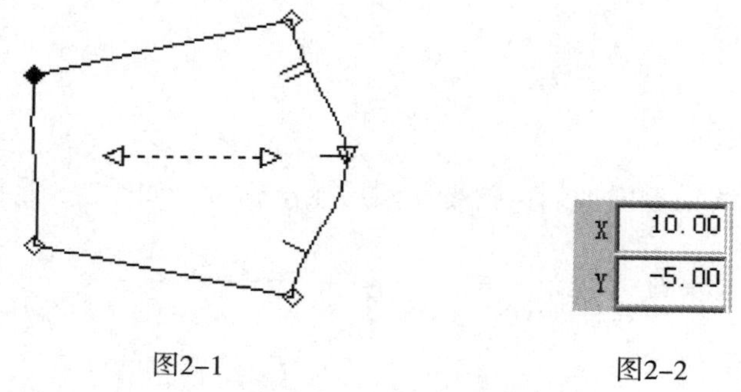

图2–1　　图2–2

（3）在预期的位置已加上点。

二、增加多个点

（一）加钻孔点

1. 用途

为样片内部成比例地增加钻孔点或使用这个命令来定纽扣位。

2. 操作步骤

（1）选择起始点和结束点上是否加钻孔点的选项，如图2–3所示。

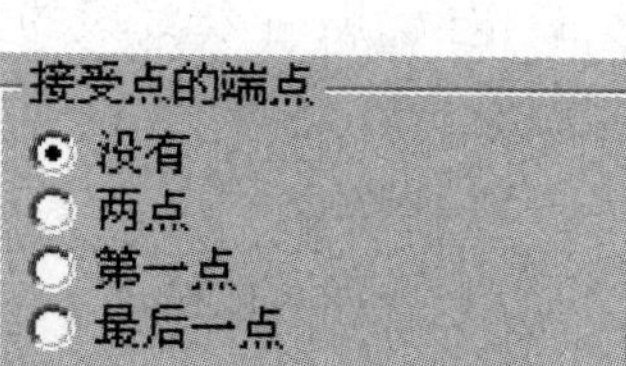

图2–3

①没有：起始点和结束点都不加钻孔点。

②两点：起始点和结束点都加钻孔点。

③第一点：起始点上加钻孔点。

④最后一点：结束点上加钻孔点。

（2）在样片内点击起始点所在位置。

（3）在样片内点击结束点所在位置。

（4）输入在起始点和结束点之间的钻孔数量3，点击确定或者敲击回车。在这两点之间，5个钻孔点将平均分布。

（5）点击鼠标右键该样片，然后点击确定，如图2–4所示。

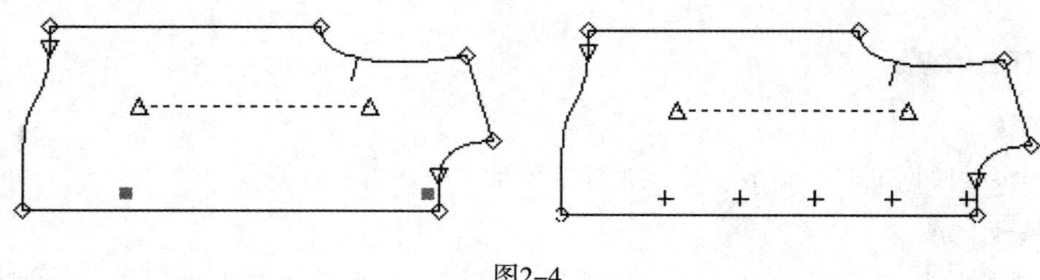

图2–4

（二）线上加点

1. 用途

按比例在线段上增加点。

2. 操作步骤

（1）选择分布点的线段。

（2）输入按比例在线段上增加的点数量，然后点击确定，如图2–5所示。

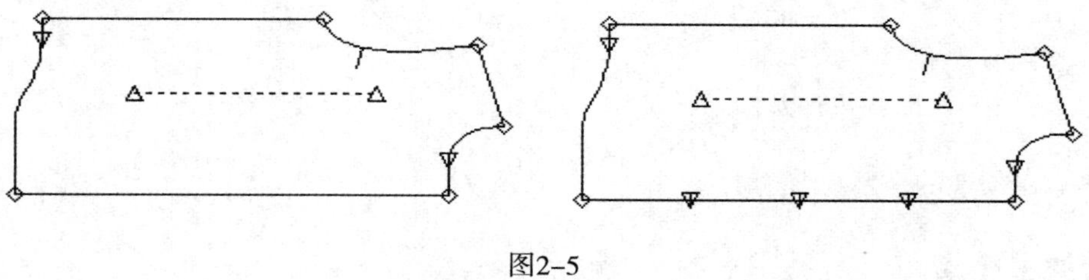

图2–5

三、交接点

1. 用途

设定两根不平行线段的交接点，或者线段延长以后的交接点。如果该点不在线段上，则系统会将该交接点标记为一个钻孔点（+）。

2. 操作步骤

（1）选择两根线段。

（2）点击鼠标右键，然后点击确定。

注　如果选择的两条线段相交，所产生的交接点位于后选线段上。

四、删除点

1. 用途

删除中间点、剪口点、放缩点。

2. 操作步骤

（1）选择要删除的点。可以选择同一个样片上的一个点、多个点或者不同样片上的多个点。

（2）点击鼠标右键，然后点击确定。

注 不能删除线段的末端点。

五、修改点

（一）移动一点

1. 用途

可移动一点至新的位置，而相邻的点保持不变。

2. 操作步骤

（1）选择样片上需要移动的点。该点可以是在周边线上，也可以是一个结束点、钻孔点或者是内部线上的一点。

（2）指定该点新的位置，如图2–6所示。

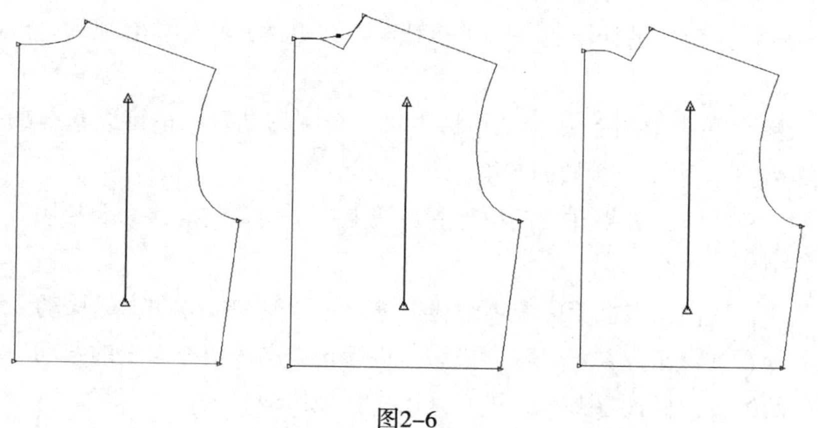

图2–6

（二）移动点

1. 用途

可移动选中的一点或多个点至新的位置，而其他点保持不变。

2. 操作步骤

（1）选择样片上需要移动的点（可多选，可框选）。该点可以是在周边线上的点，也可以是一个结束点、钻孔点或者是内部线上的一点。

（2）右键确定后指定该点的新位置。在X域和Y域中输入移动量。移动量可以是正值或者是负值。点击OK或者按回车键。

（3）点击鼠标右键，然后点击OK，如图2–7所示。

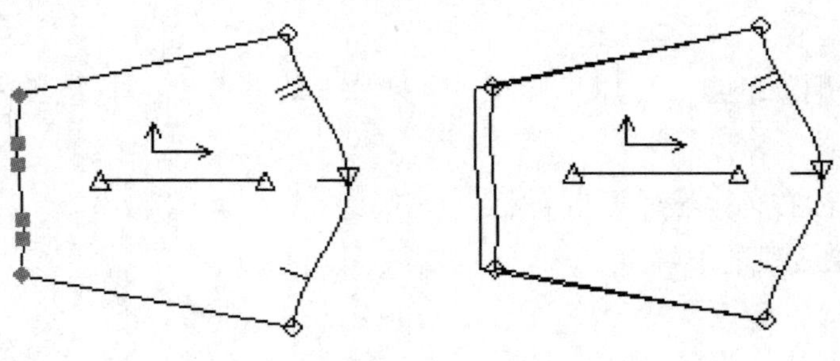

图2–7

（三）沿线移动点

1. 用途

把一点沿着原来的线段移动，而相邻的点会保持不变。

2. 操作步骤

（1）选择需要移动的点。

（2）将该点移动到新的位置。

①在光标模式下，当光标移动的时候，该点也沿着线进行移动。如果选择的是一个结束点，则该点和该点对应的线段也一起进行移动。在点达到目标位置以后，点击鼠标左键进行定位。

②在输入模式下， 在开始域和结束域中输入目标移动量。也可以在距离域中输入该点目标移动距离。点击OK或者按回车键。

注　在输入模式下，如果在移动样片周边线上一个角点的时候需要控制其方向的话，选择下列副选项。

a. 第一条线：让该角点在第一根周边线上进行正方向和负方向上的移动。

b. 第二条线：让该角点在第二根周边线上进行正方向和负方向上的移动。

c. 最接近的线：鼠标接近哪一条线，哪条线就会移动。

（3）点击鼠标右键，然后点击OK，如图2–8所示。

注　如果一个剪口点沿着曲线进行移动，在该剪口点原来的位置会增加一个点来定位曲线的外形。

（四）水平移动点

1. 用途

沿着X轴的方向水平移动一个点或者一组点。

2. 操作步骤

（1）选择副选项中移动两个结合的点（保证一点水平移动）。

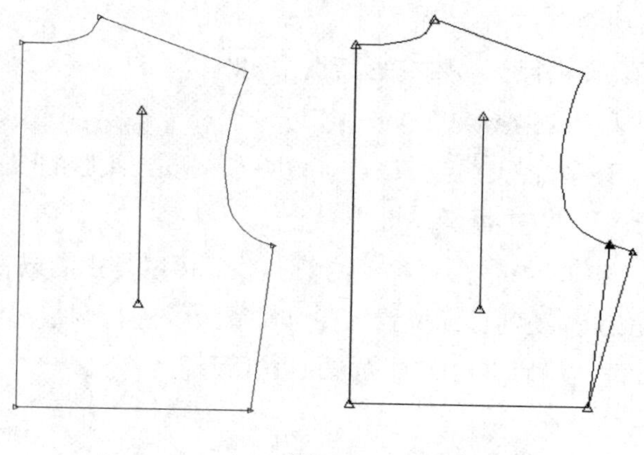

图2-8

（2）选择需要移动的点。

（3）结束选择后，点击鼠标右键，然后点击OK，如图2-9所示。

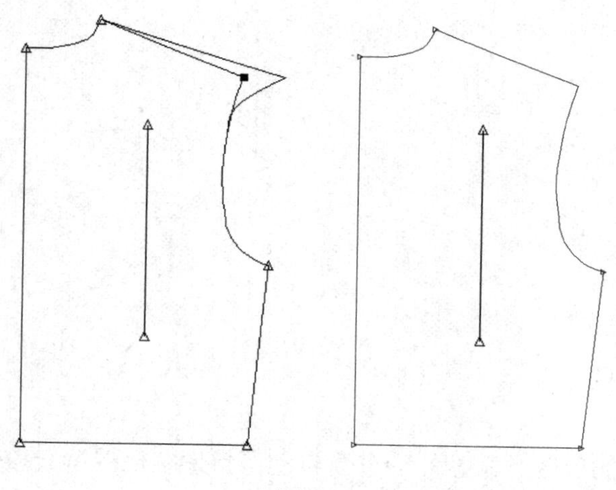

图2-9

（4）移动该点至目标位置。

①在光标模式下，移动光标来定位该点。该点和在该点两侧的线段都会随着光标一起移动。在到达目标位置后，点击鼠标左键进行定位。

②在输入模式下，输入*X*域中需要移动的值，该值可以是正的或者是负的。点击OK或者按回车键。系统将该点移动到指定的位置，并且对周边线进行调整。

（5）点击鼠标右键，然后点击OK。

（五）垂直移动点

1. 用途

沿着*Y*轴的方向垂直移动一个点或一组点。

2. 操作步骤

（1）选择副选项中移动两个结合的点（保证一点垂直移动）。

（2）选择需要移动的点。

（3）结束选择后，点击鼠标右键，然后点击OK。

（4）移动该点到达新的位置。

①在光标模式下，移动光标来定位该点。该点和在该点两侧的线段都会随着光标一起移动。在到达目标位置后，点击鼠标左键进行定位。

②在输入模式下，输入Y域中需要移动的值，该值可以是正的或者是负的。点击OK或者按回车键。系统将该点移动到目标位置，并且对周边线进行调整。

（5）点击鼠标右键，然后点击OK，如图2-10所示。

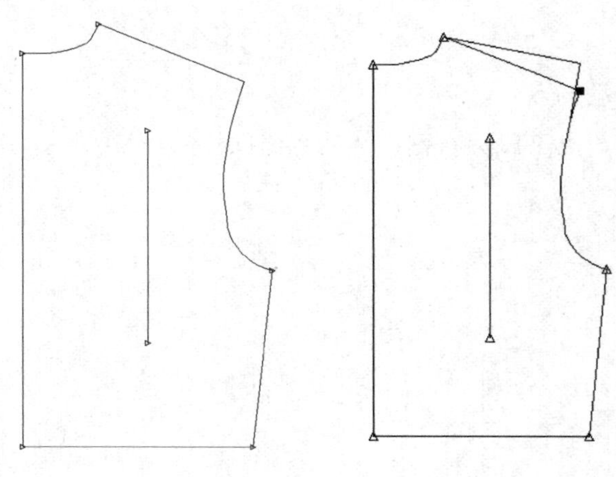

图2-10

（六）顺滑移动点

1. 用途

可移动一点至新的位置，其相邻的点会自动调整形状以保持线段的圆滑。

2. 操作步骤

（1）选择需要移动的点。在该点所在线段的两个端点显示有图钉。

（2）移动图钉来确定移动的区域或在工作区点击鼠标左键以继续后续操作。

（3）移动点至新的位置。

①在光标模式下，移动光标来定位该点。该点和在该点两侧的线段都会随着光标一起移动。在到达目标位置后，点击鼠标左键进行定位。

②在输入模式下，首先点击该点，然后在输入框的X域和Y域中输入移动值。该值可以是正的或者是负的，被用来决定点的移动方向。距离域中的值决定了新旧位置之间的直线距离。点击OK或者按动回车键。

在新旧两个位置上都会显示点直到你完成此步的操作。系统将该点移动到你指定的位置，并且对周边线进行顺滑处理。

（4）结束选择后，点击鼠标右键，然后点击OK，如图2-11所示。

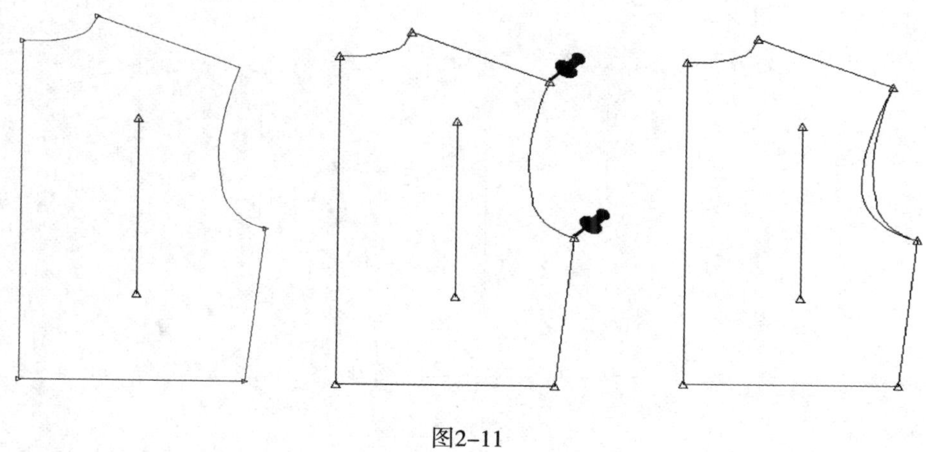

图2-11

（七）顺滑沿线移动

1. 用途

把一点沿着原来的线段移动，其相邻的点会自动调整形状以保持线段圆滑。

2. 操作步骤

（1）如果在移动样片周边线上一个角点的时候需要控制其方向，选择副选项：

①第一条线：该点在第一根周边线上进行正方向和负方向上的移动。

②第二条线：该点在第二根周边线上进行正方向和负方向上的移动。

③最接近的线：鼠标接近哪一条线，哪条线就会移动。

（2）选择需要移动的点。该点所在线段的两个端点显示有图钉。

（3）移动图钉来确定移动的区域或在工作区点击鼠标左键以继续后续操作。

（4）移动该点至新的位置：

①在光标模式下，移动光标来定位该点。该点沿着所属的线段进行移动，或者当它在线段延长线上时，线段也相应延伸。如果选择的是一个结束点，则该点以及其对应的线段会随着光标一起移动。如果延长一根线段，则该点在移动的过程中不会偏离其延长线的位置。点击鼠标左键来结束移动。

②在输入模式下，在距离域、开始域和结束域中输入移动量。完成后点击OK或者按回车键。系统沿线移动该点到指定位置，周边线和其他点被进行顺滑处理。

（5）点击鼠标右键，然后点击OK，如图2-12所示。

（八）顺滑水平移动

1. 用途

把一点作水平移动，其相邻的点会自动调整形状以保持线段的圆滑。

2. 操作步骤

（1）选择需要移动的点，在该点所属线段的两个端点显示图钉。

（2）移动图钉来确定移动区域或在工作区点击鼠标左键以继续后续操作。

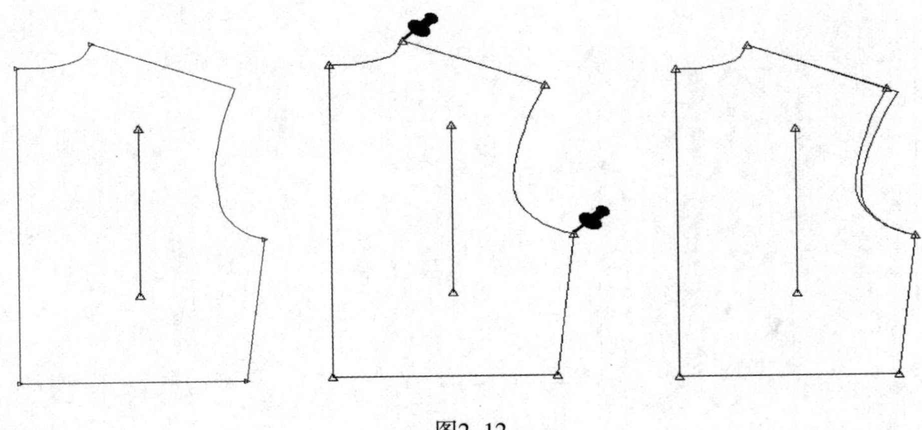

图2-12

（3）移动该点至新的位置：

①在光标模式下，移动光标来定位该点。该点和其任何一边的线段随着光标的移动而一起移动。点击鼠标左键来结束移动。

②在输入模式下，在*X*域中输入移动值，该值可以是正的或者是负的，被用来决定点的移动距离。点击OK或者按回车键。系统移动该点，并且对该点周边的点和线段进行顺滑处理。

（4）点击鼠标右键，然后点击OK，如图2-13所示。

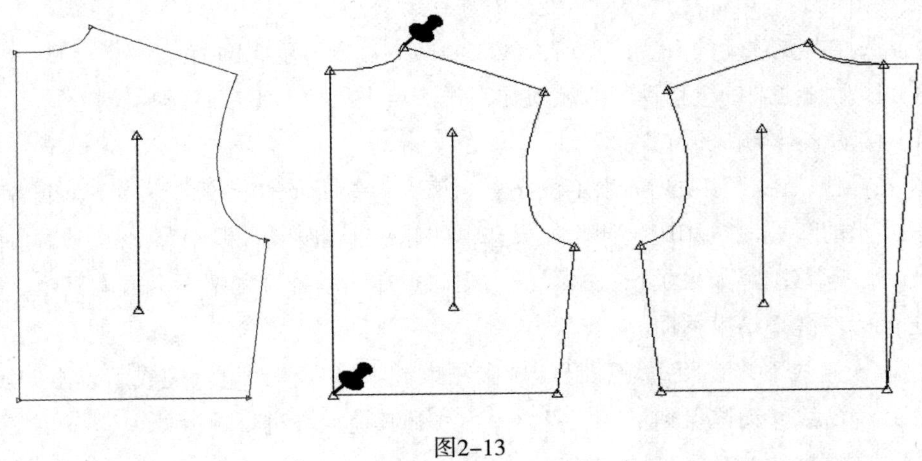

图2-13

（九）顺滑垂直移动

1. 用途

把一点作垂直移动，其相邻的点会自动调整形状以保持线段的圆滑。

2. 操作步骤

（1）选择需要移动的点，在该点所属线段的两个端点显示图钉。

（2）移动图钉来确定移动的区域或在工作区点击鼠标左键以继续后续操作。

（3）移动该点至新的位置。

（4）点击鼠标右键，然后点击OK，如图2-14所示。

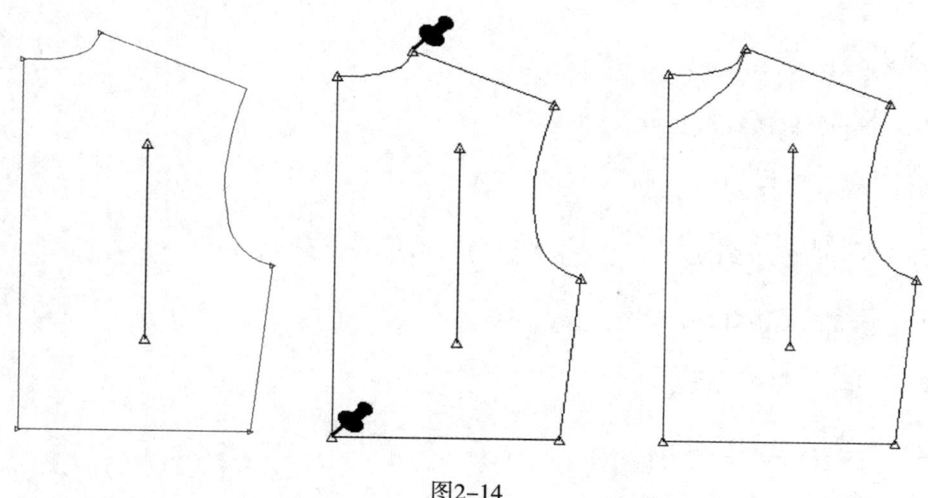

图2-14

第二节　线段工具使用

线段工具中有以下常用的工具：

（1）：输入线段。

（2）：平行复制。

（3）：不平行复制。

（4）：复制线段。

（5）：对称线段。

（6）：平分角。

（7）：线上垂线。

（8）：线外垂线。

（9）：垂直平分线。

（10）：圆心半径。

（11）：增加圆角。

（12）：删除线段。

（13）：平行移动。

（14）：移动线段。

（15）：旋转线段。

（16）：修改线段长度。

（17）：调校弧线长度。

（18）：修改弧线。

（19）：顺滑弧线。

（20）：合并线段。

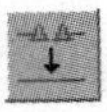

（21）：分割线段。

（22）：修剪线段。

一、创建线段

（一）输入线段

1. 用途

可以同时创建一条或多条直线和曲线的线段作为样片的内部线。

2. 操作步骤

（1）选择工作区中的一个样片，并在样片上选择一个特定区域。在使用这个命令时，点击鼠标右键，弹出选项菜单，如图2–15所示，可以为创建线段提供更多更好的控制功能。

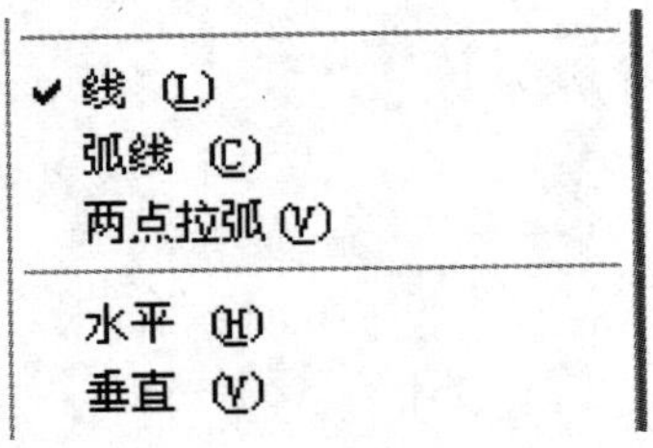

✔线 (L)
弧线 (C)
两点拉弧 (V)
水平 (H)
垂直 (V)

图2–15

①线：直线。

②弧线：弧线。

③两点拉弧：两点拉弧做弧线。

④水平：创建水平线段。

⑤垂直：创建垂线段。

（2）选择一种输入模式，按下述步骤继续：

①在光标模式下，点击工作区或样片内部，选择线段的起点。移动光标，就会画出一条线段。

②在输入模式下，输入框中的X域和Y域内会显示出线段起点和光标当前位置在X轴和Y轴方向上的距离。距离域内显示的则是当前线段的长度。

（3）输入模式会一直保持不变，直到再次切换为止。继续为其他点进行定位，或点击鼠标右键使用选项菜单。可以选择创建由直线段（N属性）组成的线段；由弯曲线（S属性）组成的线段；或是这两者的结合。

（4）要删除点，按照创建顺序的倒序依次用鼠标左键点击它们。

（5）结束选择继续操作，如图2-16所示。

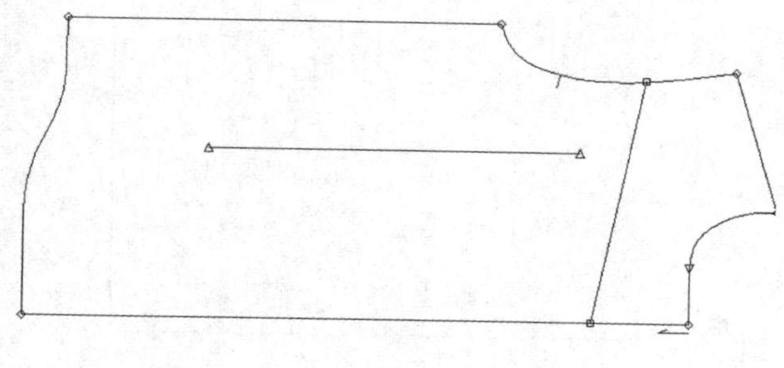

图2-16

（二）平行复制

1. 用途

把一线段在指定的距离内复制及移动，原线段保持不变，复制线段移动时与原线段保持平行，且形状与角度都不变。

2. 操作步骤

（1）选择线段作为复制对象。

（2）结束选择，点击鼠标右键，然后点击OK。

（3）在光标模式下将线段移到新的位置或在数值模式下输入具体复制的距离参数。

（4）结束选择继续操作，如图2-17所示。

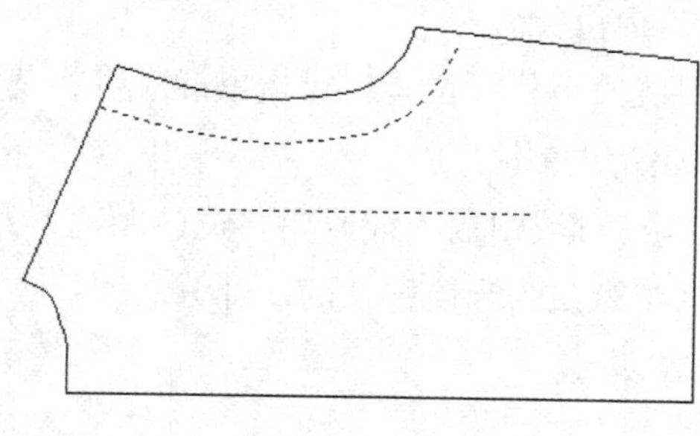

图2-17

（三）不平行复制

1. 用途

可以创建一条内部复制线，与原始线段在某些特定点处有所偏差。

2. 操作步骤

（1）在要复制的原始线段上选择一个点，这是复制线与原始线有偏差的第一个点作为新线段上的一点。例如，选择一条曲线的终点。

（2）输入偏差量。正的偏差量表示复制线向样片的外部移动，负的偏差量表示复制线向样片的内部移动。

（3）继续选择有偏差的点，每个点的偏差量可以不同。

（4）结束选择继续操作，如图2–18所示。

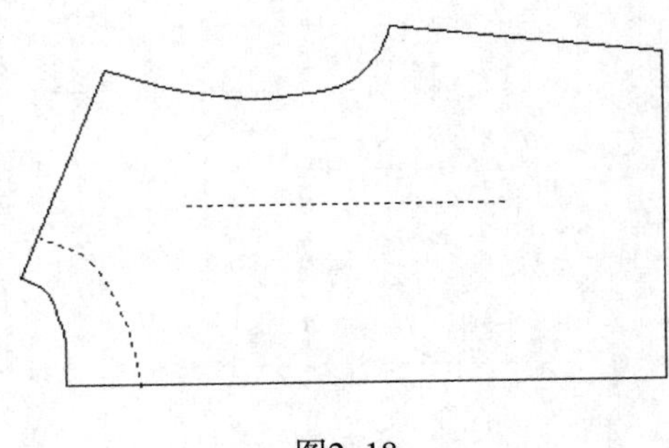

图2–18

（四）复制线段

1. 用途

可以复制线段，然后将复制的线段移至原样片中或另一个样片中的新位置。

2. 操作步骤

（1）选择要复制的线段，右键结束选择。

（2）选择接受复制线段的样片作为增加复制线段的对象。可以选择原始样片，也可以另选一个不同的样片。

（3）结束选择继续操作。

（4）将复制线段移到目标位置。

①在光标模式下，拖曳线段至目标位置，点击鼠标左键将其定位。点击鼠标右键，再点击OK可以将线段返回至原始位置。

②在输入模式下，在*X*域、*Y*域中输入线段要移过的距离，点击OK或按下回车键。线段被移到目标置上，且被系统默认为当前样片的一部分。

（5）结束选择继续操作。

（五）对称线段

1. 用途

可以创建选定的周边线/裁缝线或内部线的对称线段。

2. 操作步骤

（1）选择要做对称的线段，此线段将变成原始线段的对称线段。

（2）结束选择继续操作。

（3）选择对称线，系统会将选中的线段以对称线为轴生成对称线段，如图2–19所示。

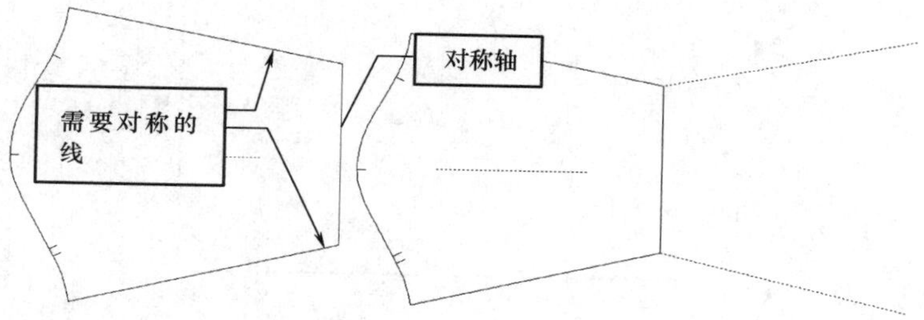

图2-19

（六）平分角

1. 用途

用于创建等分两选定线段夹角的平分角线。

2. 操作步骤

（1）选择第一条线。

（2）选择第二条线。

（3）系统根据“平分角”中的数值等分两线间夹角。可在任一象限内创建平分线，只要移动指针即可控制线段方向。

（4）使用选项“角平分线长度”来选择新线段创建的方式。

①光标/数值：通过视觉或输入一定长度来创建线段。

②与第一根线同线长：则自动将创建的线段与选择的第一根线段长度相同。

③相交至端点连线：将自动计算各角平分线的长度。执行此功能时，就好像所选两线段端点间绘有连线，而各角平分线相交至该线段。

④相交至所选线段：提示选择相交至的线段，则角平分线在该线段相交位置剪断。

二、创建垂线

（一）线上垂线

1. 用途

可以创建一条线段，在特定点垂直于一条已有内部线或周边线。

2. 操作步骤

（1）在光标模式下或在输入模式下确定交叉点的位置，这是新线段与已有线段交叉处的点。

（2）选择新线段的终点，在光标模式下或在输入模式下确定线段长度。

（3）结束选择继续操作，如图2-20所示。

（二）线外垂线

1. 用途

可从一点伸出一条直线并接触另一条线段，使两条线段成直角。

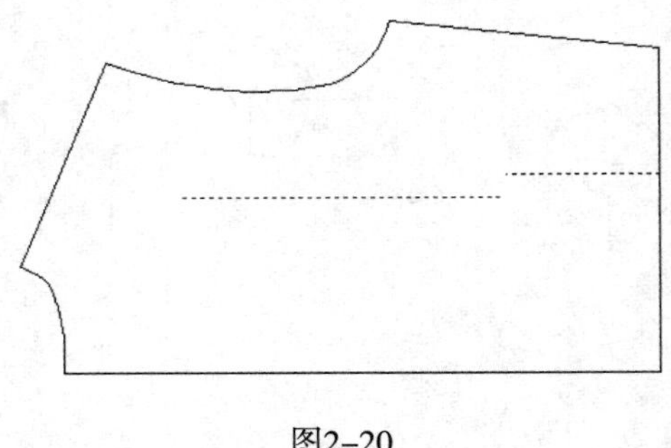

图2-20

2. 操作步骤

（1）选择过一个点做已存在线段的垂线。

（2）选择垂线要相交的内部线或周边线。系统将从所选点向目标线划出垂线。

（3）结束选择继续操作。

（三）垂直平分线

1. 用途

可以创建一条垂线，夹在一条已有线段上两个指定点的正中。

2. 操作步骤

（1）在同一条线段上选择两个点，新垂线将位于它们的正中间。

①在光标模式下，将光标置于线段上，按住鼠标左键。托动光标，线段上的点会随光标依次加亮。在目标点处释放鼠标左键。

②在输入模式下，在起点域或终点域中输入第一个点的确切位置，点击OK或按下回键。重复同样的步骤确定第二个点的位置。

（2）选择新线段的终点，确定线段长度。

（3）结束选择继续操作，如图2-21所示。

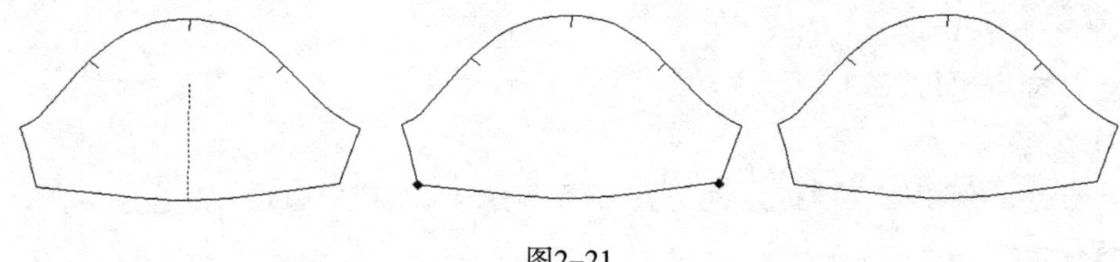

图2-21

三、创建圆形

（一）圆心半径

1. 用途

通过定义圆心点和圆的半径或周长来创建一个圆形。

2. 操作步骤

（1）选择圆心。

①在光标模式下，要将圆心定位在一条线段上时，将光标定位在这条线段上，按住鼠标左键。移动光标，线段上的点会随光标依次加亮。在目标点处释放鼠标左键。

②在输入模式下，在起点域或终点域中输入目标点的确切位置，点击OK或按下回车。

（2）确定圆的尺寸。系统创建一个新的内部圆形。

（3）结束选择继续操作，如图2-22所示。

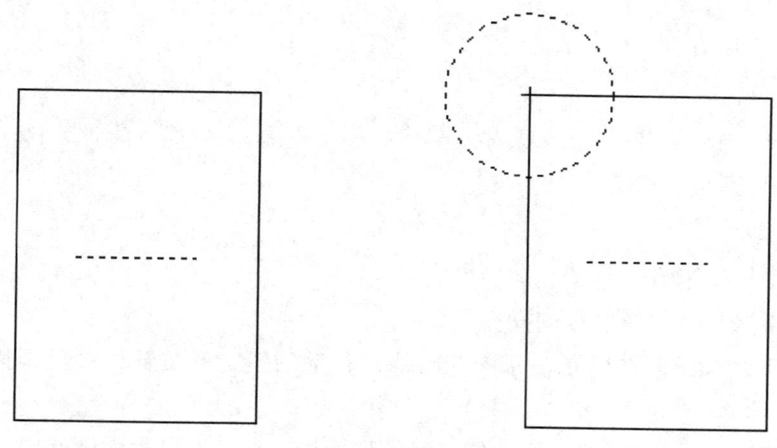

图2-22

（二）增加圆角

1. 用途

用圆形的一部分替换一个周边线的角（两条相邻线段）。

2. 操作步骤

（1）选择周边线的角来增加圆角或选择两条相邻的内部线以增加圆角：在光标模式下或在输入模式下确定圆半径的尺寸。系统用确定的尺寸做半径创建一个新的内部圆角，将周边角替换掉。

（2）结束选择继续操作，如图2-23所示。

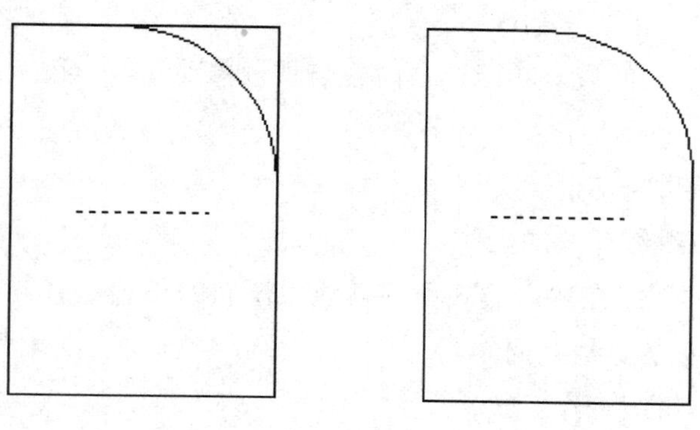

图2-23

四、删除线段

1. 用途

可以永久性地删除样片的线段。

2. 操作步骤

左键选中要删除的线段，右键确定。

五、修改线段

（一）平行移动

1. 用途

平行移动一根周边线/裁缝线或者内部线。当一根周边线/裁缝线被移动了，则其相邻的线段会延长直到与其相交。

2. 操作步骤

（1）选择线段来进行移动。

（2）结束选择以继续后续的操作。

（3）移动线段至新的位置。系统会将线段移动到指定的位置，并且调整和该线段相关的其他几何体。

①在光标模式下，移动光标，该线段随光标移动，点击左键来定位线段。

②在输入模式下，在距离域中输入一个值。点击OK或者按回车键。

（4）结束选择以继续操作，如图2-24所示。

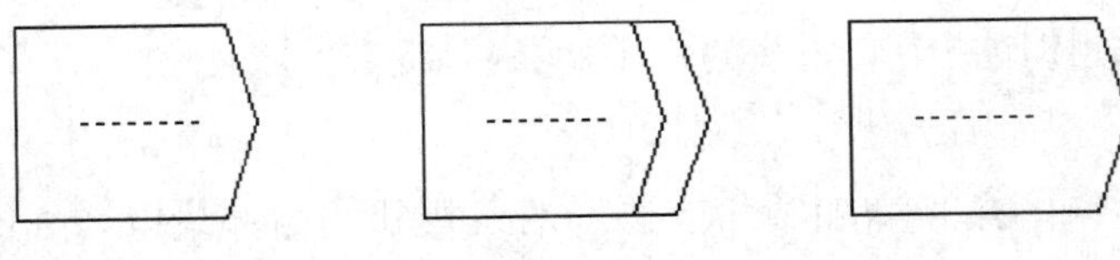

图2-24

（二）移动线段

1. 用途

向任何方向移动一根线段。功能选项内容与平行移动线段一致。

2. 操作步骤

（1）选择线段来进行移动。

（2）结束选择以继续后续的操作。

（3）在光标模式下或在输入模式下移动线段至新的位置。系统会将线段移动到指定的位置，然后调整相关的其他几何体。

（4）结束选择以继续操作。

（三）旋转线段

1. 用途

将周边线/裁缝线或者内部线旋转一个角度或者一段距离。旋转支点将保持不动。

2. 操作步骤

（1）选择线段来进行旋转。

（2）结束选择以继续后续的操作。

（3）选择支点。

（4）旋转线段至新的位置，如图2–25所示。

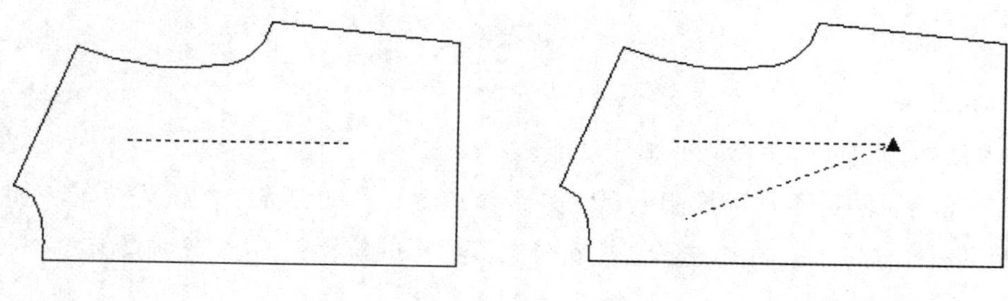

图2–25

①在光标模式下，移动光标该线段会一起移动，点击左键来定位线段。

②在输入模式下，在距离域或者角度域中输入一个正值（偏离样片移动）或者一个负值（偏向样片移动），点击OK或者按回车键。系统会将线段移动到你指定的位置。

（四）修改线段长度

功能类似于点处理/修改点/顺滑沿线移动。

（五）调校弧线长度

1. 用途

通过修改中间点来改变线段的长度，末端点保持不变。通常使用该功能来为曲线增加或减短一个微调的量。

2. 操作步骤

（1）选择需要更改长度的线段。

（2）移动图钉的范围以确定要修改的范围。

（3）在用户输入区输入要调校的数量。该数量如果是正数则增加线段长度；负数则缩短线段的长度。如将袖山高弧线长度增加1cm，如图2–26所示。

（六）修改弧线

1. 用途

可用于修改曲线，或由两点直线制成弧线。在弧线上选择时，除了现有的读图点，还可选择位置点。

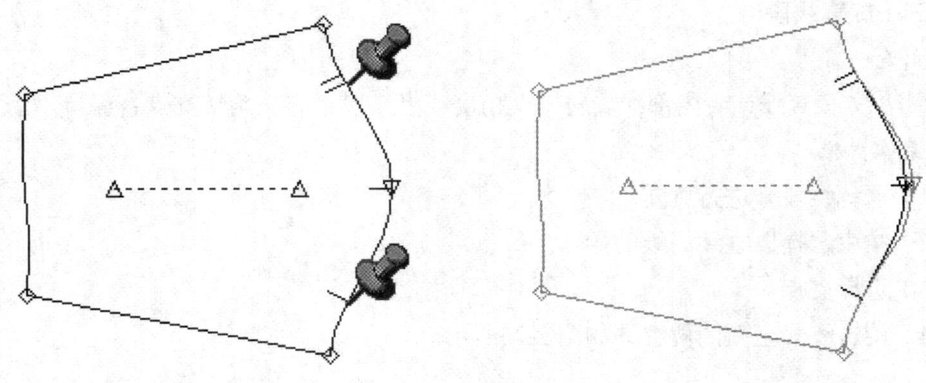

图2-26

2. 操作步骤

（1）从线段菜单中选择修改弧线功能。

（2）【显示图钉】选项控制的是，是否显示图钉及图钉显示的优先位置。如果选择了【显示图钉】选项，再在单选按钮上选择图钉显示的位置：前/后一点或端点。

（3）选择要修改的点，结束选择以继续。

（4）放置点到新位置后按鼠标右键。

（5）结束选择以继续。

注　如果拖动弧线使其读图点间距超过1.5 英寸，修改弧线功能还添加其他点以形成弧线。

（七）顺滑弧线

1. 用途

使现有的周边线/裁缝线或者内部线变得顺滑。这个功能让系统可以沿着线段重新定位除了端点以外的其他点。

2. 操作步骤

（1）用户输入对话框，填入顺滑因数（因数越大弧线调整的程度越明显）。

（2）选择需要进行顺滑处理的线段。在线段的终点显示有图钉。

（3）移动图钉来指定需要修改的范围，在工作区内点击左键继续。系统将重新定位点，并且消除曲线上不平滑的地方。一根曲线可以被多次进行顺滑，但是经过每一次操作后，该线段外形会发生改变，而且会变得更加平直。

（八）合并线段

1. 用途

将两根或者更多的线段合并成一条线段。如果样片只有三根线段，系统会对合并线段进行警告。

2. 操作步骤

（1）选择线段来进行合并。必须按照逆时针的方向来选择线段。

（2）结束选择继续操作。

（九）分割线段

1. 用途

可以将一根线段分割成为两根甚至更多根的线段。

2. 操作步骤

（1）选择线上的一个点作为分割点。可以在线段上任意位置分割线段。

①在光标模式下，将光标放置在线段上，按住鼠标的左键，在合适的位置释放鼠标的左键。

②在输入模式下，输入状态区的开始域或结束域输入开始分割的位置。点击OK或者按回车键，系统将线段分割成两根线段，并在每一根线段上增加一个端点或放缩一个端点。

（2）结束选择以继续操作。

（十）修剪线段

1. 用途

对延伸到样片周边线/裁缝线以外的内部线进行修剪。

2. 操作步骤

（1）选择需要保留的那部分线段。

（2）如果要修剪的内部线不止和一条线段相交，要选择从哪条相交线上剪断。如果该内部线只和一根线相交，则内部线的延伸部分会被去除掉，如图2–27所示。

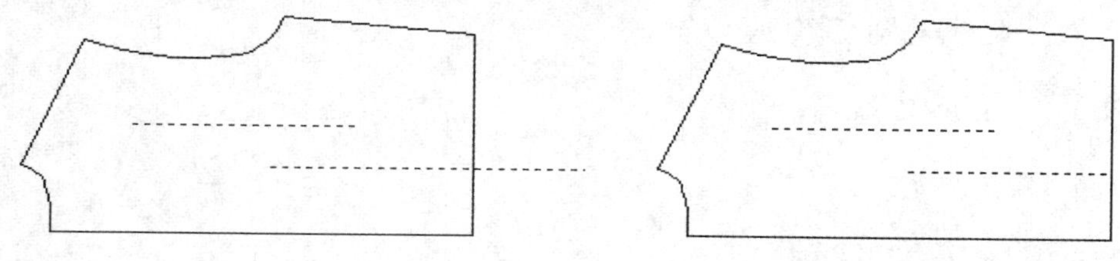

图2–27

第三节　样片工具使用

样片工具中有以下常用的工具：

（1）：长方形。

（2）：贴边片。

（3）：黏合衬。

（4）：捆条。

（5）：复制样片。

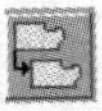

（6）：套取样片。

（7）：刀形褶。

（8）：工字褶。

（9）：变量褶。

（10）：圆锥褶。

（11）：旋转。

（12）：同线上分布。

（13）：分布/旋转。

（14）：同线上合并。

（15）：合并/旋转。

（16）：增加褶。

（17）：设定/增加缝份量。

（18）：去除缝份角。

（19）：等边随意切角。

（20）：反映角。

（21）：反折角。

（22）：垂直梯级角。

（23）：切直角。

（24）：翻转样片。

（25）：旋转样片。

（26）：调对水平。

（27）：沿线分割。

（28）：沿输入线分割。

（29）：点至点分割。

（30）：水平分割。

（31）：垂直分割。

（32）：产生对称片。

（33）：折叠对称片。

（34）：打开对称片。

（35）：样片注解。

一、创建样片

（一）长方形

1. 用途

创建一个新的长方形样片。

2. 操作步骤

（1）在工作区中选择长方形样片一个角的开始位置点。

①在光标模式下，在工作区中拖动鼠标。系统将使用第一个角为基准来创建一个长方形。在输入框的*X*域和*Y*域中显示的值表示了相对长方形的起始点而言*X*轴和*Y*轴坐标的改变值。点击鼠标左键来选择长方形样片另外一个角的位置。

②在输入模式下，输入新的长方形样片的尺寸。

a. 在*X*域中显示的是长方形样片的长度，或者是水平距离。

b. 在*Y*域中显示的是长方形样片的宽度，或者是垂直距离。

c. 在距离域中显示的是长方形样片对角线的距离。

（2）为新建立的样片输入一个名字，或者简单接受系统设定的缺省名称。点击OK或者按回车键。系统会为第一个建立的样片取名为P1，第二个是P2，以此类推。

（3）完成以后，储存样片。

（二）贴边片

1. 用途

可以快速的以现有线段或输入线段创建出样片的贴边片，而不需要选择多条线才能套取出想要的贴边片。

2. 操作步骤

（1）选择现有的贴边线，用鼠标左键点击已有的贴边线。

（2）选择贴边片，将印章放置于要作为贴边片的部分。

（3）生成的贴边片随鼠标一起移动，将其定位在工作区中后，为贴边片取名，如图2-28所示。

（三）黏合衬

1. 用途

黏合衬样片，通过指定小于原样片一定的数值来创建新样片。

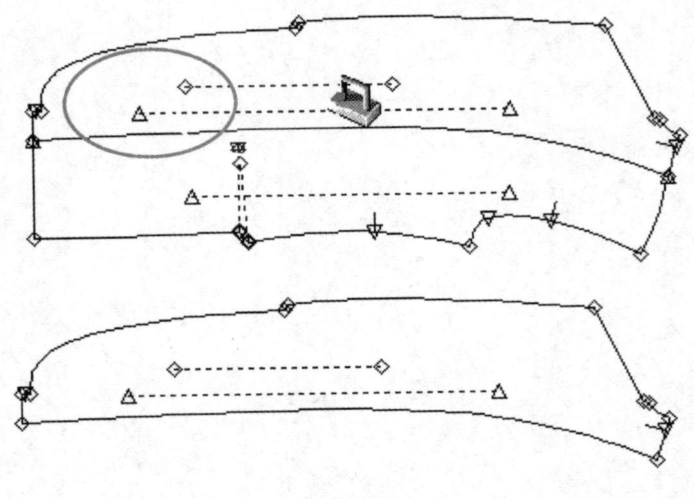

图2-28

2. 操作步骤

（1）选择样片上的周边线或选择整个样片，确定选择以继续。

（2）输入便移量，确定，如图2-29所示。

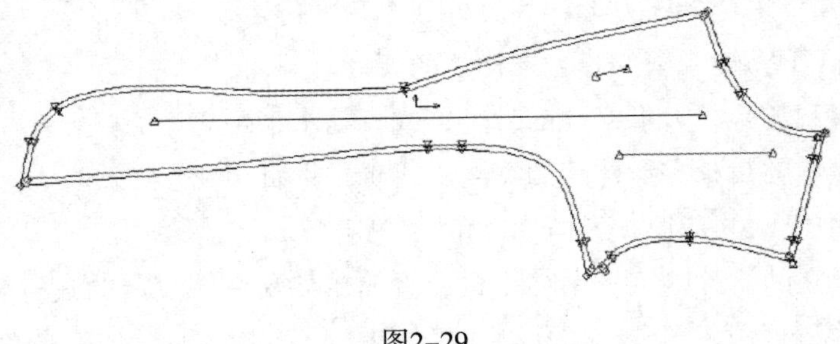

图2-29

（四）捆条

1. 用途

创建样片的捆条，比如裤腰样片、卡夫等部位，所创建出来的样片是一个具有指定宽度的长方形样片。

2. 操作步骤

（1）顺时针选择要创建捆条的周边线，结束选择以继续（所选线条可以在不同的样片上，因此有些样片需要被提前翻转到适合的位置）。

（2）确定后系统产生的样片跟随着鼠标移动。将该样片放置在工作区中。

（五）复制样片

1. 用途

在工作区中复制出一个与原片相同的样片，通常用复制出来的样片做另外的修改以生成新的样片。

2. 操作步骤

（1）选择需要被复制的样片。系统会根据该样片建立一个完全一样的样片。

（2）在光标移动的时候，复制样片会跟随光标一起移动。将复制样片移动到工作区中的目标位置，然后点击鼠标左键来进行定位。

（3）为新建立的样片输入一个名字，或者简单接受系统设定的缺省名称。

（六）套取样片

1. 用途

从现有的样片上通过套取样片的周边线、内部线而生成新的样片。

2. 操作步骤

（1）选择套取样片的周边线，在工作区内，顺时针方向依次选取需套取样片的周边线，结束选择以继续后续的操作。

（2）选择样片的内部线，结束选择以继续后续的操作。

（3）被套取的周边线/裁缝线和内部线在工作区组成了一个新的样片。当光标移动的时候，新的样片会随着光标一起移动。移动该样片直到工作区内所希望的目标位置，然后点击鼠标左键进行定位。

（4）为新建立的样片输入一个名字，或者简单接受系统设定的缺省名称。

（5）完成以后，储存该样片，如图2-30所示。

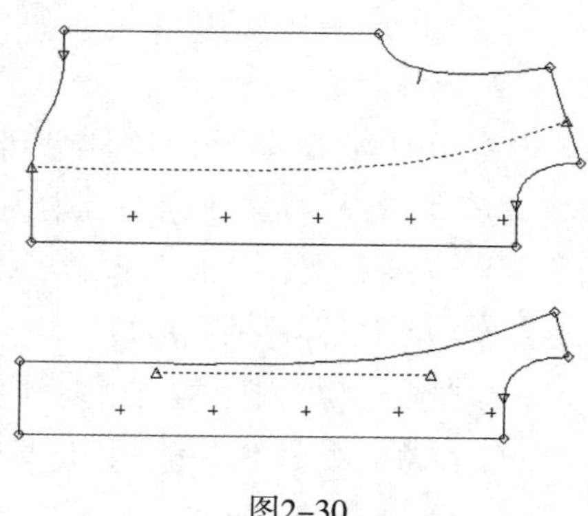

图2-30

二、褶

（一）刀形褶

1. 用途

在样片上增加褶裥。

2. 操作步骤

（1）选择刀形褶的褶线。

（2）输入底衬的一半。

（3）输入褶的数量。

（4）输入褶裥的间距（如果褶的数量是1，则没有该项目的提示）。

（5）选择褶开向哪边，即用鼠标点击褶的走向处任何一个位置（如果褶的数量是1，则没有该项目的提示）。

（6）选择褶底方向，即用鼠标点击褶底的倒向处任何一个位置。

（二）工字褶

1. 用途

在样片上增加工字裥。

2. 操作步骤

操作步骤同刀形褶，只是不需要选择褶底方向。

如图2-31所示为间距4cm，底衬的一半是1cm的两个工字褶。

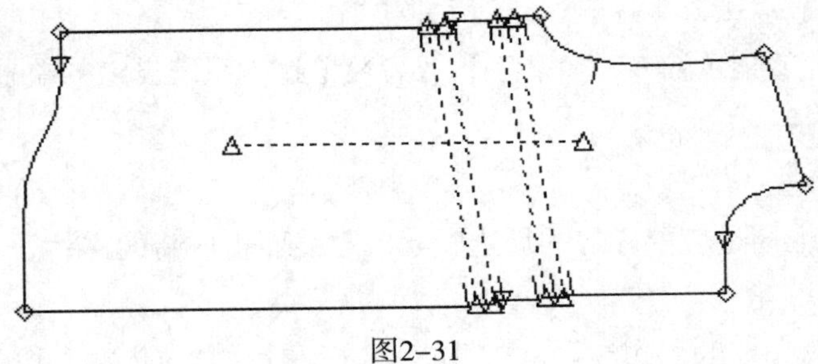

图2-31

（三）变量褶

1. 用途

用来做两端延展量相同或不同的刀型褶或变量褶。

2. 操作步骤

（1）由轴心端向开口端画出分割线，确定后继续。

（2）选择固定的位置，即样片上不动的位置。

（3）选择要移动的内部线，结束选择以继续。

（4）定出样片的延展位置。

①在光标模式下，在工作区中拖动鼠标，定出样片的延展位置。

②在输入模式下，输入样片具体的延展距离。

（5）选择褶的种类，是刀型褶还是工字褶，如图2-32所示。

（6）如果选择的是刀型褶，还需选择褶底方向。

（四）圆锥褶

1. 用途

用来做一端固定不动另一端延展的刀型褶或变量褶。

2. 操作步骤

同变量褶，如图2-33所示。

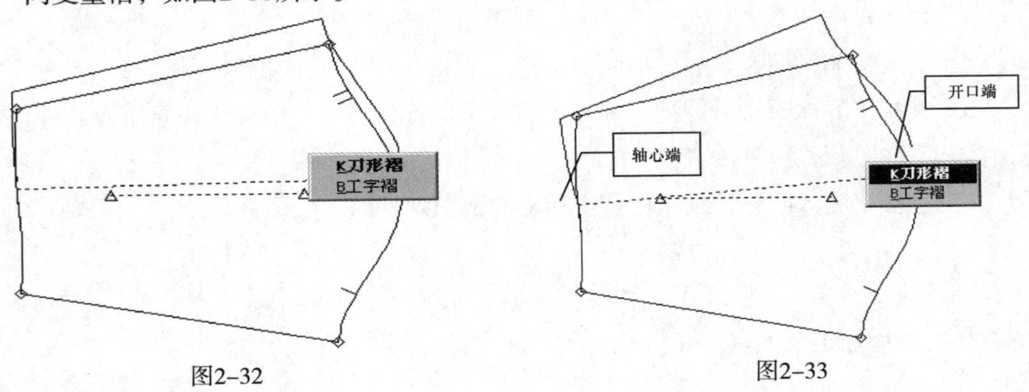

图2-32　图2-33

三、尖褶

（一）旋转

1. 用途

把一个尖褶的开口位置转至周边线上的另一边。

2. 操作步骤

（1）选择需要旋转的尖褶。

（2）选择轴心点，即旋转该尖褶的支点。该旋转支点可以是样片内部的任意一个位置（并不一定需要是已有的一个点）。

（3）选择固定线（保持静止的线）。在尖褶旋转的过程中，该线不会受到任何影响，而且该线和布料布纹的方位也保持不变。

（4）定位尖褶的开口方向。在这里选中的点是样片尖褶的开始点。

①在光标模式下，按住鼠标左键，当光标在周边线/裁缝线上移动的时候，经过的位置和点都会被点亮。当到达新的尖褶开口位置的时候，释放鼠标左键。

②在输入模式下，在开始域或者结束域输入尖褶开口的确切位置，点击OK或者按动回车键。

（5）选择尖褶顶点。

①在光标模式下，在尖褶的角平分线上选择一点。

②在输入模式下，在开始域或者结束域中输入尖褶角平分线上的一个距离值，点击OK或者按下回车键。

（6）结束选择以继续操作，如图2-34所示。

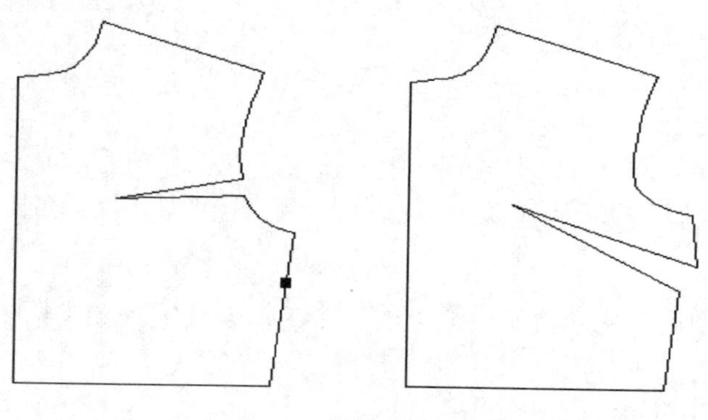

图2-34

（二）同线上分布

1. 用途

将一个尖褶在同一线上分布成几个尖褶。

2. 操作步骤

（1）选择要做同线上分布的尖褶，必须是褶尖点或褶边的端点。

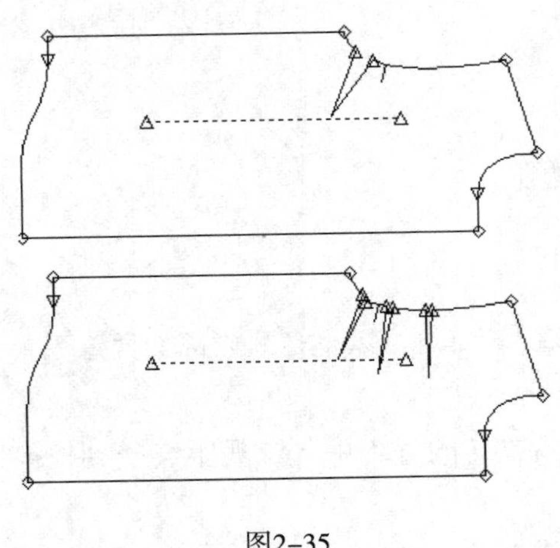

图2–35

（2）于同一褶线上选出新的开口点，结束选择以继续。

（3）输入分布的百分比或数值后确定，所输入的数值被平均分配给开口点，如图2–35所示。

（三）分布/旋转

1. 用途

将一个尖褶经旋转分化成两个褶，即通常的省道部分转移。

2. 操作步骤

（1）选择需要分布的褶。

（2）选择轴心点，即尖褶旋转的支点，可以是样片内部任何位置。

（3）选择固定线，即旋转尖褶时样片上保持不动的线。

（4）选择开口点，必须是不同于尖褶所在线的另外的一条线。

（5）输入分布的百分比或尺寸后确定。

（6）选择要移动的内部线，结束选择以继续。

（7）选择新的褶尖点，如图2–36所示。

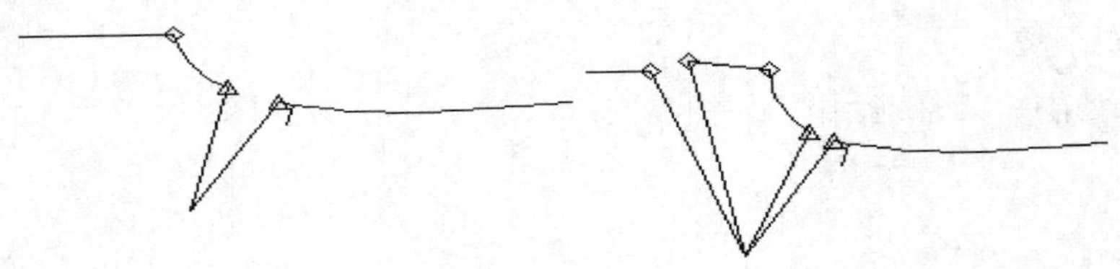

图2–36

（四）同线上合并

1. 用途

与同线上分布相反，用来将同一线上的几个尖褶合并成一个尖褶。

2. 操作步骤

（1）选择目标褶上的褶点，即保留的褶。

（2）选择合并褶上的褶点，即被合并的褶，如图2–37所示。

（五）合并/旋转

1. 用途

与分布/旋转功能相反，用来将两个不同线段上的尖褶经旋转合并成一个尖褶。

2. 操作步骤

（1）选择需要合并的尖褶。

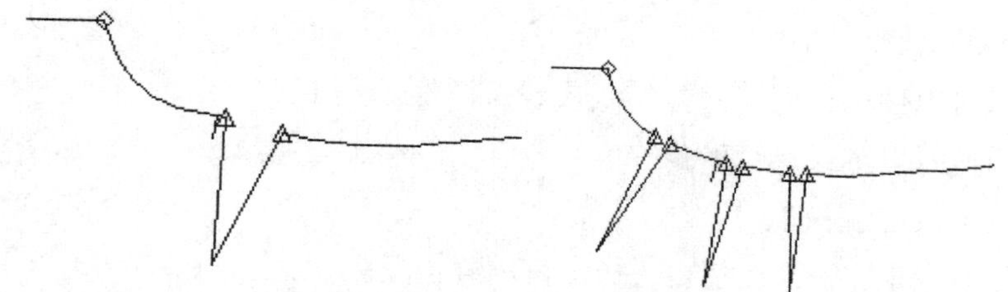

图2-37

（2）选择轴心点。

（3）选择固定线。

（4）选择目标尖褶。

（5）选择需要移动的内部线，结束选择以继续。

（6）选择新的褶尖点，如图2-38所示。

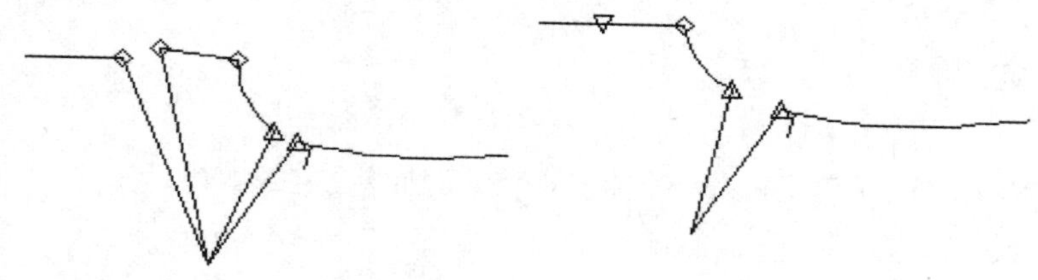

图2-38

（六）增加褶

1. 用途

为一个样片增加一个尖褶，但不改变弧度。

2. 操作步骤

（1）选择周边线/裁缝线上的一个开口点来定位尖褶的角平分线。

（2）选择尖褶的顶点，该点是样片的内部端点，通常是钻孔点所在的位置。

（3）输入尖褶的宽度，点击OK或者按下回车键，如图2-39所示。

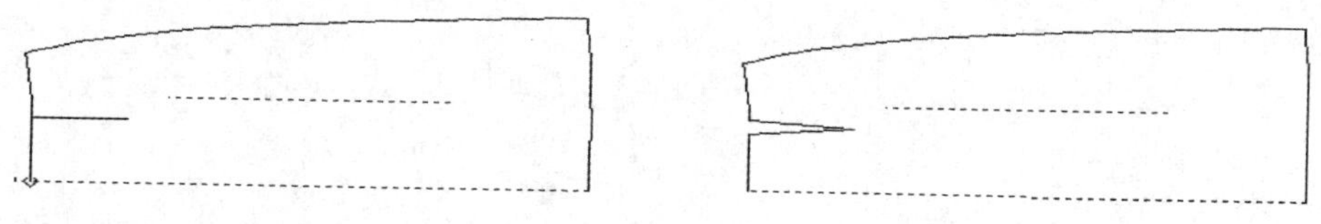

图2-39

四、缝份

（一）设定/增加缝份量

1. 用途

为一个或者多个样片，按样片或者线段设置缝份量。

2. 操作步骤

（1）选择可以使用相同缝份量的线段或者样片。

（2）结束选择以继续后续的操作。

（3）输入准确的缝份值。

①如果周边线/裁缝线是裁割线，指定负的缝份量。

②如果周边线/裁缝线是缝制线，指定正的缝份量来为样片的外围增加缝份。输入一个零值可以去除缝份。系统将缝份应用到操作者所选择的线段和/或样片，并且进行显示。

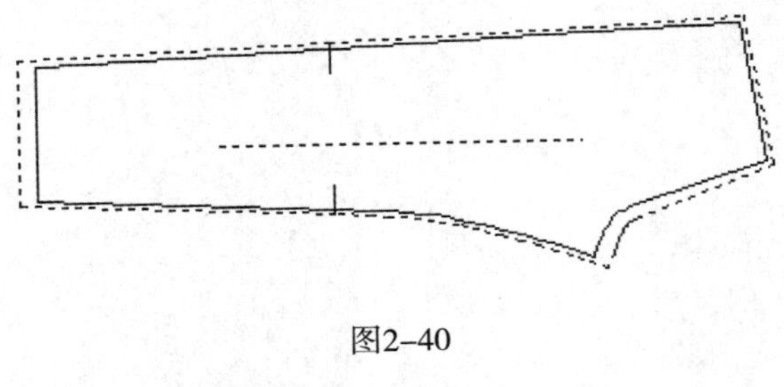

图2-40

（4）结束选择以继续操作。

如图2-40所示为裤脚口3cm，裆弯线为不均匀缝份，其余部位为1cm的缝份设定。

（二）去除缝份角

1. 用途

清除缝份角上的任何角度操作，包括对相邻裁割线设定的剪口。

2. 操作步骤

（1）选择选项：

①选择点：去除该点的缝份角。

②选择样片：去除整个样片上的所有缝份角。

（2）选择目标操作的角或样片，系统清除所有的特殊角类型，并且将其转化为普通角。

（3）结束选择以继续操作，如图2-41所示。

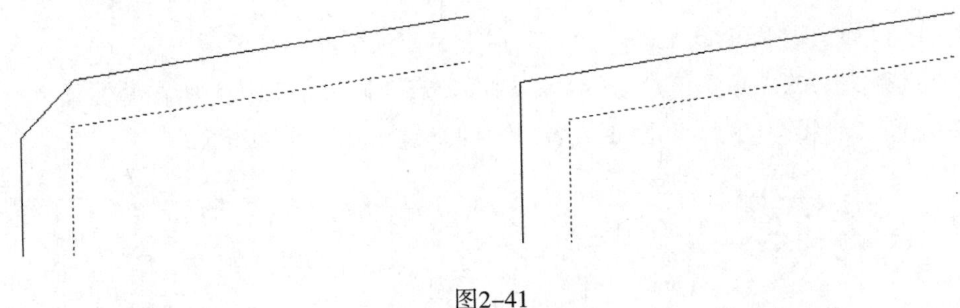

图2-41

（三）等边随意切角

1. 用途

可以将角上的缝份修剪成为平直的形状，从而达到节约多余布料的目的。

2. 操作步骤

（1）选择选项：选择该角使用的剪口种类。

（2）如果建立一个带剪口的角，则在下拉式框中选择一个剪口的种类。选择需要转换成等边随意切角的角。在选择了该角后，系统显示一根穿过该角的线段。

（3）指出希望修剪角上缝份的具体位置。系统生成一个等边随意切角，工作区内的样片被重新绘制。

（4）结束选择以继续操作。

（四）反映角

1. 用途

增加一个根据选中的折叠线进行反映的角。

2. 操作步骤

（1）选择选项：选择该角使用的剪口种类。

（2）如果建立一个带剪口的角，则在下拉式框中选择一个剪口的种类。

（3）选择需要转换成为反映角的角。

（4）在需要进行反映的角的前面或者后面选择一根周边线/裁缝线。系统会建立一个反映角的缝份。

（5）结束选择以继续操作。

（五）反折角

1. 用途

在线段的两个端点都创建一个反映角。

2. 操作步骤

（1）选择做反折角的线段。

（2）结束选择以继续操作，如图2-42所示。

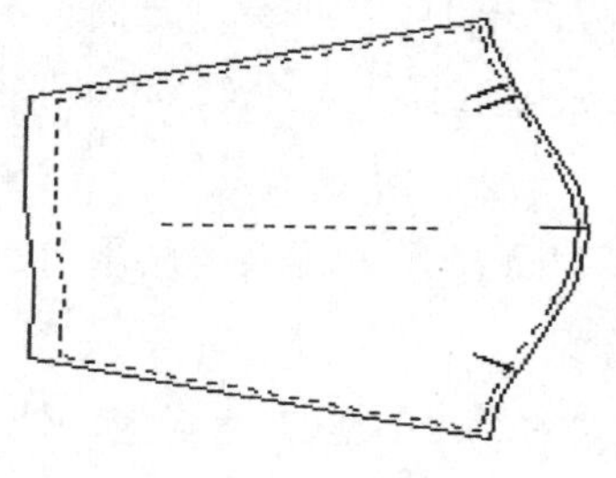
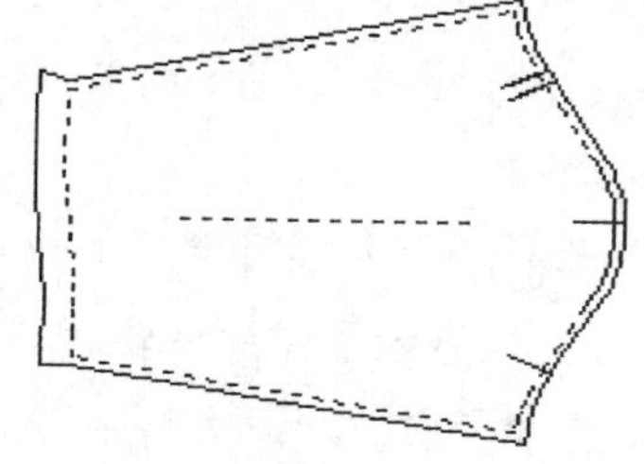

图2-42

（六）垂直梯级角

1. 用途

创建一个垂直的梯级角，并且改变该处的缝份量。

2. 操作步骤

（1）选择一个点，该点将被用来生成垂直梯级角。

（2）在角之前或角之后的周边线/裁缝线中进行选择，使得生成的梯级会和该线垂直。

（3）点击该线来修改缝份量。两根设计线段都必须拥有相同的缝份量。输入应用到线段上的缝份量，点击OK或按回车。

（七）切直角

1. 用途

把缝份角位切成直角，任何需要缝合在一起的侧缝线，都必须尽可能的趋近90°，缝合后才不会产生凹或凸的现象。

2. 操作步骤

（1）选择选项：选择该角使用的剪口种类。

（2）如果建立一个带剪口的角，则在下拉式框中选择一个剪口的种类。

（3）选择需要切直角的角。

（4）选择裁割线末端需要被切直角的角前面或者角后面的周边线/裁缝线。系统生成切直角。

（5）结束选择以继续后续的操作。

五、修改样片

（一）翻转样片

1. 用途

可以改变工作区中样片的方位，样片可以按照X轴和Y轴的四个象限进行翻转。

2. 操作步骤

（1）选择所需要的功能选项：

①根据线段进行翻转：使得一个样片可以根据样片中的任何一根线段、内部线或周边线进行翻转。如果选中的是一根曲线，系统会根据曲线两点之间绘出的直线来进行翻转。

②翻转样片：按照X轴或者Y轴来翻转样片。如果选择了这个选项，则翻转样片象限的选项就会被激活。

（2）如果选择了上面翻转样片的选项，选择目标样片翻转入的象限。参照屏幕上图像的显示，方位符号显示了样片将要翻转进入的象限。

（3）如果选中了根据线段进行翻转的选项，选择每一次翻转所对应的线段。

（4）确定操作选项后，选择希望进行翻转的样片。

（二）旋转样片

1. 用途

沿着选定的点旋转某个样片。

2. 操作步骤

（1）根据需要选择以下的选项，如图2-43所示。

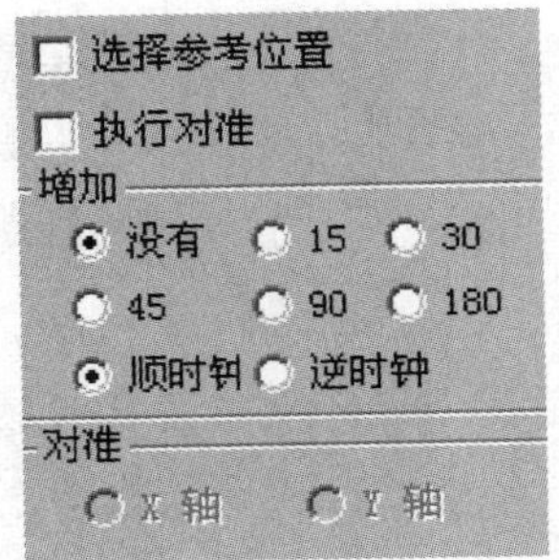

图2-43

①选择参考位置：提示设定一个量度旋转的参照位置。

②执行对准：在选定参照位置的基础上你可以使用X轴和Y轴的选项，样片会自动进行旋转，直到它的参照点和X轴或Y轴对齐。

③增加：将一个样片按照事先已经设定好的一个增量来进行旋转。你可以选择增量和旋转的方向（可以是顺时针或逆时针）。

④对准：在选择执行对准的前提下选择与X轴对准或与Y轴对准。

（2）选择需要旋转的样片，结束选择以继续。

（3）选择样片上的某个点来旋转样片。

（4）如果选择了选择参考位置的选项，系统会提示操作者确定一个参照位置。在工作区内会生成该样片的一个复制图像。这个复制样片可以在原来样片的位置基础上进行旋转。一旦完成了复制图像的定位，则原来的样片就不会再显示在屏幕上。

（5）使用以下之一的方法来旋转该样片：

①在光标模式中，移动光标的同时，该样片会沿着支点进行旋转。在用户输入框的角度域中显示了该样片当前旋转的角度。点击鼠标左键进行定位，旋转后的样片会取代工作区中原来的样片。

②在输入模式下，在角度域中输入该样片进行旋转的准确角度值，点击OK或者按动回车键来完成输入，则样片会进行旋转，并且取代原来的样片。

（6）结束选择以继续后续的操作。

（三）调对水平

1. 用途

可以将一个样片恢复为其原来的方位，或者在样片的方位发生变化后重新将布纹/放缩参考线按照水平轴进行调对。

2. 操作步骤

按照以下的一种方法来使用该命令：

（1）调正布纹/放缩参考线：如果仅仅需要重新调对布纹线或者放缩参考线至水平，而不影响样片目前的方位，则只需要选择需要调对的布纹线。放缩规则会被进行相应的调整，来保持样片的几何形状。

（2）调正样片：如果需要将一个样片恢复至原来的方位。只需点击样片上的任何部分就可以使其恢复至原来的方位（即样片在被移动之前的情况），如图2–44所示。

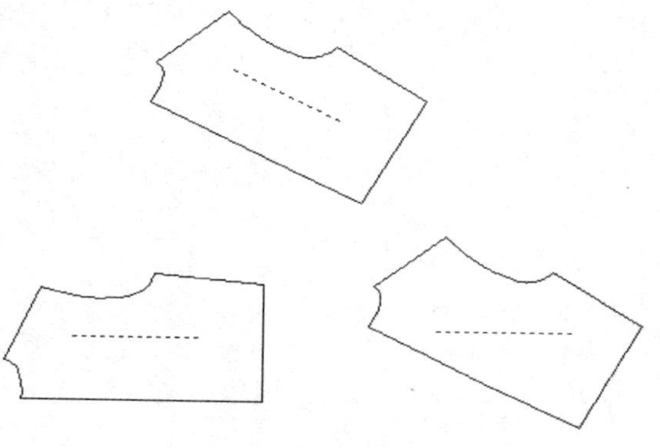

图2–44

六、分割样片

（一）沿线分割

1. 用途

沿着现有的一根内部线段将样片分割成为两个较小的样片。

2. 操作步骤

（1）选择一个选项：

①把样片加入款式：向当前的款式中添加新的样片或者创建一个新的款式。

②删除原片：从工作区中清除原来的样片。

③在分割线上设定缝份：如果样片设定为带有缝份量的话，系统会提示增加缝份量。

④选择内部线：选择内部线应该归属于哪一半样片（如果在分割前，内部线定位在样片的两个部分中）。

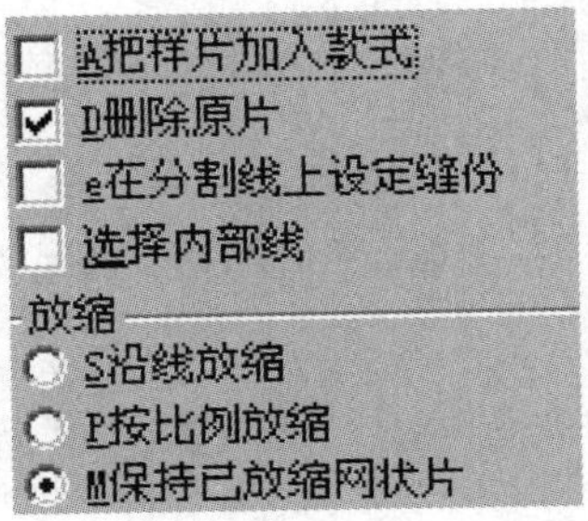

A把样片加入款式
D删除原片
e在分割线上设定缝份
选择内部线
放缩
S沿线放缩
P按比例放缩
M保持已放缩网状片

图2-45

⑤放缩：AccuMark用户可以在以下选项中选择一个来控制新的放缩类型，如图2-45所示。

a. 沿线放缩：沿分割线方向放缩。

b. 按比例放缩：按照分割线在样片上的位置的放缩比例进行放缩。

c. 保持已放缩网状片：如果分割前后分割线和周边线的交叉点保持相同，则用来分割样片的内部线上的放缩将被应用到内部线延长后生成的两个新交叉点上。否则，就需要重新计算放缩。

（2）选择分割样片的内部线。该线将被延伸和样片周边线相交。该线可以是一根布纹线或者一根内部线。

（3）为每一个样片输入新的名称，输入每一个名称后都按动回车键。系统首先点亮分割样片的第一半部分，在命名后再显示第二半部分。样片原来的名称，在加上了数字1、2等以后，被显示在状态行中。如果没有指定新的名称，系统将使用以上加了数字的名称来命名。

（4）结束选择以继续操作，如图2-46所示。

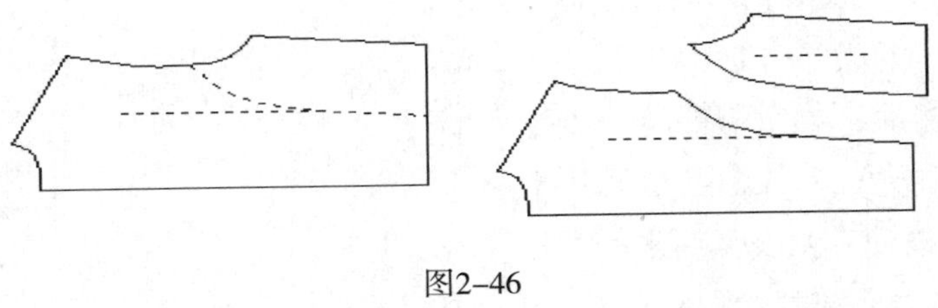

图2-46

（二）沿输入线分割

1. 用途

2. 操作步骤

（1）按要求选择功能选项（选项内容与沿线分割相同）。

（2）输入分割线，确定后继续。

（3）系统使用印章方式来显示正被选中的那一部分。系统提示操作者输入新的名称。

（三）点至点分割

1. 用途

通过两点定义一条分割线，将样片分割。

2. 操作步骤

（1）选择选项（选项内容与沿线分割中的内容相同）。

（2）选择分割线的第一个点。

①在光标模式下，将光标放置在现有的线段上，按下鼠标的左键，在到达准确位置的时候释放鼠标按钮。

②在输入模式下，在开始域或者结束域中输入分割线和周边线的第一个交点与线段端点的距离。点击OK或者按下回车键。

（3）选择分割线的第二个点，方法同选择分割线的第一点。当前的样片被分割。

（4）为每一个样片输入新的名称，输入每一个名称后都按动回车键。

（5）结束选择以继续操作，如图2–47所示。

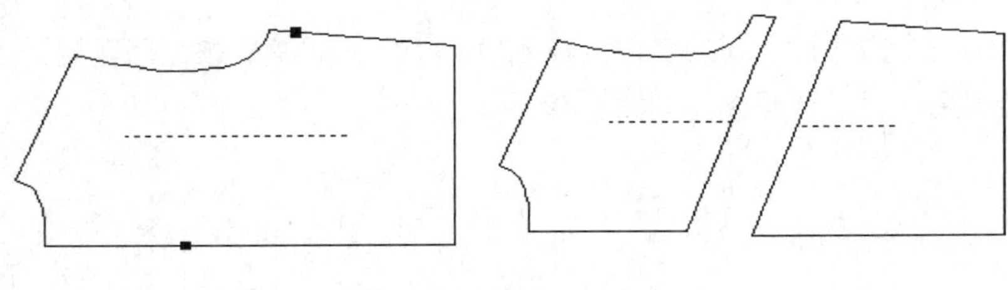

图2–47

（四）水平分割

1. 用途

根据选择的点建立一根水平的分割线，将样片分割。

2. 操作步骤

（1）选择操作选项（选项内容与沿线分割中的相同）。

（2）选择分割线的一点。当前的样片被水平分割。

①在光标模式下，将光标放置在现有的线段上，按下鼠标的左键，在到达准确位置的时候释放鼠标按钮。

②在输入模式下，在开始域或者结束域中输入分割线和周边线的交点离线段端点的距离。点击OK或者按下回车键。

（3）为每一个样片输入新的名称，输入每一个名称后都要按下回车键。

（4）结束选择以继续操作，如图2–48所示。

（五）垂直分割

1. 用途

根据选定的点建立一根垂直的分割线，将样片分割。

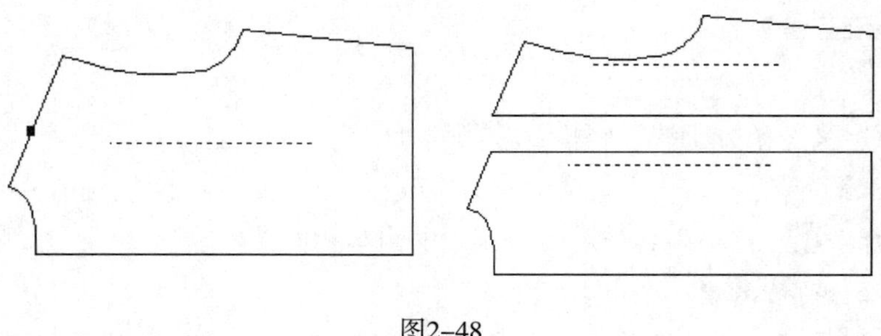

图2–48

2. 操作步骤

（1）选择操作选项（选项内容与沿线分割中的相同）。

（2）选择分割线的一点。

①在光标模式下，将光标放置在现有的线段上，按下鼠标左键，在到达准确位置的时候释放鼠标按钮。

②在输入模式下，在开始域或者结束域中输入分割线和周边线的交点离线段端点的距离。点击OK或者按下回车键。

（3）为每一个样片输入新的名称，输入每一个名称后都要按下回车键。

（4）结束选择以继续操作，如图2–49所示。

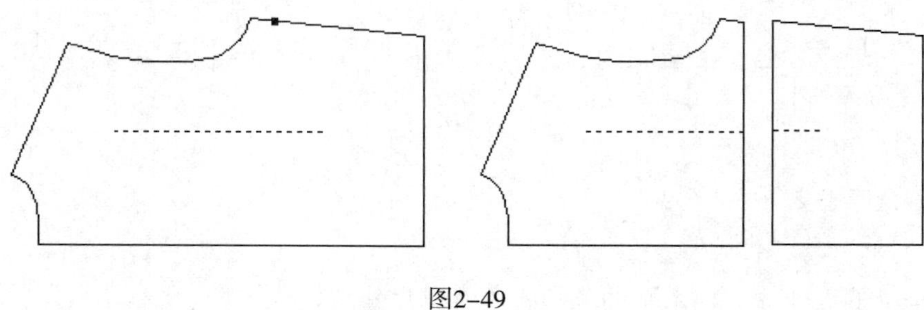

图2–49

七、产生对称片

1. 用途

利用样片的一半来生成一个完整的对称样片。

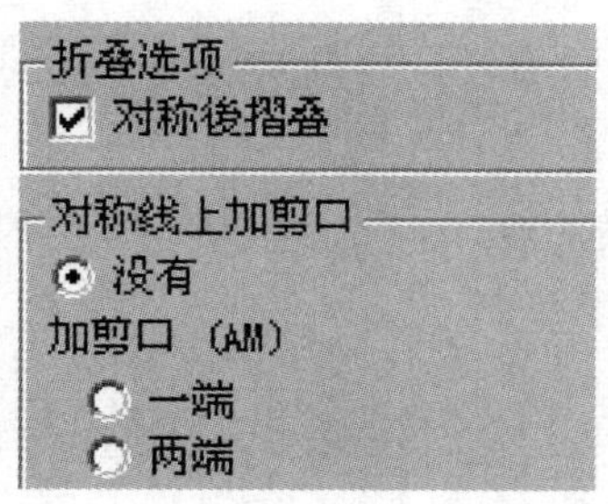

图2–50

2. 操作步骤

（1）折叠选项，如图2–50所示。

图2–51所示为没有选择“对称后折叠”选项产生的对称片为打开状态。

①对称后折叠：是否将产生的对称片折叠起来。

②没有：对称线上不加剪口。

③一端：在对称线的一端加剪口。

④两端：对称线两端都加剪口。

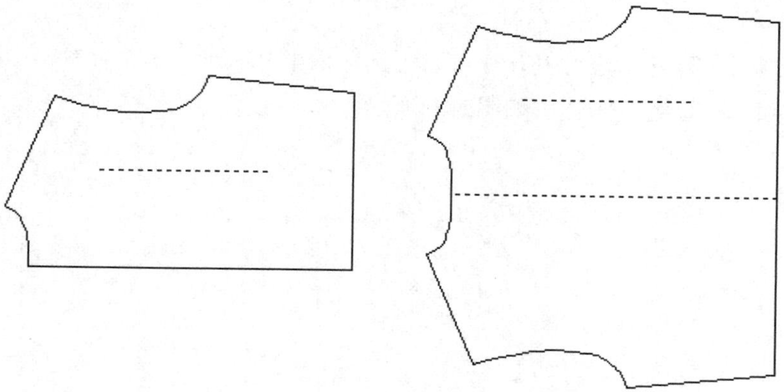

图2-51

（2）选择成为对称线的周边线。所有其他的几何体都会按照这根线进行影射。多个样片可以同时进行对称操作。

（3）结束选择以继续操作。

八、折叠对称片

1. 用途

折叠一个对称样片然后显示其的一半。

2. 操作步骤

（1）选择对称样片来进行折叠。可以用选取框来一次选中多个样片。

（2）结束选择以继续操作，如图2-52所示。

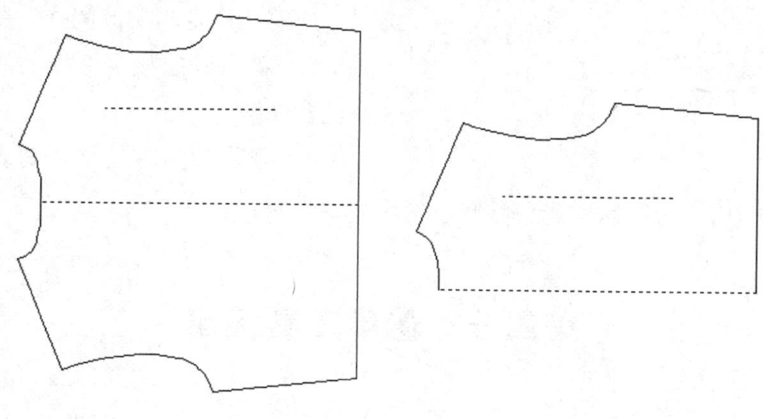

图2-52

九、打开对称片

1. 用途

打开一个对称的样片。

2. 操作步骤

（1）选择对称样片来进行打开。可以用选取框来一次选中多个样片。

（2）结束选择以继续操作，如图2–53所示。

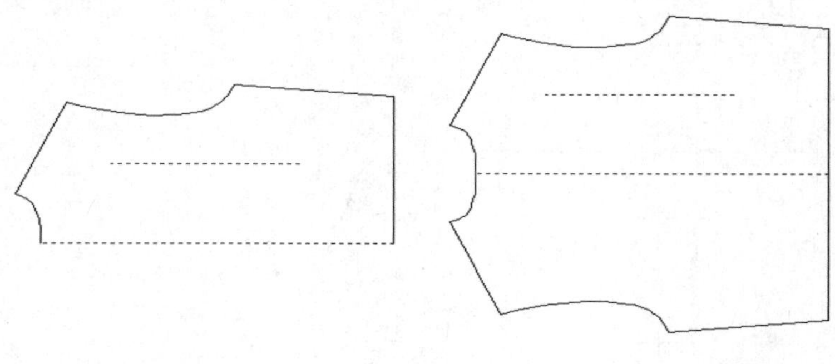

图2–53

十、样片注解

1. 用途

可以直接在样片中输入新的注解。

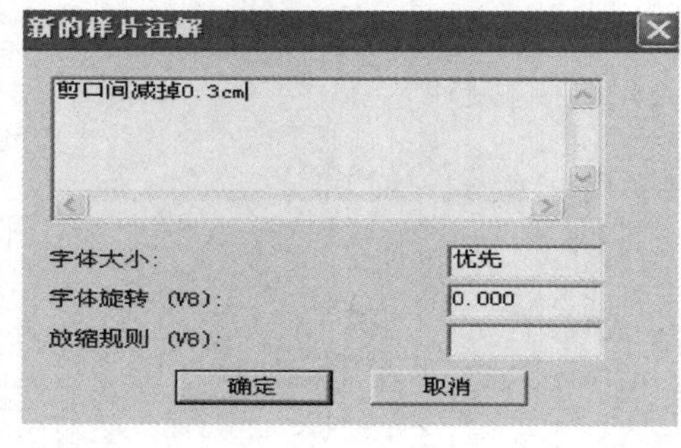

图2–54

2. 操作步骤

（1）将光标放置在理想区域，单击左键选择新注解的位置。显示一个新样片注解对话框，如图2–54所示。

（2）输入所需注解。标准视窗里的右键选项，如剪切和复制功能同样适用。

（3）单击确定接受注解。现在样片显示时将包含注解。

（4）如果想对现有注解进行编辑，单击左键选择注解的位置，然后在显示的对话框中进行编辑。

第四节　量度工具使用

量度工具中有以下常用的工具：

（1）：线段长。

（2）：两线距离。

（3）：两点距离/沿周边量。

（4）：两点距离/直线量。

（5）：净版量。

（6）：角度。

一、线段长

1. 用途

量度样片周边线/裁缝线或内部线的长度。

2. 操作步骤

（1）选择需要测量长度的线段。这些线段可以是在相同或者不同的样片上。

（2）结束选择以继续操作，如图2-55所示。

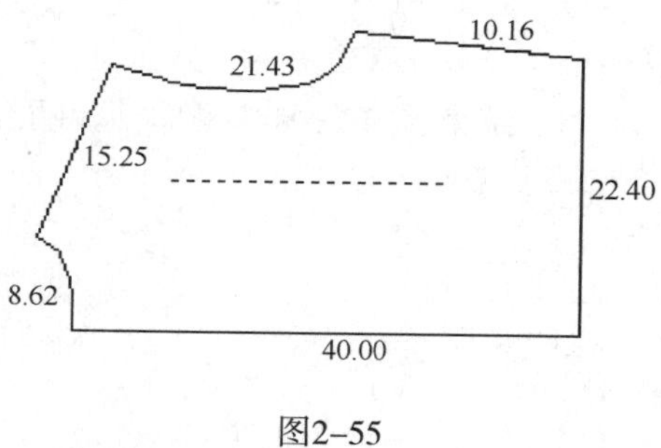

图2-55

二、两线距离

1. 用途

可以测量一个样片中两个线段之间的距离。

2. 操作步骤

（1）选择需要量度的线段。

注　新的量度线段可以在选定的线段和其周围线段之间进行拖动。在量度线段移动的同时，量度值也会随着一起更新。

（2）结束选择以继续操作。

注　在量度两线距离功能中添加了新的选项：选择两条线进行测量，这样使得内线的测量更加容易。

三、两点距离/沿周边量

1. 用途

测量周边线/裁缝线上两点之间的距离。

2. 操作步骤

（1）选择周边线/裁缝线上的两个点。该线段会被点亮，并且显示量度出的尺寸。该尺寸同时显示在用户输入区的起点域（第一点顺时针到第二点的距离）；终点域（第一点逆时针到第二点的距离）。

（2）结束选择以继续操作，如图2-56所示。

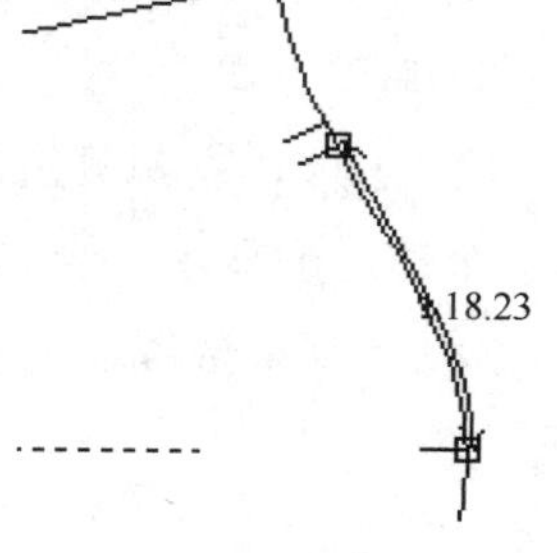

图2-56

四、两点距离/直线量

1. 用途

测量任何两个点之间的直线距离。

2. 操作步骤

（1）选择希望测量其距离的两个点。这些点可以是周边线/裁缝线上的点，或者是布纹线上的点。在选择的两个点之间显示一根直线，同时显示量度值。

（2）如果需要测量选中的第一个点和其他点之间的直线距离，则再点击选择不同的点。

（3）结束选择以继续操作，如图2-57所示。

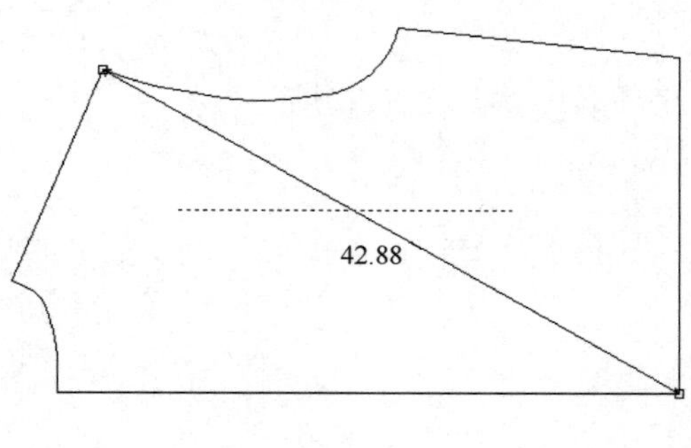

图2-57

五、净版量

1. 用途

用来得到样片上缝制线（净版线）之间的距离。

2. 操作步骤

（1）选择目标测量其直线距离的第一个点。

（2）选择目标测量其直线距离的第二个点。

（3）结束选择继续操作。

六、角度

1. 用途

量度两条线之间的夹角。

2. 操作步骤

（1）选择需要测量角度的边线。在用户输入框的角度域中会显示该角度的量度。这是一个暂时的显示，当选择其他项目的时候，该选择就会消失。

（2）结束选择以继续操作。

基础理论——

服装CAD放缩系统

课题名称： 服装CAD放缩系统

课题内容： 1. 放缩表建立
2. 周边线放缩
3. 内部线放缩

课题时间： 4课时

教学目的： 1. 掌握放缩表的创建、编辑。
2. 掌握周边线放缩工具使用技术。
3. 掌握内部线放缩工具使用技术。

学习重点： 周边线和内部线放缩值的输入、修改和删除。

教学方式： 以课堂操作讲授和上机练习为主要授课方式。

教学要求： 能够根据尺寸表对样片进行放缩。

课前课后准备： 课前复习工业制版知识，课后调研品牌短裙的加工特色及上机实践。

第三章　服装CAD放缩系统

本章主要介绍了放缩表的建立、周边线和内部线的放缩。该系统放缩工具主要有以下三个功能：点、内部线和内部闭合线的放缩，改变放缩表，测量放缩样片的各种数据。

第一节　放缩表建立

一、如何在AccuMark系统中进行放缩

在AccuMark中进行放缩，是由基准尺码开始，以坐标为基础进行放缩的，通过改变*X*方向和*Y*方向的坐标实现手工放缩的上、下、左、右的移动。在放缩中水平线为*X*轴（即布纹方向），垂直方向为*Y*轴。

二、放缩表

放缩选项：【检视】—【放缩选项】。

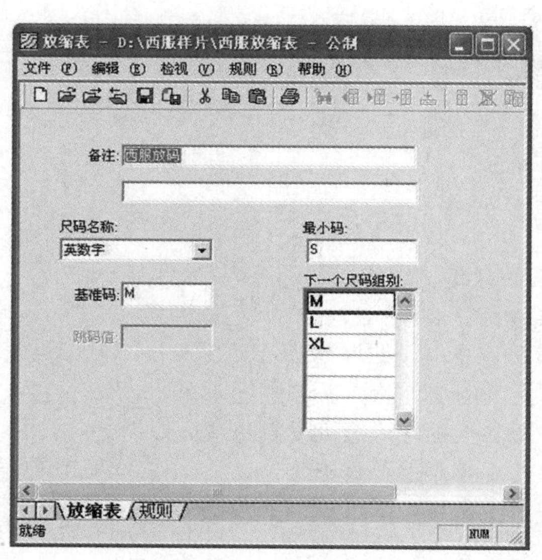

图3-1

设定放缩的方式：一般选择从小到大渐进式。

参数：【检视】—【参数】设定单位，公制或者英制，并且可以设定精确度，即小数点后保留数位。

（一）建立放缩表

放缩表选项如图3-1所示。

（1）尺码名称：设定尺码的类型，分为数字和英数字。

①数字要求尺码必须为数字的规则跳码，例如：2，4，6，8……

②英数字可以设定含有英文字母或者不规则跳码，例如：S，M，L……

（2）基准码：必须同样片读图尺码或

者打版的基准码一致。

（3）跳码值：只有在选择【数字】的尺码名称时才需要填写。

（4）最小码：规格表中的最小尺码。

（5）下一个尺码组别：由最小码的下一个尺码依次填写。

（6）插入或删除尺码组别：在尺码组别中选择一个尺码，右键，选择插入或删除尺码组别功能。

注　如果选择【数字】，可以只列出跳码值、最小码、基本码、最大码和其他的尺码间的放缩尺码组。AccuMark将会自动计算剩余的其他尺码。

（二）放缩方式

1. 从小至大渐进式

由小至大，而数值是每个尺码之间的差距，如均匀放缩，只计算最小码，如图3-2所示。

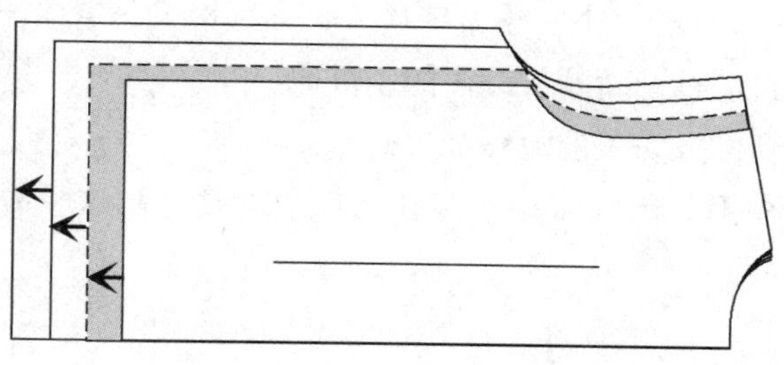

图3-2

2. 从基准码上下累积式

以基本码为中心，向小码及大码两个方向放缩，而数值是尺码与基本码之间的差距，如图3-3所示。

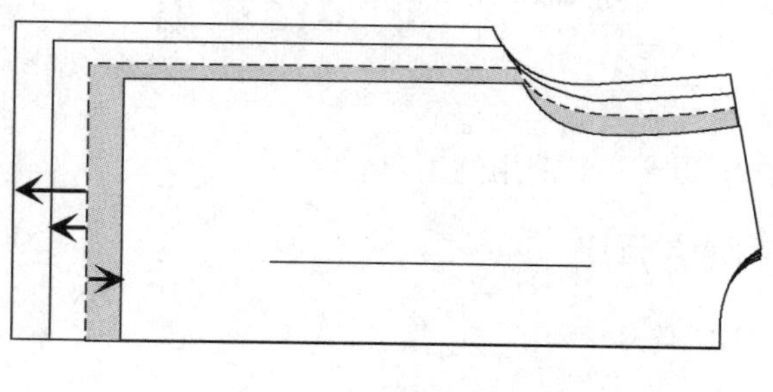

图3-3

3. 从基准码上下渐进式

以基本码为中心，向小码及大码两个方向放缩，而数值是每个尺码间的差距，如图3-4所示。

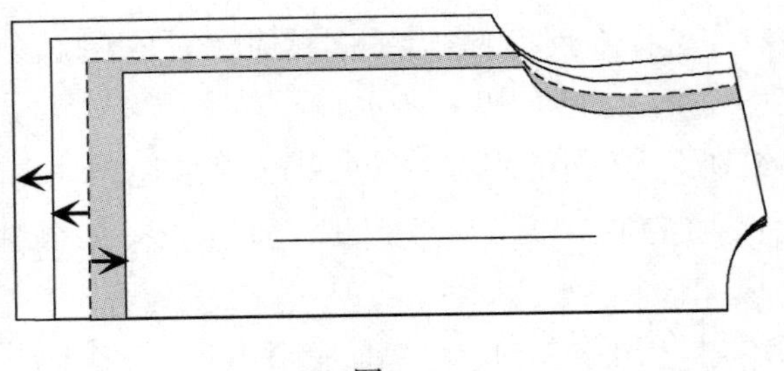

图3–4

三、指定放缩表

1. 用途

为样片指定一个新的放缩表。从而使样片按照新放缩表中的尺码和规则进行放缩。你可以使用显示全部尺码的功能来检查为样片赋予了新的放缩表后该样片是如何放缩的。

2. 当将一个放缩表赋予给一个样片的时候，会发生以下的事项

（1）该样片将被自动标记新的放缩表的基准码。

（2）该样片采用新的放缩表的放缩和尺码行。

（3）如果该样片中有该放缩表中不存在的放缩规则，则这些放缩点将不会被赋予放缩值。

3. 操作步骤

（1）选择需要赋予新的放缩表的样片。指定放缩表对话框显示当前储存区的放缩表，其中赋予该样片的放缩表名称被点亮显示。

（2）选择其他的放缩表，点击OK或者按下回车键。

（3）结束选择以继续后续的操作。

第二节　周边线放缩

周边线放缩工具中有以下三个常用的工具：

（1）：修改*X*/*Y*放缩值。

（2）：创建*X*/*Y*放缩值。

（3）：平均分布。

一、修改 *X*/*Y* 放缩值

1. 用途

修改在样片中的一个或者多个尺码组，但是不会影响到其他的尺码组。可以通过输入

X和Y的修改值来进行编辑，或者使用鼠标来手动地移动点。

2. 将规则应用于两端点选项

（1）单独：能够对一个角上的两条线段分别单独使用放缩功能。如果在复制一个放缩规则时选择了“单独”选项，那么这个规则只能被复制到角的一根线段的一个端点上。

（2）如相同应用于两边：将放缩应用于一个角的两条线段的两个端点上，前提是它们原先有同样的规则。

（3）全部于两边：始终将放缩应用于角的两个端点，无论它们原先的规则是否相同，如图3-5所示。

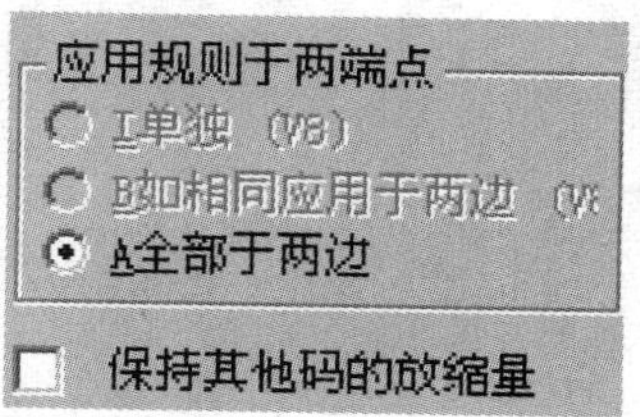

图3-5

3. 操作步骤

（1）选择带有需要编辑的放缩规则的样片。系统会自动显示该样片的尺码组。

（2）选择现有的放缩点、中间点或者是需要编辑的位置：修改X/Y放缩值档案在屏幕上显示样片所有尺码中的当前点和相关的放缩信息。在工作区中，显示一根连接全部尺码上相同点的线段会被显示。这根线段直观地表现出了档案中的X值或者Y值。

（3）选择某个尺码上的点来进行编辑。

注　除了基准尺码以外的所有尺码都可以被编辑。如果选择了一个非放缩的点，系统会创建一个放缩点来维持该尺码样片的形状。除非是编辑样片的最大码或最小码，否则相邻的尺码会受到编辑的影响。换句话说，如果修改了一个尺码，则与这个尺码相关联的其他尺码也会发生相应的变化。

（4）使用该档案来进行编辑。

①如果改变了X或者Y的放缩值，距离域内的值也会受到相应的影响。如果修改了距离域中的值，同样X或者Y的放缩值也会受到相应的影响。必须点击更新来查看所作的修改的效果。

②如果希望使用光标来手动编辑，可以点击一个尺码组的按钮来选择工作区中的对应点，使用鼠标在工作区中重新定位该点，档案会根据操作得到即时的更新。

（5）如果需要对这个档案作大量的修改，点击清除X或者清除Y按钮来清除相应域中所有的值。

（6）如果系统提供了多个布纹线的选择，需要为以上的点选择一根布纹线。

（7）继续编辑当前的点，或者选择另外的点进行编辑。在选择其他点之前，点击更新。

（8）点击OK按钮来储存所作的修改，关闭档案，然后结束命令，如图3-6所示。

二、创建X/Y放缩值

1. 用途

可以在一个放缩的或没有放缩的样片中创建放缩规则，而无需使用规则表中的放缩规

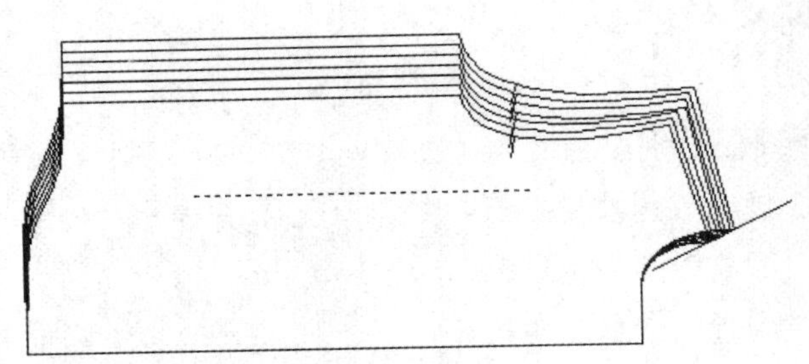

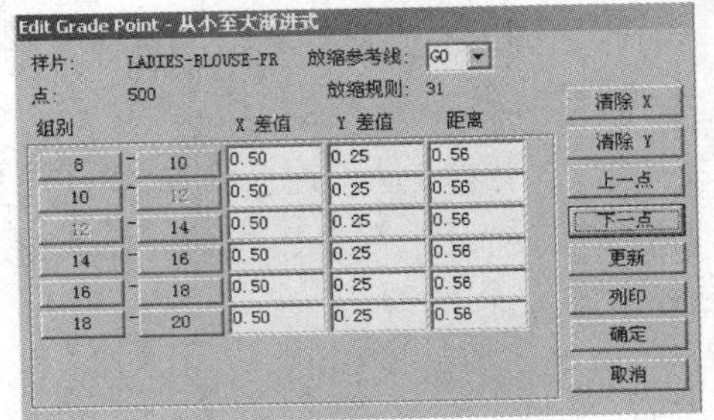

图3-6

则。要达到这个目的，要在创建X/Y放缩值档案中，为一个放缩点指定一个数值。样片必须有一个尺码行。

2. 将规则应用于两端点选项

同修改X/Y放缩值。

3. 操作步骤

（1）选择一个操作者所想要创建放缩点的位置。中间点或者是需要编辑的位置：

①在光标模式下，将光标定位在线段上，按下鼠标的左键，在正确的位置释放鼠标左键。

②在输入模式下，在状态区域的开始域或者结束域中输入编辑的位置。点击OK或者按动下车键。通过屏幕上的显示创建X/Y放缩值。

（2）使用该档案来进行编辑，选择增量发生变化的组别，在X放缩值和Y放缩值域输入数值。必须点击更新才能查看变化。数值显示在距离域以供参考。

（3）如果样片中存在一个以上的布纹，则选择上述点所需的布纹。

（4）继续编辑当前点或选择另一个点。在选择另一个点之前，点击更新。当所做的更改被更新后，系统会为样片中的所有尺码生成X/Y放缩值。档案中没有填充的域被填上了前一个增量，或者系统赋予其零增长，相当于最小的尺码。

（5）点击OK按钮关闭档案并结束使用该功能。

三、平均分布

1. 用途

在最小码和基准尺码之间、最大码和基准尺码之间自动分布放缩值。

2. 操作步骤

（1）选择以下选项：

①所有尺码：调整选中点在所有尺码中的放缩。

②基准到所选尺码：只调整基准尺码和所选尺码之间的尺码。

（2）选择点进行平均分布。

（3）结束选择继续操作，如图3-7所示。

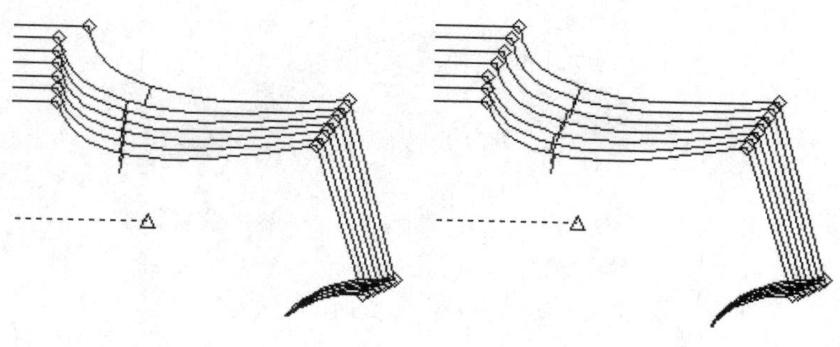

图3–7

第三节　内部线放缩

内部线放缩工具中有以下两个常用的工具：

（1）：周边线相交比例放缩。

（2）：复制放缩资料。

一、周边线相交比例放缩

1. 用途

为一根内部线和另一根线的交叉点创建一个比例放缩规则。系统自动创建放缩规则并应用于内部线的端点。

2. 操作步骤

（1）选择选项规则应用于两端点：使放缩应用于周边线的交叉点的两个端点。

（2）选择内部线上需要放缩的点。

（3）选择另一根放缩后的线与内部线交叉的点。

（4）结束选择继续操作，如图3–8所示。

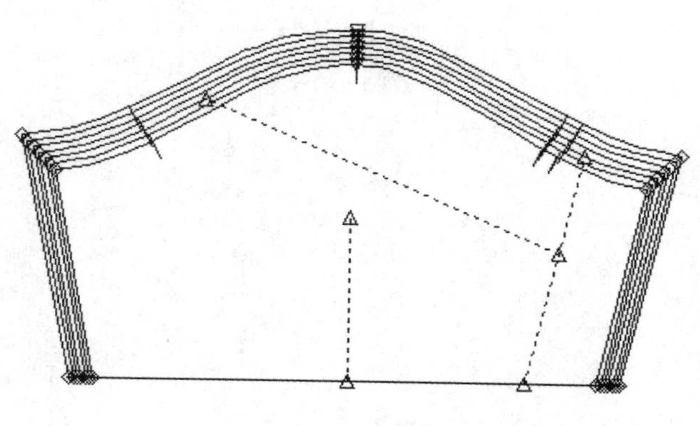

图3–8

使用了周边线相交比例放缩后，如图3–9所示。

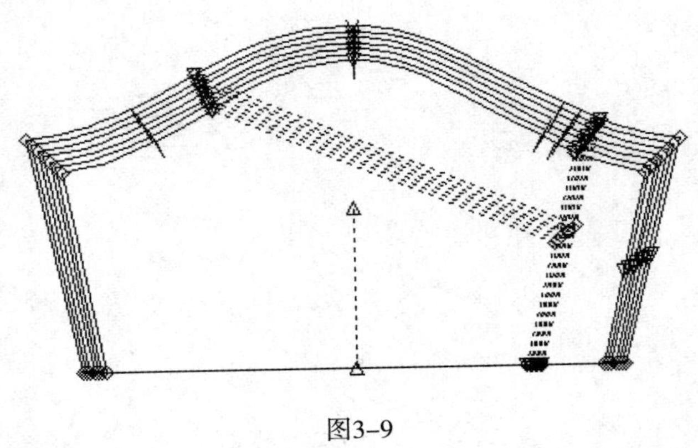

图3–9

二、复制放缩资料

1. 用途

复制放缩资料。

2. 操作步骤

（1）选择应用规则于两端点选项：使放缩规则有选择性地应用到周边线交叉点地两个端点上，可供选择的选项为单个、如果一样就两点或者总是两点。

（2）在样片上选择需要被赋予特定放缩规则的点。

（3）选择将被赋予参照点的放缩规则的目标点。

①在光标模式下，将光标放在线上，点击并按住左键，在正确的位置释放鼠标左键，结束选择继续操作。

②在输入模式下，在数值输入区的起始和结束域中输入放缩点的位置。点击OK或按下回车键。系统将放缩规则从参照点复制到目标点。

（4）结束选择继续操作。

基础理论——

服装CAD排料系统

课题名称： 服装CAD排料系统

课题内容： 1. 产生排版图的流程

2. 排版系统

课题时间： 4课时

教学目的： 1.掌握注解档案的建立和编辑。

2.排版放置限制档案的建立和编辑。

3.款式档案的建立和编辑。

4.排版规范档案的建立和编辑。

5.掌握排版图的生成和编辑。

学习重点： 注解档案、排版放置限制档案、款式档案、排版规范档案的各功能含义以及排版图的编辑。

教学方式： 以课堂操作讲授和上机练习为主要授课方式。

教学要求： 能够生成排版图，并根据要求进行编辑。

课前课后准备： 课前复习排版基础知识，课后上机实践。

第四章　服装CAD排料系统

本章主要介绍注解档案、排版放置限制档案、款式档案、排版规范档案的建立和功能组成以及排版图的生成、编辑，为企业提供高利用率的排版图。

第一节　产生排版图的流程

一、注解档案操作步骤

1. 储存区空白处鼠标右键【新建】—【注解档案（F5）】

2.【注解档案】选项【图4-1】

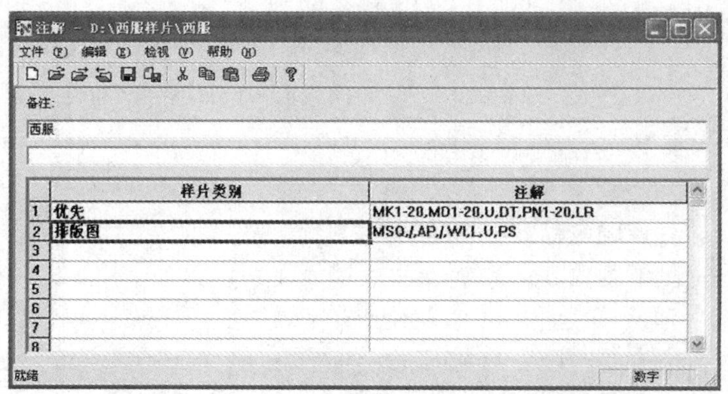

图4-1

（1）优先:输入的相应注解信息会打印在所有样片上（除非对于某个具体样片类别进行注解）。

①注解:可以直接输入注解代码或者可以按右边的查找按钮，在一览表中选择，如图4-2所示。

②注解说明：

a. 多个注解代号之间必须以逗号分开，而且在注解代号之间不能有空格分隔。输入实例：PN1-20，SZ1-6。

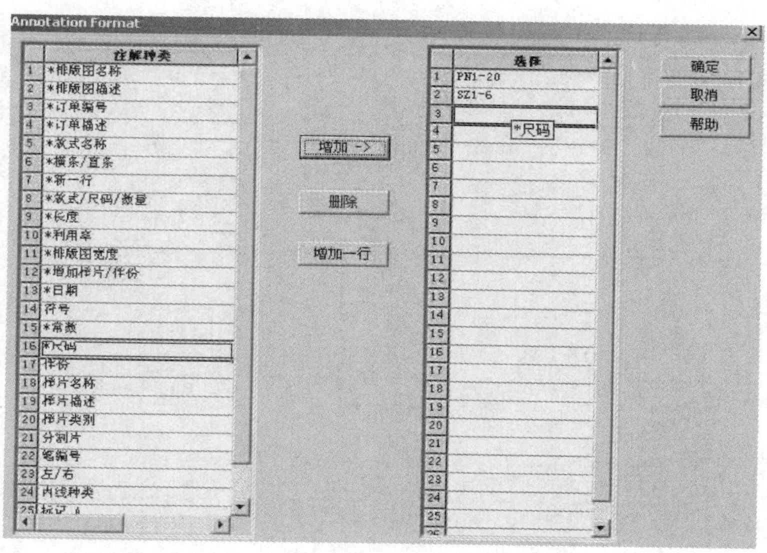

图4-2

b. 如果注解时需要换行要设定："，/，"。

c. 如果在注解中需要有常数：其中"常数"代表要写的具体内容。

d. 如果需要在样片上注明左/右片，在注解中设定为："LR"，绘图输出时，会在左片上注"L"，右片上注"R"（系统会默认读图样片为左片）。

（2）排版图：在绘制排版图的时候在排版图边界打印特别的信息。

（3）特定样片注解：在设定时可以对某一特定的类别样片进行注解。

（4）内部资料：内部资料注解与内部资料的标记字母有关。

①类别：LABELI→其中I表示内部资料的标记字母，在标记字母前不能有空格。

②内部线的注解：LT0：不画线。LT1：画实线。LT2：画虚线。

③内部钻孔：Syxxhh（其中xx表示符号形状，hh表示符号大小）的注解：

74："+"符号。69："*"符号。88："∘"符号。89："□"符号。90："◇"符号。

3. 保存

【档案】—【储存】或【另存新档】。储存时，可以根据档案的内容设定多种注解档案，如样片注解、排版图注解等。

二、排版放置限制档案操作步骤

1. 储存区空白处鼠标右键【新建】—【排版放置限制档案（F5）】

2.【排版放置限制档案】选项（图4-3）

（1）拉布形式：

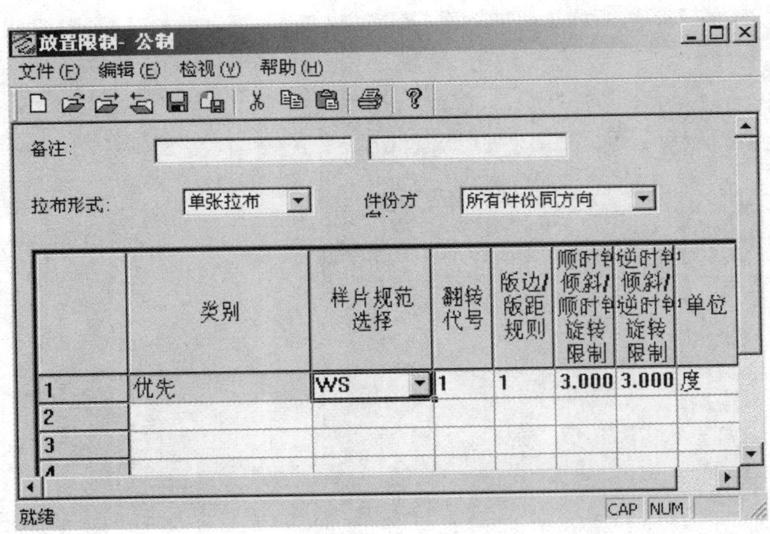

图4-3

①单张拉布：正面朝同一方向。

②面对面拉布：合掌拉布。

③对折拉布：多用于西装单量单裁。先将布料沿布宽方向对折，然后再按面对面拉布的形式铺布。

④圆筒拉布：针织布。

（2）件份方向：

①件顺：交替方向显示，即一件朝左，一件朝右。一般由于衣料原因，当布料没有毛向时，会使用这种方式。这种方式的件份在排版图中可旋转180°。

②所有件份同方向：所有的件份均朝同一方向。一般布料有毛向，如灯芯绒多用这种方式。

③同尺码同方向：相同尺码的件份朝同一方向。一般用于对倒顺毛要求不是很高的时候。

④不同的尺码可能是不同的方向。

（3）类别：

①“优先”：所有样片按照优先的样片规范设定，除非进行特定样片类别的设定。

②对于特定样片类别设定：输入样片类别，如：“F”“Cut”等。

（4）样片规范选择即选择右边下拉菜单，在相应选项前的方框中打上“√”：

①M：主片，一般用于对特定样片类别的设定，可以设定某些样片为主片，这些样片以外的样片，系统会自动设为小片，在排版和自动裁床上，会有相应的功能，如：裁床上可以设定“首先裁割小片”和“慢速裁割小片”。

②W：一顺向样片，沿X轴转，不可旋转：允许沿X轴进行翻转，但是不可以旋转。一般可不可以旋转与件份方向有关。

③S：容许180° 旋转，不可翻转。可不可以翻转与拉布方式有关。

④9：容许90° 旋转。

⑤4：容许45° 旋转。

⑥F：容许对称片折叠。只有当对褶拉布或者圆筒拉布才可以使用这个设定。

⑦O：额外片，可以不放置。

⑧N：这片不用绘制：一般用于对特定样片类别的设定。如对于AP700绘图机裁割纸版，使用U型框，这个样片不需要绘制的，主要是设定样片放置范围。

⑨X：这片不用裁割（主要用于裁床）。

⑩U：面积不会计算在排版图中。

⑪Z：样片可以容纳于拉布驳布符号中间。

三、款式档案操作步骤

1.储存区空白处鼠标右键【新建】—【款式档案（F5）】

2.【款式档案】选项（图4-4）

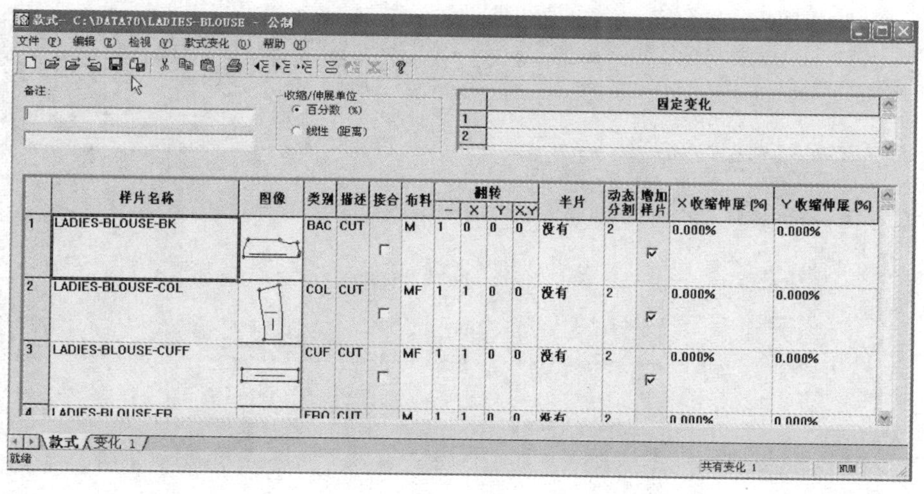

图4-4

（1）样片名称：点击右边查找按钮，选择这个款式中的所有样片，在选择的时候可以使用Ctrl键或者Shift键进行多选，选择完成后，选择【打开】。

（2）类别、描述：可以在款式档案中直接修改样片类别和描述，修改后的内容将自动应用到样片。

（3）布料：可以设定每个样片用于何种布料的排版。在设定布料代码时，必须为一位英文字母或者数字。

（4）翻转：

a. "– –"表示读入状态的样片数量。

b. "*X*"表示样片沿*X*轴翻转的样片的数量。

c. "*Y*"表示样片沿*Y*轴翻转的样片的数量。

d. "*X*，*Y*"表示样片沿*X*方向，*Y*方向翻转的样片的数量。

（5）半片：仅用于面对面拉布的排版中，因为面对面拉布排版时，只提取"– –"的样片，对于对称片而言，样片就会出现多了1倍，因此，需要设定样片共享半片。

设定时分为：

a. "没有"：没有共享半片。

b. "相同方向"：只有在两个件份方向相同时，才可以产生共享半片。

c. "任何方向"：无论方向，都可以产生共享半片。

3. **右键单击样片名称，选择编辑样片资料，在对话框中进行修改**（图4–5）

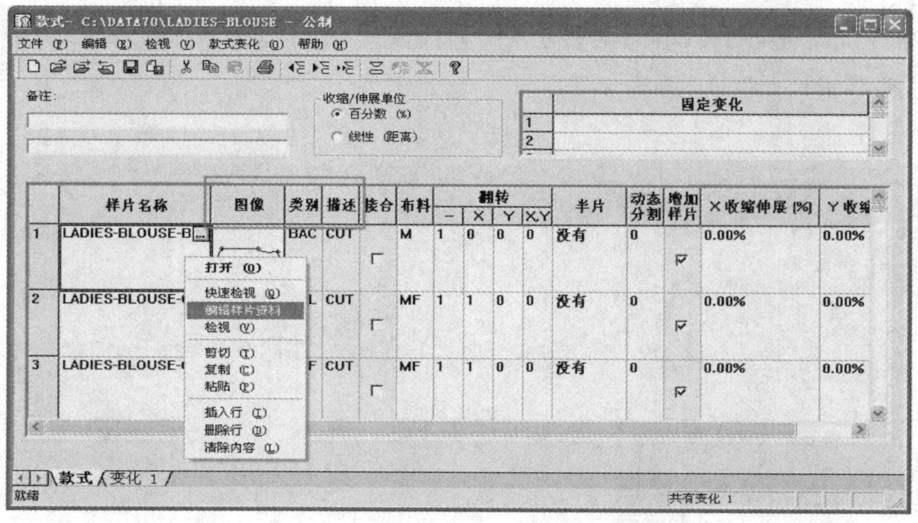

图4–5

四、排版规范档案操作步骤

1. **储存区空白处鼠标右键【新建】—【排版规范档案（F5）】**

2. **【排版规范档案】选项**（图4–6）

（1）排版图名称（必选项）：设定产生的排版图名称，一般在设定时，可以在名称中包含款号、尺码、搭配状况等信息。

（2）订单编号和描述（可选项）：可以设定相应的内容。

（3）放置限制（必选项）：选择右侧的查找按钮，或者直接按F4，选择排版图需要

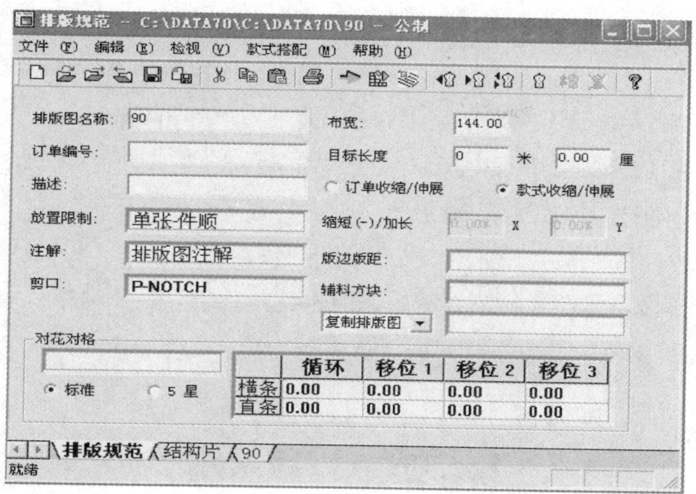

图4–6

的排版放置限制档案。

（4）注解档案（必选项）。

（5）剪口（必选项）。

（6）布宽（必选项）：设置布料的宽度，设置时要注意单位：【检视】—【参数】，选择公制/英制及精确度。

3.完成该档案后，点击位于排版规范底部的款式键，设定款式、尺码搭配等相关内容（图4–7）

（1）款式：选择排版中需要的款式档案。

（2）布料种类：输入布料种类的代码，与款式档案中的代码要相一致，如若此项不

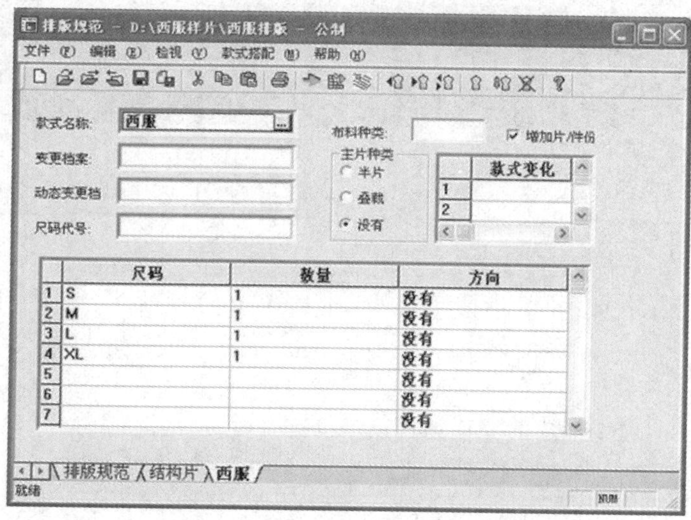

图4–7

填，将会将所有样片输入排版图中。

（3）尺码：输入排版需要的尺码。注意，样片上一定要存在设定的尺码。

（4）数量：相应的尺码需要产生的件份数量。

（5）方向：指定排版图中每个尺码的显示方向。

①没有：尺码/件份将参照放置限制表中给出的方向。

②左：尺码/件份按照最初读入时的方向进行显示。

③右：尺码/件份将按照最初读入时的方向再旋转180° 后进行显示。

（6）执行排版规范：点击执行完成后产生排版图。

第二节　排版系统

一、排料系统界面

排料系统界面如图4–8所示。

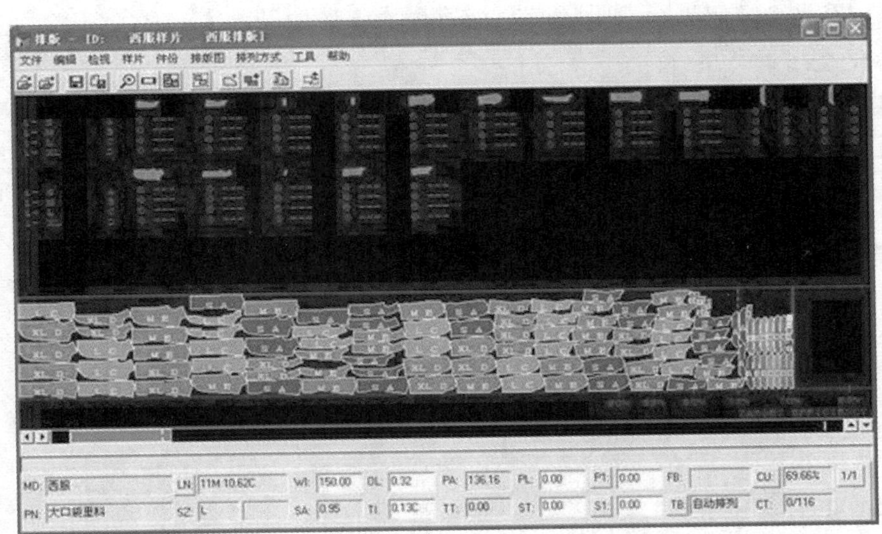

图4–8

二、排版图资料

（1）MD：显示选中样片的款式名称。

（2）PN：显示选中样片的样片名称。

（3）LN：显示排版图当前长度（点击LN按钮可进行米、厘米及英寸和码的转换）。

（4）SZ：显示选中样片的尺码。

与尺码域相邻有一个空的灰色框，用来显示特定的样片特性：

BU：带版距；BL：带版边；AL：翻转的；OL：重叠的。

（5）WI：显示了目前排版图的宽度，可进行编辑。

（6）SA：显示在排版图中分割样片后所指定的缝份值，在【排版规范选项】中设置，排版过程中不能更改。

（7）OL：样片重叠量，可以进行编辑。

（8）TI：用“度”来表示的样片倾斜量，可以进行编辑。

（9）PA：样片面积。

（10）TT：用“cm”来表示的样片倾斜量，可进行编辑。

（11）PL：对花对格横条循环（横条和直条是对于布料而言的，横条为纬向，直条为经向）。

（12）ST：对花对格直条循环。

①P1、P2、P3按钮：设置横条偏移量。

②S1、S2、S3按钮：设置直条偏移量。

（13）TB：显示工具列和被激活的功能。

（14）CU：代表了当前排版图利用率，是定位样片的总面积和排版图总面积之间的比例。

（15）TU代表了总体的排版图利用率，是所有样片（包括定位和未定位）的总面积和排版图面积的比例。

$$CU=\frac{\text{排版图内样片面积}}{\text{排版图长度}\times\text{宽度}} \qquad TU=\frac{\text{全部样片面积}}{\text{排版图长度}\times\text{宽度}}$$

（16）CT：显示未排样片和已排样片的数量。

三、排料图的编辑

工具盒的功能如图4-9所示。

图4-9

（一）工具盒使用

1. 自动排列

右键选择需要自动排列的样片（框选），左键拖动到工作区，即产生排料图。可以通过下拉菜单选择，自动排列时何种样片先排列。

2. 组合排列

将多个样片通过右键框选，使样片成为一个整体，通过左键排入排版图，再次拖动时，样片已经成为个体，如图4-10所示。

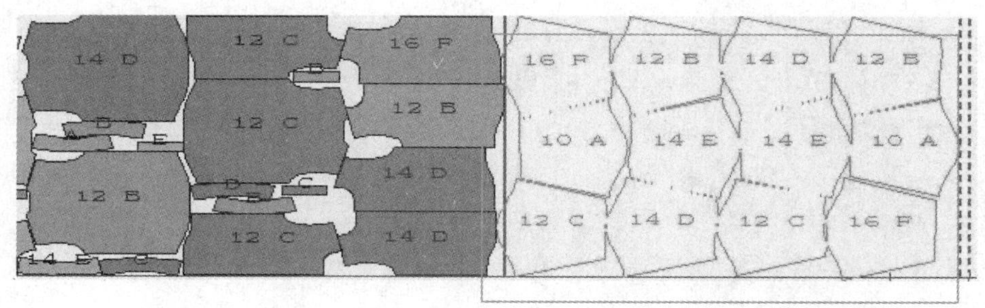

图4–10

3. *定向滑片*

将一个样片按照指定的方向进行移动，直到样片接触到另外的一个样片或者排版图的边缘，如图4–11所示。

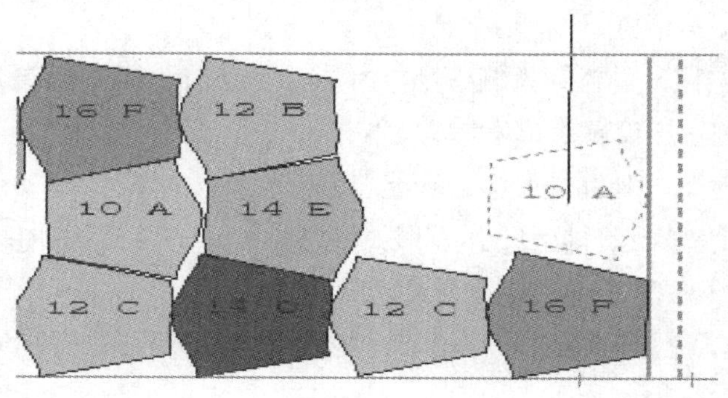

图4–11

4. *重叠（三种状况）*

（1）将一个样片的部分重叠在另一个样片的一部分上，如图4–12所示。

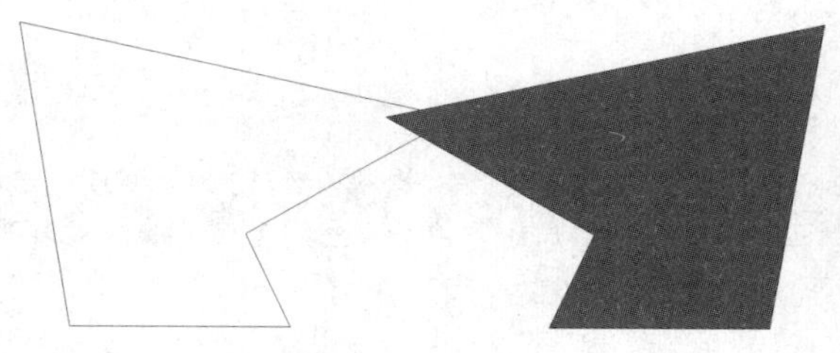

图4–12

（2）将一个样片的部分重叠在排版图的边缘上（借布边）。

（3）在两个样片之间加入设定的间隔（OL设定为负值）。

5. *步移样片*

样片按照指定的步移量进行移动。步移量可通过菜单【编辑】—【设定】来进行设置，如图4–13所示。可以多个样片同时步移。

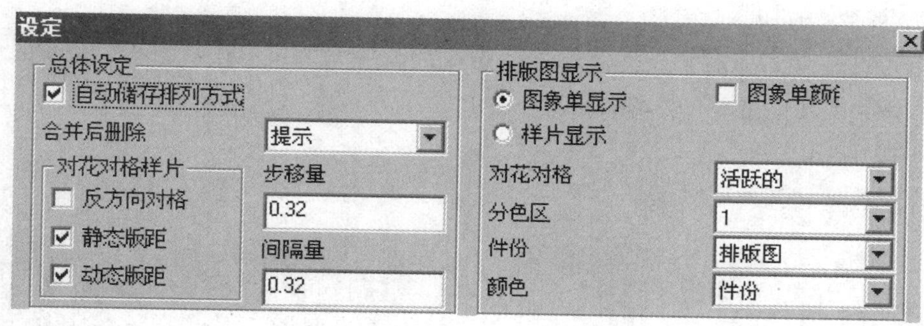

图4–13

6. 翻转

根据在排版放置限制参数表样片选项中的定义，可以使用这个功能来将一个样片沿X轴或Y轴进行翻转。

当系统提示“需要解除限制”时，表示此功能在排版放置限制中设定了“不能翻转”的限制，可使用“临时解除限制”或者“永久解除限制”来忽略限制。

7. 旋转

倾斜或者旋转一个样片，旋转程度将受到排版放置限制中设定的限制，如图4–14所示。

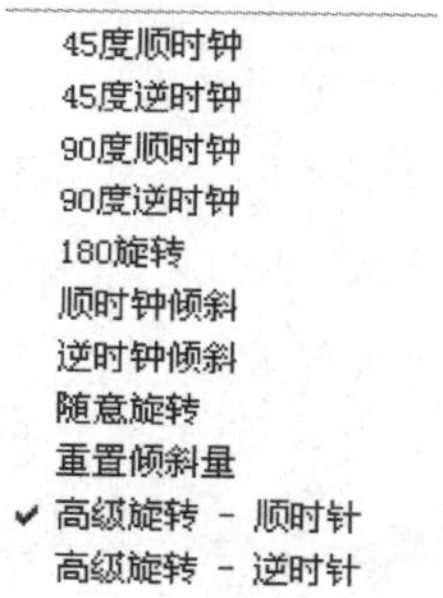

45度顺时钟
45度逆时钟
90度顺时钟
90度逆时钟
180旋转
顺时钟倾斜
逆时钟倾斜
随意旋转
重置倾斜量
✔ 高级旋转 – 顺时针
高级旋转 – 逆时针

图4–14

（1）：45° 顺时针旋转。

（2）：45° 逆时针旋转。

（3）：90° 顺时针旋转。

（4）：90° 逆时针旋转。

（5）：180° 逆时针旋转。

（6）：顺时针倾斜，可通过【TL】设定每次倾斜量，并且在【排版放置限制】中可以设定倾斜的最大值。

（7）：逆时针倾斜。

（8）：随意旋转。

（9）：重置倾斜量，将倾斜旋转过的样片恢复原状。

（10）：顺时针高级旋转，以顺时针绕选定点旋转样片，直至达到其倾斜限制或碰触另一样片。

（11）：逆时针高级旋转，以逆时针方向绕选定点旋转样片，直至达到其倾斜限制或碰触另一样片。

8. 定位/不定位

对选定的样片完成定位和不定位的操作。当选择【永久解除限制】或【临时解除限制】时，该功能允许重叠，如图4–15所示。

9. 中心

将样片放置在开放位置的中心（图4–16），一般用于小片放置，以便裁割。

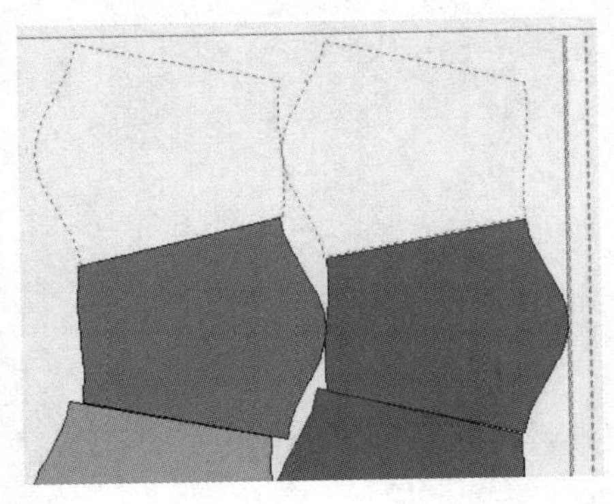

图4–15

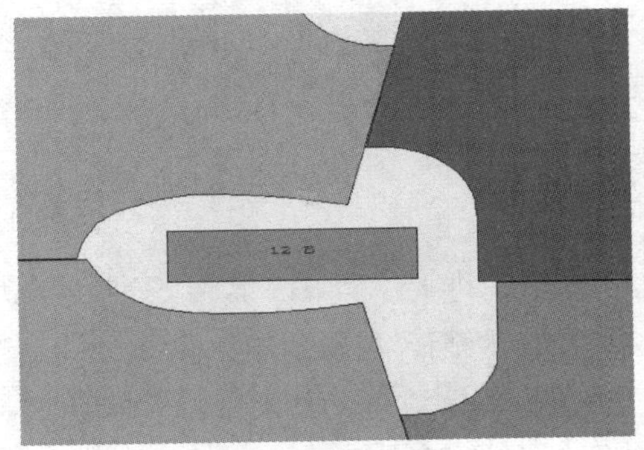

图4–16

10. 自动放置样片

可以将样片放入一个十分紧凑而且很难滑入的排版图区域内。样片即使放在其他样片上面也可自动弹开，当空间不允许放置样片时，系统会提示重叠量的大小。

11. 间隔样片

按照在【编辑】—【设定】中所设置的“间隔量”将样片与其他相邻的样片移开一定距离。每次只能移动一个样片。

12. 自由旋转

在使用【自动排列】或者【定向滑片】功能时，可同时选择【自由旋转】功能，样片会适度旋转以符合相邻样片对其的外形要求。在【排版放置限制】中可以设定旋转的最大值，该设定的最大允许值为45°。

13. 永久解除限制

使用此选项将会取消【排版放置限制】中所设定的限制。必须十分小心使用所有解除限制后的功能。解除限制的操作会被记录下来，并且显示在排版图报告当中。

14. 临时解除限制

此选项与【永久解除限制】的区别在于：只对当前选中的一个功能解除限制，当选择另一个功能的时候，会自动弹起，取消解除限制功能。

（二）排料图缩放编辑

检视菜单——局部放大：放大工作区的一部分。

检视菜单——整体显示：用来缩小排版图的图像，显示整个排版图。

检视菜单——比例切换：转换排版图显示的比例，选中一次可以扩大排版图的显示，再选中一次就会让排版图的显示回到原来的尺寸。

（三）样片退回图像单

退回图像单——全部：将工作区里的所有样片（包括定位片和未定位片）退回图像单的原本位置。

退回图像单——未定位：将工作区内的所有未定位的样片退回图像单中的原来位置。一般当发现样片漏排，却找不到样片的时候，多用这种方式。

退回图像单——一片：将选定的某一片样片退回图像单。

退回图像单——件份：将选定的某一件份退回图像单。

（四）档案——储存

储存编辑完成的排版图。

四、自动排版系统

自动排版选项如图4–17所示。

（1）来源排版图：选择需要使用自动排版的排版图的名称。

（2）目标排版图：设置执行完成以后排版图名称，如果选择该名称与来源排版图同名，系统会提示是否覆盖。

（3）放置策略：选择自动排版时，长度长的先排或者面积大的先排。

（4）样片放置选项：

①应用：系统会参照放置限制表中样片放置限制域中的设定来放置样片。

②忽略：系统忽略在放置限制表的样片放置限制域中所作的规定。对于有方向性的排版图不能选择此项。

③按照方位：系统将按照方位来放置样片。在这个设置下不会对样片进行任何旋转。

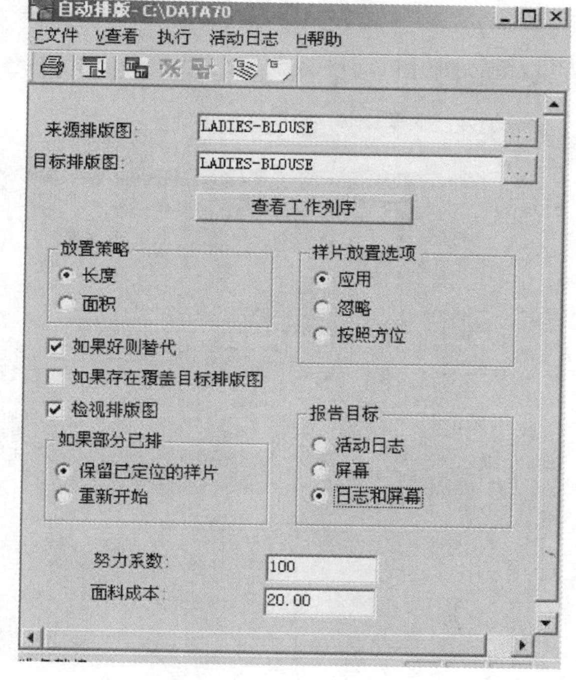

图4–17

（5）努力系数：输入在0～100之间的一个值，默认的设置是10。该数字设置越高，系统会进行更多的尝试和努力。数字越大则执行的时间也越长，而且通常情况下（并非总是）会产生一个利用率更高的排版图。

（6）如果好则替换：选中，如果自动排版产生的排版图利用率高于原有排版图，系统自动覆盖。AutoMark总是保留那个布料利用率最高的排版图。不选中，不考虑利用率的因素，原来的排版图不会被替换。

（7）如果部分已排：

①保留已定位的样片：源排版图中已经放置的样片会被保留，自动排版会放置其他的样片来完成这个排版图。经常可以用于排剩余小片。

②重新开始：已经被放置在源排版图中的样片都会恢复到它们原来的读入时的方向。

（8）报告目标：

①活动日志：系统会向自动排版日志中发送一个排版图制作活动的报告。这个可以被打印和在屏幕上进行检视的报告包含了在策略和努力系数等方面的参数、长度、利用率、时间和每个样片的成本等参数。

②显示屏幕：系统只在屏幕上显示排版图制作活动。

③日志和显示屏幕：系统不仅在屏幕上显示排版图的制作活动，还会向自动排版日志中发送一个排版图制作活动的报告。

（9）面料成本：输入单位布料的成本。系统可以自动计算出每件衣服的成本。点击 键，执行自动排版。

活动日志如图4-18所示。

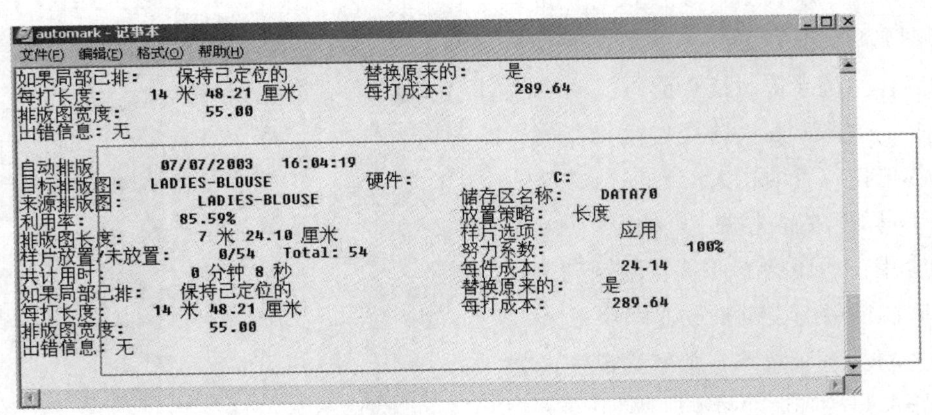

图4-18

基础理论——

读图、绘图与裁割

课题名称： 读图、绘图与裁割

课题内容： 1. 服装CAD读图

2. 服装CAD绘图

3. 服装CAD裁割

课题时间： 4课时

学习目的： 1. 了解使用读图版读图前的准备。

2. 掌握读图步骤，读取内部资料、外部资料。

3. 掌握绘图与裁割参数表的建立与编辑。

4. 掌握绘图与裁割文件的生成和编辑。

学习重点： 掌握使用读图版读图的步骤以及绘图与裁割参数表的设置，生成绘图与裁割文件。

教学方式： 以课堂操作讲授和上机练习为主要授课方式。

教学要求： 能够熟练进行读图，生成绘图与裁割，并根据要求进行编辑。

课前课后准备： 课前读图版的设置，课后上机实践。

第五章 读图、绘图与裁割

第一节 服装CAD读图

一、读图工具

（一）游标器

游标器如图5-1所示。

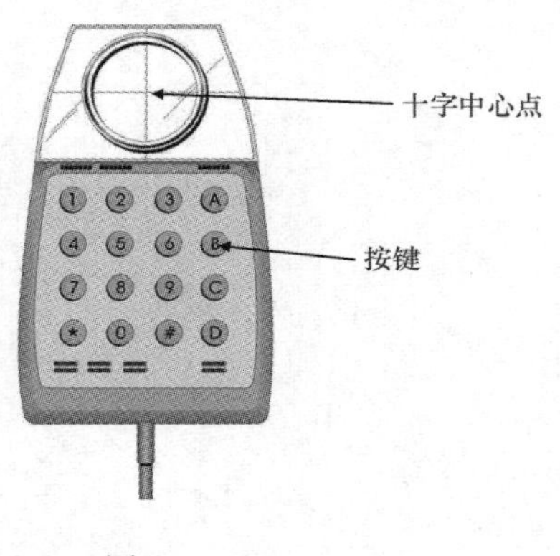

图5-1

游标器上各按键的功能如下：

（1）A键：用来读取读图版菜单上的资料及样片上的点的坐标位置。

（2）B键：放缩点（0～9999）。

（3）C键：剪口点（1～5）。

（4）D键：点的属性（1～9）。

（5）#键：读取网状图时，网状样片的放缩位置。

（6）* 键：间隔点。

（7）0～9：用来输入放缩规则号、剪口编号及点的属性编号等。

（二）读图版

1. 读图版菜单（图5-2）

2. 菜单含义

（1）Start Piece：开始读图。

（2）Large Piece：大片。

（3）Rule Table：放缩表。

（4）Numeric Sizes：数字尺码。

（5）Alpha Sizes：英数字尺码。

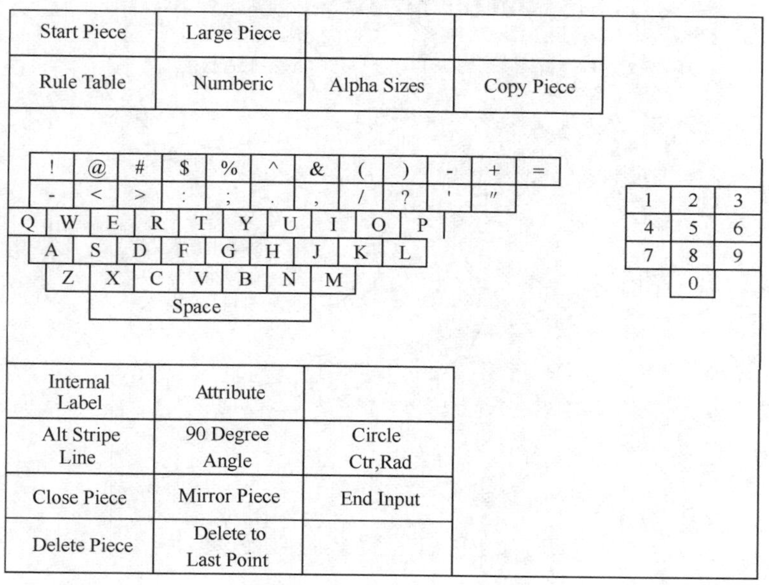

图5-2

（6）Copy Piece：复制样片的尺码。

（7）Internal Label：内部资料。

（8）Attribute：点的属性。

（9）Alt Stripe Line：多条布纹线。

（10）90 Degree Angle：直角。

（11）Circle Ctr，Rad：圆形。

（12）Close Piece：单片。

（13）Mirror Piece：对称片。

（14）End Input：结束读图。

（15）Delete Piece：删除最后一片。

（16）Delete to Last Point：删除最后一点。

二、读图前的准备

（一）硬件设置

设定读图版与电脑主机相连接并在硬件设置中设置了相应的端口，如图5-3所示。

确定后在任务栏上出现读图版图标后，才能进行读图工作。

（1）支持Investronica读图版：AccuMark V8.2中增加了对Investronica读图版的支持。Investronica读图版可用于输入AccuMark原读图资料，以模拟AccuMark读图版的功能。

（2）配置Investronica读图版：从LaunchPad或AccuMark资源管理器启动硬件设置。选

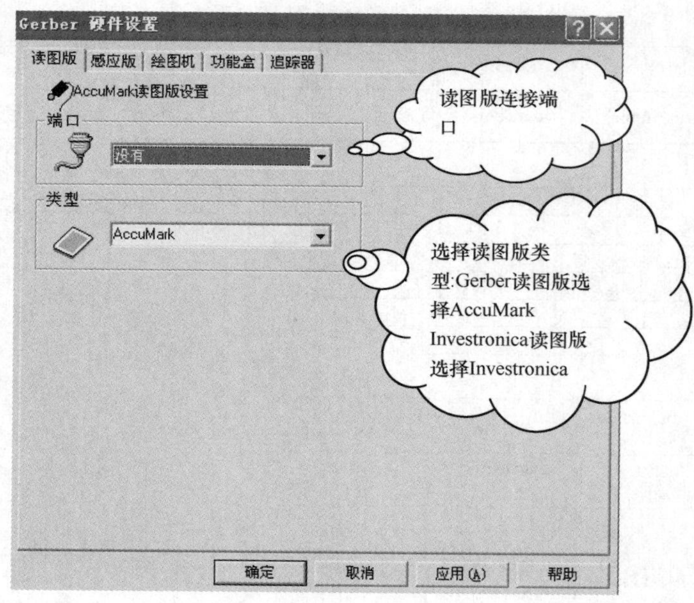

图5-3

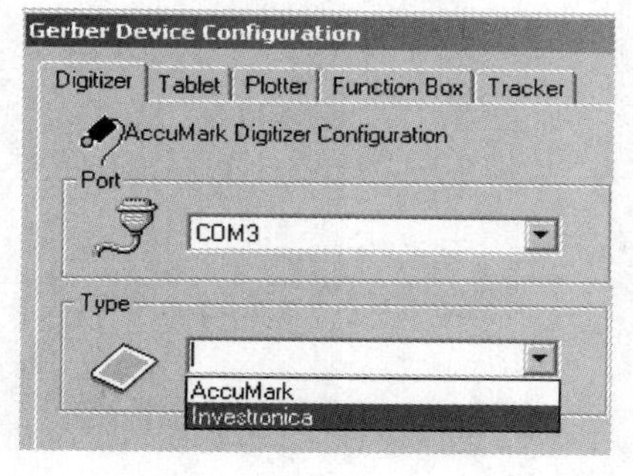

图5-4

择读图版选项卡，然后选择连接端口和读图版类型“Investronica”，如图5-4所示。

（二）样片准备

（1）样片名称：一般可以按照款号+类别来为样片命名，如200301—FR可利用【样片记录表】附表完成。

（2）样片类别：区分样片属于服装的哪一部分。如FR（前片）BK（后片）类别的设定英文字母或数字均可，但一定要注意在工作时要形成统一，方便管理。可利用【样片记录表】完成。

（3）放缩表：样片使用的放缩表的名称。如200301。在核对样片之前应先建立放缩表。可利用【放缩记录表】完成。

三、读图步骤

（一）读取菜单资料

十字中心点对准相应的格子，按游标器的A键。

（1）Start Piece格子。

（2）样片名称，然后按*键，如200301—FR*。

（3）样片类别，然后按*键，如FR*。

（4）样片描述，然后按*键，如X2*。描述可以说明样片片数，布料等内容，也可以不读入，但*是必需的。

（5）Rule Table格子。

（6）放缩表的名称，然后按*键，如200301*。

（二）读取样片资料

十字中心点对准相应的格子，按游标器相应的键。

（1）布纹线（由左向右），然后按*键，如AA*。

（2）周边线（顺时针读取周边线）：

①放缩点：AB（放缩规则编号），如AB1。

②中间点：A。

③放缩剪口：AB（放缩规则编号）C（剪口编号），如AB5C1。在转角的位置，如若角度大于110° 时，需要读D9。如AB3D9（注意：不需回到第一点）。

（3）Close Piece格子或Mirror Piece格子。

（4）按*键。

（5）End Input格子，表示完成，或者Start Piece继续读入新的样片。

注　①“*”相当于确认键，表示一个步骤完成。

②单片（非对称片）需读取Close Piece，对称片读取Mirror Piece。

③读取对称片时，起点必须为对称线的一个点，按顺时针方向指向另一个点，系统会自动将这两个点的连线作为对称线。

（三）读取内部资料

1. 内部资料标记

（1）按照前面的方法读入周边线。

（2）Close Piece或Mirror Piece，不要按*键。

（3）Internal Lable。

（4）输入标记字母（A～Z），如图5-5所示。一般内部线标记：I；内部钻孔：D。

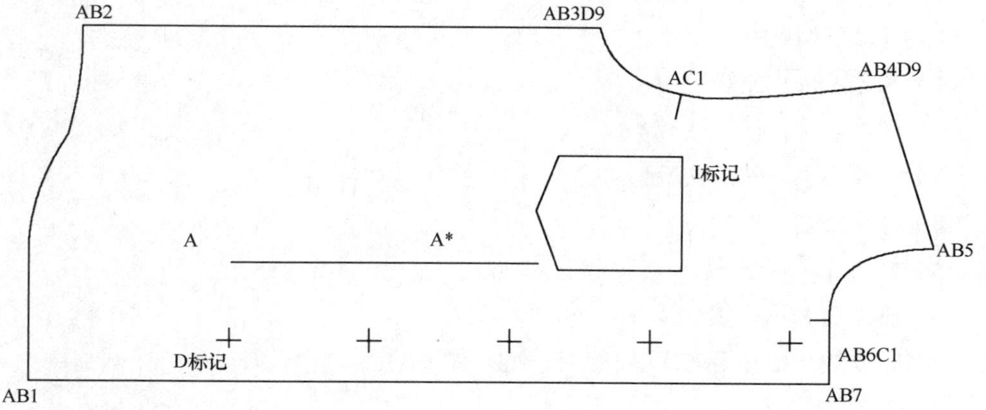

图5-5

但对于对称片而言，内部资料有两种情况：对称的和不对称的。内部标记字母A～C，E～M为不对称的内部标记字母；字母D，N～Z为对称的内部标记字母。例如，对称的内部线：Z；不对称的内部线：I；对称的钻孔：D；不对称的钻孔：E。

（5）输入内部资料。

（6）内部线分为开放的和封闭的，对于封闭的线段，读入Close Piece。但每条内部资料的读取，都需从读取Internal Lable开始。

（7）按*键。

（8）End Input或者Start Piece。

2. 特别内部资料标记

（1）A&B：用于注解线。

（2）D：袋孔（钻孔）。

（3）G：布纹线（由电脑自动安排在样片上）。

（4）I：系统应用的一般内部资料。

（5）M：对称线（读取对称片时，电脑自动安排在样片上）。

（6）P：用于定位分割线（配合排版中分割功能）。

（7）S：缝份线。

（8）H：裁割的内部线。

（9）读入对称片时，使用内部资料字母A～C，E～M为不对称的内部资料标记字母，D，N～Z为对称的内部资料标记字母。

（10）对格线：对格线必须为水平或垂直。

①0对格线：用于对布料上主条。

②1对格线：用于同一样片左、右对条。

③2～15对格线：用于不同样片间的相互对条。

④100～14999：不产生对称。

⑤15000及15000 以上：产生对称。

（四）读取网状图

（1）Start Piece格子。

（2）样片名称，然后按*键。

（3）样片类别，然后按*键。

（4）样片描述，然后按*键。

（5）Rule Table格子。

（6）放缩表名称，然后按*键。

（7）布纹线（由左至右），然后按*键，如A A*。

（8）周边线：

①放缩点：在基准码上按AB，然后从最小码到最大码的每个码按#键。

②中间点：在基准码上按A。

③放缩剪口：在基准码上按ABC（剪口编号），然后从最小码到最大码的每个码按#键。

④不放缩剪口：在基准码上按AC（剪口编号），如图5-6所示。

注　a. #是在读入剪口或者点的属性后再读，如ABC1D9#####。

b. 在建立放缩表的时候，设定最小码为基准码，读图时会比较方便。

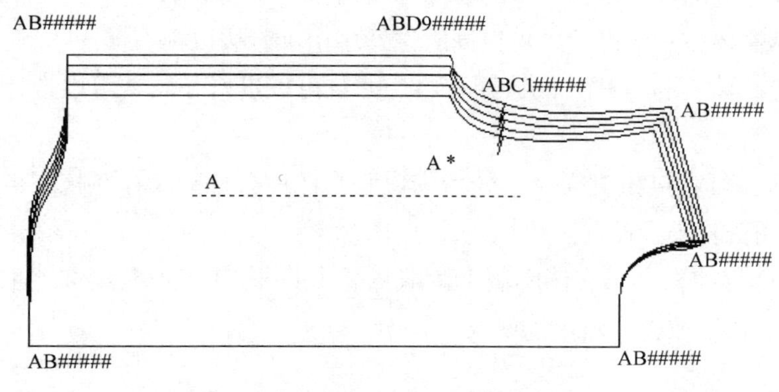

图5-6

（9）Close Piece 格子或 Mirror Piece 格子。

（10）按*键。

（11）End Input 格子或者 Start Piece。

四、检视读图

右键点任务栏上的读图版图标，选择“打开” 。读图窗口就会显示在屏幕上，输入Start Piece（开始样片）、名称、种类、说明和放缩表之后，其图形开始显示在窗口中，以布纹线为起始。样片名还显示在标题栏中。选择End Input（结束输入）将清除窗口中的显示图并将资料发到读图版文件夹中，如图5-7所示。

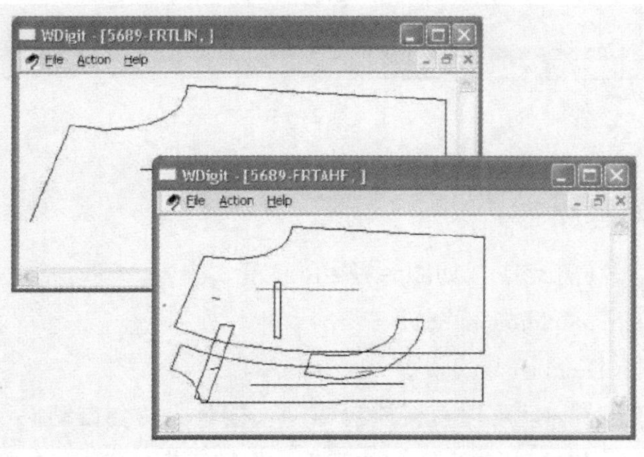

图5-7

五、核对样片

通过AccuMark资源管理器核对样片，如图5-8所示。

（1）设置核对样片的优先储存区：【检视】—【参数选项】—【核对读图资料选项】。

（2）选择左面的读图版，所有的读图资料都会在右面显示。

（3）选择需要核对的样片（可以同时选择多个），按鼠标右键。

（4）开启：将会打开样片的读图资料，并且可以进行编辑，可以选择保存读图资料或者样片。

（5）核对：可直接核对样片，分析成功后，样片会自动储存在核对样片的优先储存区中，但是读图资料不会储存。

注　核对样片前，必须在读图版上读取 End Input，如果没有读取此项，会出现电脑停滞状态，只需再读取此项就可以解决。

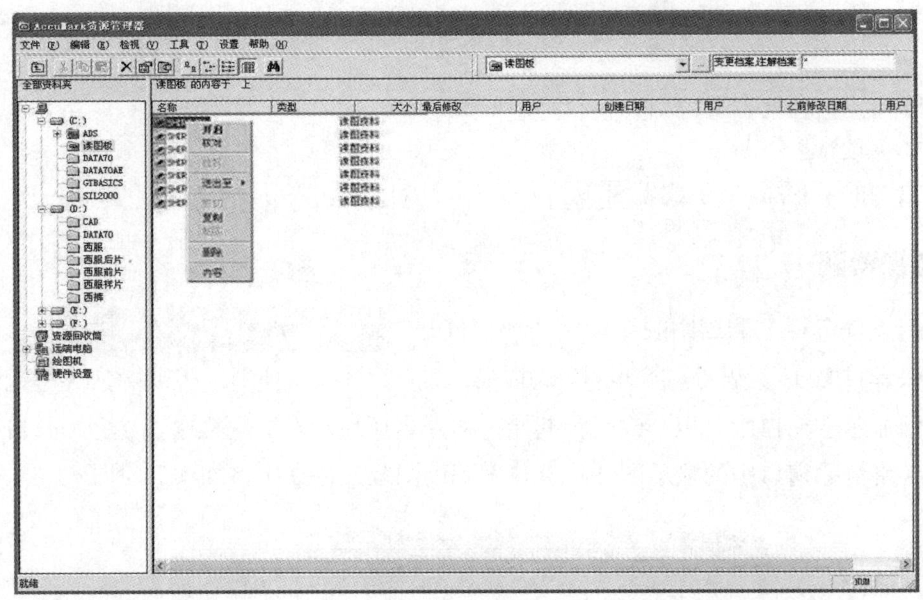

图5-8

六、通过PDS核对样片

（1）【档案】—【开启】，如图5-9所示。

（2）文件类型：AccuMark 读图资料。

（3）查找范围：Digitizer（读图版）。

（4）选择【打开】，就可以直接核对样片，核对成功会自动显示在图像单上，如果核对失败，自动弹出【修改读图资料】的窗口，可直接进行修改。如图5-10所示。

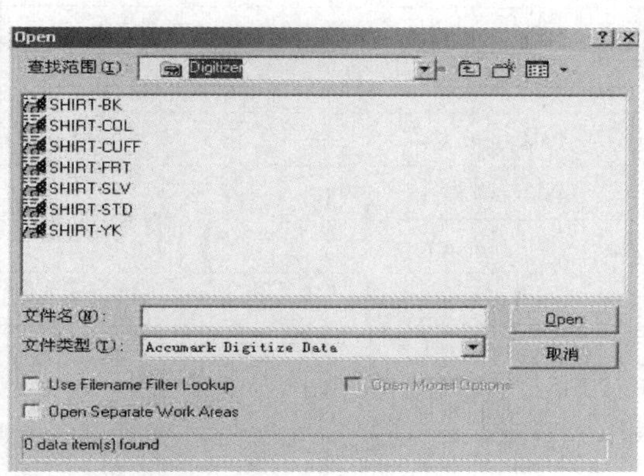

图5-9

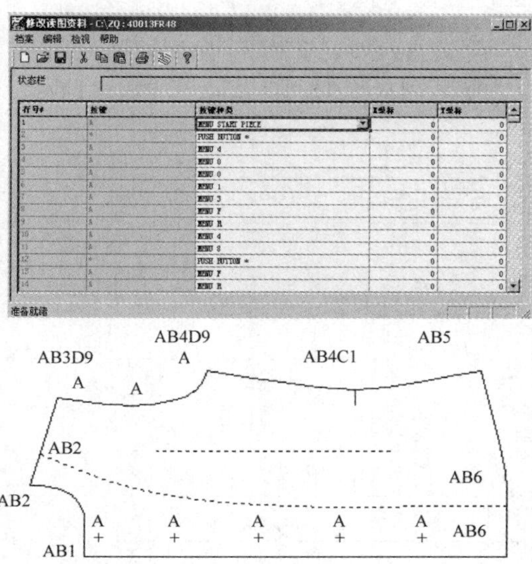

图5-10

七、修改读图资料

（一）读图按键说明（表5-1）

表5-1

行号	所按键	按键种类	说明
1	A	Menu Start Piece	
2	*	Push Button*	确认键
3	A	Menu F	前片
4	*	Push Button *	确认键
5	A	Menu X	2片
6	A	Menu 2	
7	*	Push Button*	确认键
8	A	Menu Rule Table	放缩表
9	A	Menu 1	放缩表名称为1
10	A	Menu 2	放缩表名称为2
11	*	Push Button*	确认键
12	A	Push Button A	布纹线
13	A	Push Button A	
14	*	Push Button *	确认键

续表

行号	所按键	按键种类	说明
15	A	Push Button A	前中心点
16	B	Push Button B	
17	1	Push Button 1	放缩规则号1
18	A	Push Button A	前领围中间点
19	A	Push Button A	
20	A	Push Button A	
21	A	Push Button A	前肩颈点
22	B	Push Button B	
23	2	Push Button 2	放缩规则号2
24	A	Push Button A	肩端点
25	B	Push Button B	
26	3	Push Button 3	放缩规则号3
27	D	Push Button D	
28	9	Push Button 9	转角点
29	A	Push Button A	袖窿中间点
30	A	Push Button A	
31	A	Push Button A	
32	A	Push Button A	
33	A	Push Button A	袖下点
34	B	Push Button B	
35	4	Push Button 4	放缩规则号4
36	D	Push Button D	转角点
37	9	Push Button 9	
38	A	Push Button A	腰线点
39	B	Push Button B	放缩规则号4
40	4	Push Button 4	
41	C	Push Button C	剪口编号1
42	1	Push Button 1	
43	A	Push Button A	下摆点
44	B	Push Button B	
45	5	Push Button 5	放缩规则号5
46	A	Push Button A	下摆中间点
47	A	Push Button A	下摆中间点
48	A	Push Button A	下摆中间点

续表

行号	所按键	按键种类	说明
49	A	Push Button A	前中心下摆点
50	B	Push Button B	
51	6	Push Button 6	放缩规则号6
52	A	Menu Close	单片闭合
53	A	Menu Inter Label	读内部资料
54	A	Menu I	非对称内部线标记I
55	A	Push Button A	前贴边
56	B	Push Button B	
57	1	Push Button 2	
58	A	Push Button A	
59	A	Push Button A	
60	A	Push Button A	
61	A	Push Button A	
62	B	Push Button B	
63	6	Push Button 6	
64	A	Menu Inter Label	读内部资料
65	A	Menu D	钻孔点标记D
66	A	Push Button A	钻孔1
67	A	Push Button A	钻孔2
68	A	Push Button A	钻孔3
69	A	Push Button A	钻孔4
70	A	Push Button A	钻孔5
71	*	Push Button *	确认键

注　①其中Menu表示读取菜单，Menu后的内容为读取的菜单内容，如："Menu Start Piece" 表示读取菜单中Start Piece；Push Button表示读游标器的按键，如："Push Button*" 表示按游标器*键。

②如果需要加行或者删行，在需要更改的行上按鼠标右键，选择【插入行】或者【删除行】。

③如果需要更改某行的内容，按该行右面的下拉菜单可以找到相应的命令，或者可以直接修改。

④在操作时，可以使用【复制】【贴上】等功能。

（二）编辑读图资料

在编辑读图资料的按键种类编辑框中，可以直接执行输入的功能。但在输入过程中没有输入提示符来指示当前的输入位置。如果在输入时单击了另外一个编辑框，而并没有对它进行输入操作，之后又回到原来正在输入的编辑框时，将在当前的数据之后继续进行输入。但是，如果在对某个编辑框进行输入时，又对另外一个编辑框进行修改输入，当返回到前一个编辑框后，只能重新开始输入。如果有需要的话，仍然可以从下拉列表中进行选择。

八、点的属性

（一）周边线上点的特性（表5-2）

表5-2

属性符号	属性编号	说明
S	D8	指定需要平滑
N	D9	指定不需平滑
1	C1	第一种剪口
2	C2	第二种剪口
3	C3	第三种剪口
4	C4	第四种剪口
5	C5	第五种剪口

（二）放缩的特性（表5-3）

表5-3

属性符号	属性编号	说明
P	D6	与前个放缩点固定距离
X	D5	与下个放缩点固定距离
A	D4	取下个及前个放缩量的平均值
Z	D3	网状放缩叠合点
F	D7	旋转点

（三）设定点的属性的方法

（1）【读图】：放缩点：AB（放缩规则号）C（剪口编号），再在菜单中读入 Attribute，N（点的符号）如AB4C1— Attribute — N。

（2）【读图】：放缩点：AB（放缩规则号）C（剪口编号）D（点的属性符号），如ABC1D9。

（3）【PDS】：【编辑点的编辑】功能，在属性中进行调整，如N。

九、读入特殊的样片

（一）读入多条布纹线

（1）Start Piece。

（2）样片名称，然后按*键。

（3）样片类别，然后按*键。

（4）样片描述，然后按*键。

（5）Rule Table。

（6）放缩表名称，然后按*键。

（7）布纹线：在读入最后一条布纹线后按*。

①第一条：A A。

②第二条：A A。

③第三条：A A。

注　布纹线编号会根据读入次序由电脑自动安排结合于布纹线的标记字母，三条布纹线的标记字母分别为G0、G1、G2（图5-11）。

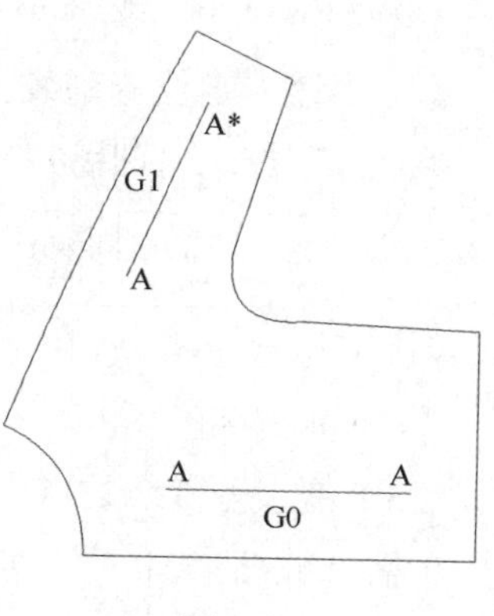

图5-11

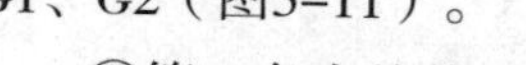

①第一条布纹线：编号0。

②第二条布纹线：编号1。

③第三条布纹线：编号2。

（8）周边线：

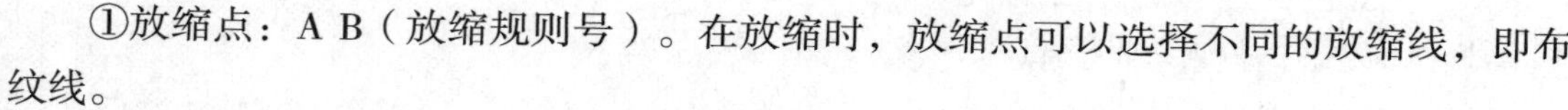

①放缩点：A B（放缩规则号）。在放缩时，放缩点可以选择不同的放缩线，即布纹线。

②改变布纹的步骤：

a. Alt Grade Line。

b. 在游标上按布纹线的编号。

c. 然后在放缩点上按AB规则号。

d. 当下一点用另一条布纹线放缩时重复a～c过程。

e. 不放缩点无所谓布纹线。

（9）Close Piece或Mirror Piece。

（10）按*键。

（11）End Input或Start Piece。

（二）读入圆形内部线

（1）照常读入样片资料及周边线。

（2）Close Piece或Mirror Piece。

（3）Internal Lable。

（4）内部标记字母：I。

（5）Circle Ctr，Rad。

（6）读入圆心：A或AB（放缩规则号）。

（7）读入周边上任意一点：A。

（8）按*键。

（9）End Input 或 Start Piece 。

（三）读入定位分割线（用于排版时，进行样片分割）

（1）照常读入样片资料及周边线。

（2）Close Piece 或 Mirror Piece 。

（3）Internal Label 。

（4）标记字母：P。

（5）读入分割线的点：

①需要放缩：AB（放缩规则号）。

②不需要放缩：A。

（6）按 * 键。

（7）End Input 或 Start Piece 。

注　①分割线必须为两点直线。

②分割线必须接触周边线。

③一个样片只能有一条定位分割线。

（四）读入大片

（1）Start Piece ，先将第一部分放在读图版上。

（2）样片名称，然后按*键。

（3）样片类别，然后按*键。

（4）样片描述，然后按*键。

（5）Rule Table 。

（6）放缩表名称，然后按*键。

（7）布纹线：A A *。

（8）Large Piece 或 Mirror Piece 。

（9）周边线：不能在交接点上开始（可从入口点的下一点开始）。

①出口点：

a. 放缩点：A B（放缩规则）A D 0。

b. 中间点：A A D 0。

②入口点：

a. 放缩点：A D 0 A B （放缩规则）。

b. 中间点：A D 0 A。

（10）Close Piece 。

（11）Large Piece ，把第二部分移至读图版。

（12）在交接线上读入两定位点A A：

①读入相同的定位点A A：第一部分读A 定位点，第二部分还是第一个先读。

②读入入口点。

③读入其他点。

④读入出口点。

（13）如有第三部分，重复做步骤11～13。

（14）读完最后一部分后，按*键。

（15）End Input 或 Start Piece 。

（16）在形成的样片后接点有误差可把拼接点删除。

注　①其中入口点和出口点是相对进行拼接的位置，第一部分的入口点相对第二部分的出口点，第一部分的出口点，相对第二部分的入口点。

②一片大片最多可划分为一条横线和九条直线如图5-12所示单样片；对称片如图5-13所示。

③如有多条布纹线，所有布纹线都必须放在第一部分。

2	3	4	5	6	7	8	9	10	11
1	20	19	18	17	16	15	14	13	12

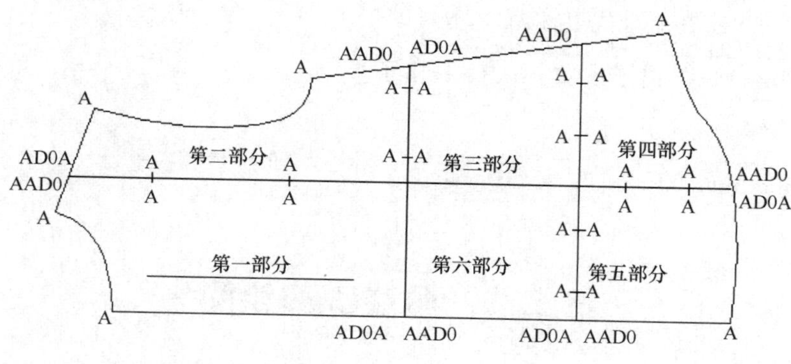

图5-12

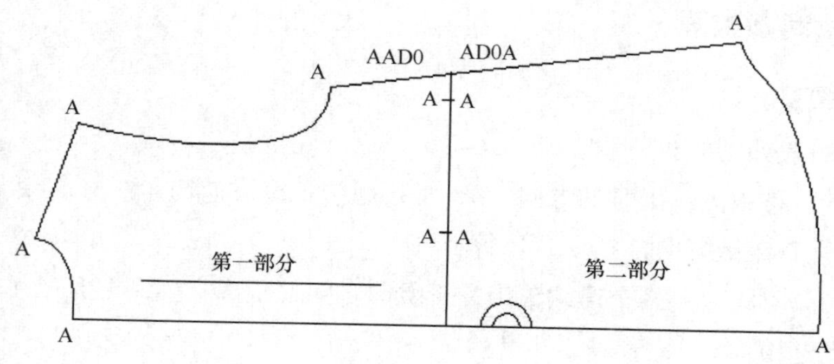

图5-13

（五）读入网状图（直接读取尺码）

（1）Start Piece 格子。

（2）样片名称，然后按*键。

（3）样片类别，然后按*键。

（4）样片描述，然后按*键。

（5）Numeric Sizes 数字或 Alpha Sizes 英数字。

（6）读入基准码，如 10 ，然后按*键。如果选择 Numeric Sizes ，需读入跳码值，如 2 ，然后按*。

（7）由最小码至最大码，依次读入尺码（包括基准码），每个尺码后均需按*键。如 6 * 8 * 10 * 12 * 14 *。

（8）布纹线：A A *。

（9）周边线：#是在读入剪口或者点的属性后再读，如ABC1D9#####。

①放缩点：在基准码上按AB，然后从最小码到最大码的每个码按#键。

②中间点：在基准码上按A。

③放缩剪口：在基准码上按ABC（剪口编号），然后从最小码到最大码的每个码按#键。

④不放缩剪口：在基准码上按AC（剪口编号）。

（10）Close Piece 格子或 Mirror Piece 格子。

（11）按*键。

（12）End Input 格子或者 Start Piece 。

第二节　服装CAD绘图

一、排版图绘制参数表

绘制排版图参数表

排版图参数表如图5-14所示。

（1）旋转：排版图输出时的方向，0° 是排版图长度方向与走纸方向相同，90° 是排版图长度方向垂直走纸方向，如图5-15所示。

（2）绘图分隔距离：两个连续输出的排版图之间的距离，如图5-16所示。

（3）绘图选项：

①净版边线:如果使用冲压裁割法，需要选择这个选项，才能只绘制排版图的带版边

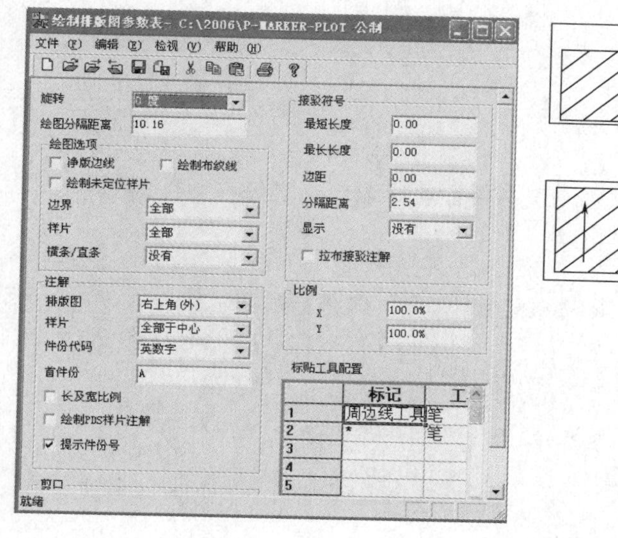

图5-14

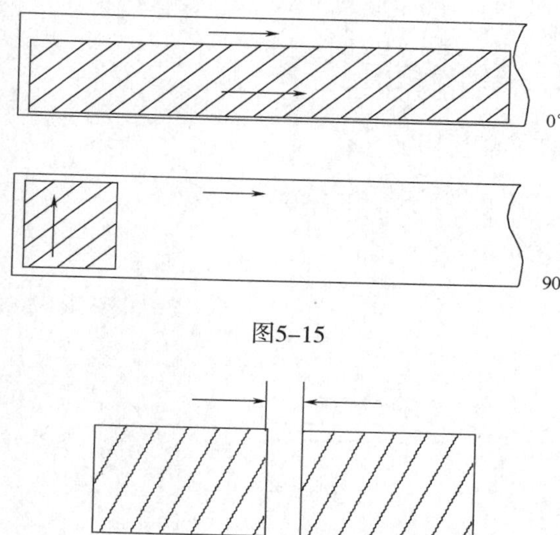

图5-15

图5-16

的周边线。如果不使用冲压裁割法，则不选择这个选项。这样系统就会同时绘制排版图的周边线和带版边的周边线。该特性同样适合动态块分割、静态块分割和朴料方块。

②绘制布纹线：通过该项可以选择是否在排版图的样片上绘制布纹线。

③横条/直条:对花对格的横条/直条绘制方法，建议使用“两边”。

（4）注解：

①排版图：排版图的排头说明注解位置。

②样片：样片上的注解位置。

③件份代码：件份代码的设定（数字/英数字）。这里的设定可以避免将件份代号和尺码混淆在一起。如果使用的是数字尺码，则使用英数字的件份代号，反之，如果使用字母尺码，则使用数字件份代号。

④首件份：第一件份的件份代码。

（5）拉驳符号：参照排版设定。

（6）比例：输出排版图时的比例。

（7）标记工具配置：输出时使用的工具，一般状态都选用“笔”。对于可以裁割纸版的绘图机，周边线工具为“刀”。

注 自定义件份标识：一般来说，款式中不同件份将被系统自动指定其独立的件份代码，而这对某些用户来说并不适用。比如一些非服装类生产用户就希望不同件份只用一个相同的件份代码；或者一些用户不想用系统指定的代码，而是自己定义代码。现在新版本软件中就增加了一个功能选项，使用户在绘制排版图时可以自定义件份代码。

①注解档案中必须在优先类型中设置件份代码：“BD1-3”。

②在P–Marker–Plot（绘制排版图）参数表中必须选择提示件份号选项。

③排版图生成绘图文件时会出现提示框，提醒您输入您需要的件份代码。

二、绘制排版图

绘制排版图

（1）绘图目标：选择“本地”，如果通过网络计算机输出，选择相应的盘符，如图5–17所示。

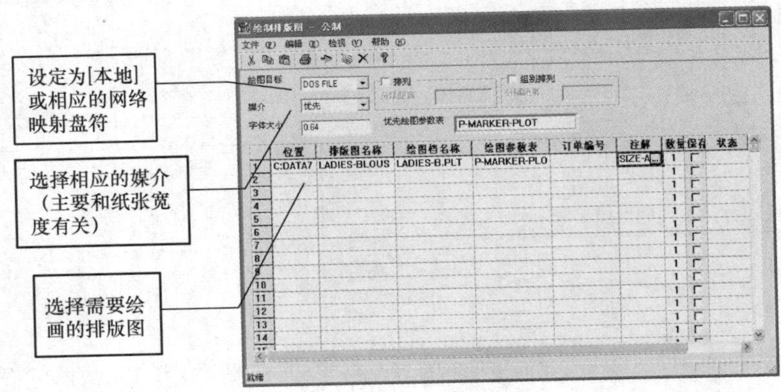

图5–17

（2）媒介：选择相应的媒介（媒介设定，见第三节）。

（3）字体大小：设置排版图上的文字大小。

①排列：可以将排版图排列输出，来提高绘图纸的使用率。

②组别：可以将全部选定的档案作为一个整体发送到绘图列序中去。

（4）位置：排版图所在的储存区。

（5）排版图名称：选择需要输出的排版图的名称。

（6）注解档案：可以选择新的注解档案，如果不选，默认排版规范中设定的注解档案。

（7）数量：排版图输出数量。

（8）储存：是否储存绘图档。

（9）：执行绘制排版图。

三、绘制样片参数表（图5–18）

（1）旋转：样片输出时的方向。

（2）比例：输出比例。

（3）标题注解：标注在样片外面进行说明，一般不需要。

（4）样片注解：样片注解的位置。

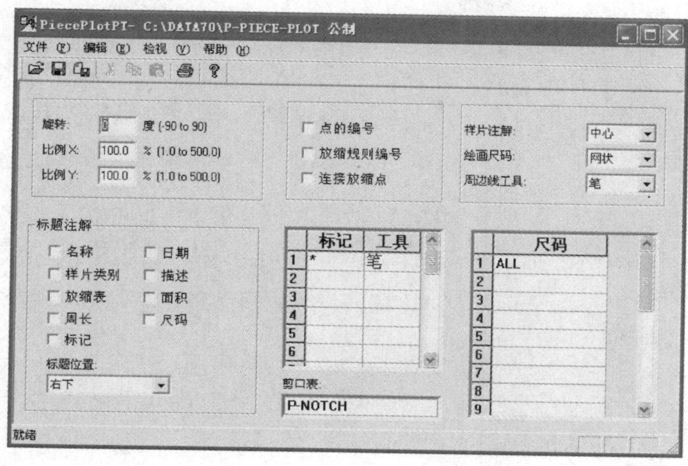

图5-18

（5）绘画尺码：样片输出时的方式。

①网状：所有输出的尺码都输在一个样片上，形成网状。

②单尺码：输出的每个尺码都单独输出。

四、绘制样片

（1）选择绘制样片：可根据需要选择三种方式输出：样片、款式、名单，如图5-19所示。

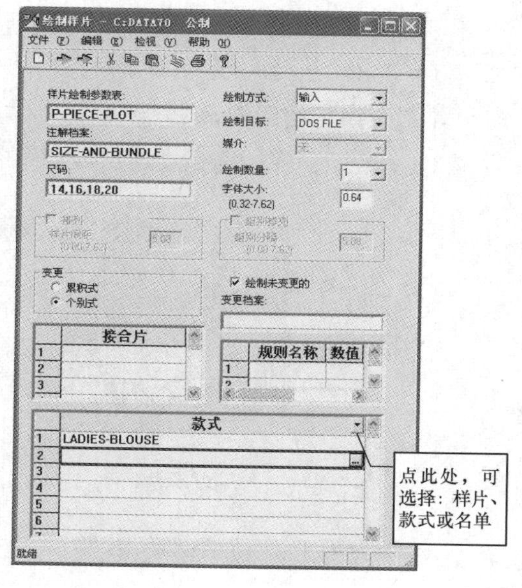

图5-19

（2）绘制样片参数表：选择相应的参数表。

（3）注解档案：选择相应的注解档案。

（4）尺码：选择需要输出的尺码。

（5）绘图目标：“本地”。

（6）媒介：选择相应的绘图媒介。

（7）复制数量：输出数量。

（8）排列：输出时是否进行排列。样片间距：两个样片之间的距离。

（9）变更：用于变更样片，需要选择相应的变更档案及变更数值。

（10）[图标]：执行绘制样片。

五、绘制排版图 或者绘制样片

（一）【检视】—【绘制排版图选项】

绘图选项需要设置，如图5-20所示。

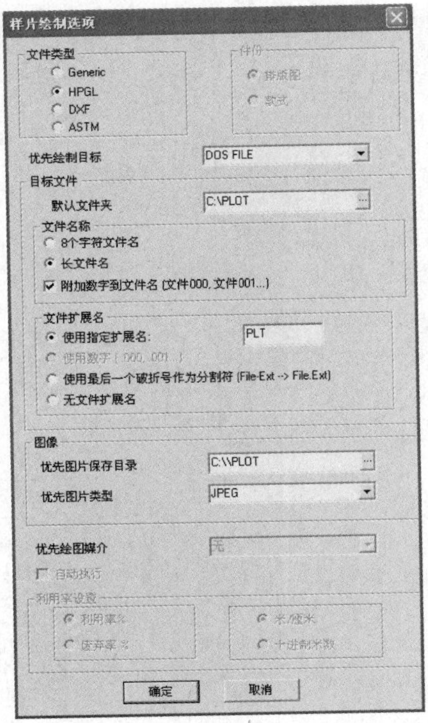

（1）文件类型：选择需要执行的绘图档案的文件类型。产生绘图档案（*.GEN或*.PLT或*.DXF），绘图档案有三种类型：Generic、HPGL、DXF。

①Generic：数据被储存成为AccuMark绘制数据的格式，可以在任何一台AccuMark所支持的绘图仪上使用。

②HPGL：使用HPGL的格式生成一个段长范围内的数据，该数据可以被其他的应用软件作为一个矢量来加以使用。

③DXF：此版本软件可以直接生成DXF 格式的绘图文件。

（2）优先绘制目标：DOS File。

（3）默认文件夹：选择保存绘图文件的路径，如 C:\plot。

（4）文件名称：通常选长文件名。

（5）文件扩展名通常选用指定扩展名，其中Generic文件选GEN；HPGL 文件选PLT；DXF 文件选DXF。

图5-20

（6）自动执行一般不打勾。

（二）执行绘图档案

（1）绘图目标：选择“DOS档案”，如图5-21所示。

图5-21

（2）：执行绘图输出。

第三节 服装CAD裁割

一、产生裁割资料参数表

（1）裁割机参数：可以选择固定、变量段长或固定段长，如图5-22所示。

①固定：如果使用的是静态裁割机，选择固定。

②变量段长：裁割机将按照排版图中样片的尺码和位置调整段长。

③固定段长：输入裁割机上每次裁割的长度。

④裁割机长度：输入裁割机表面的可用长度。

⑤裁割机宽度：输入裁割机表面的可用宽度。

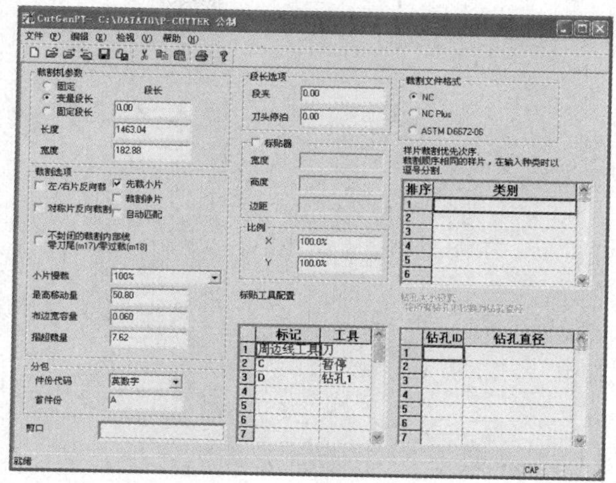

图5-22

（2）裁割选项：

①左右片反向裁：左片将被按照和右片相反的方向进行裁割。通常用于单层的裁割操作以确保对称性。在款式中对左右片进行设定。如果在排版图中一个样片进行了翻转，则实际的裁割方向将和相应的样片的方向相反，如图5-23所示。

②对称片对称裁：对称片中的一半将按照对称线上的周边线和另外一半相反的方向进行裁割。这适用于任何布料的裁割，只要裁割的排版图中包含有对称片。这个操作可以确保裁割中的对称性。如果没有选中，对称样片会被按照顺时针方向进行裁割，如图5-24所示。

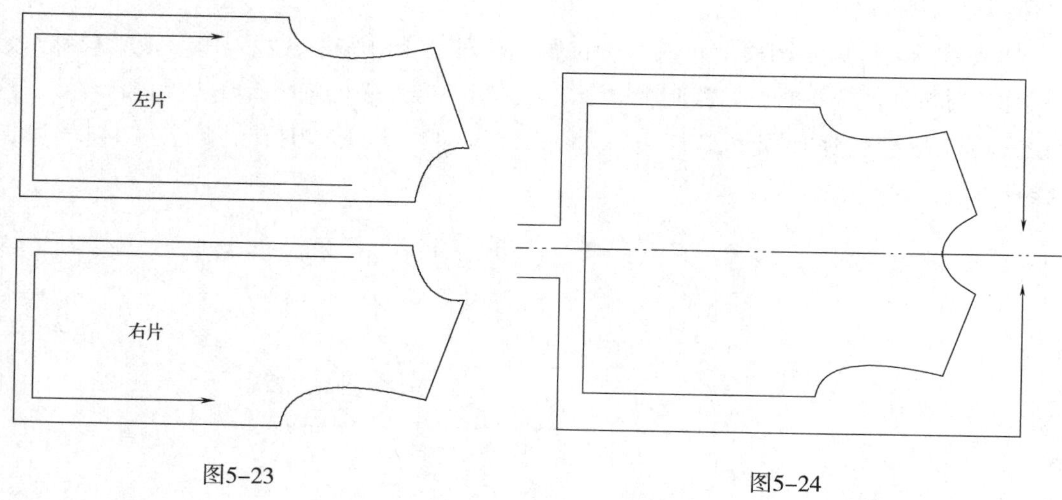

图5-23

图5-24

③先裁小片：排版图中的小片先进行裁割。小片是指排版放置限制中设为主片以外的样片。

④裁割净片：相对于裁割朴料排版图，例如西服贴衬。选择此项就可以在一个指定的方块区域中单独裁割部分样片。如果没有选中，则裁割整个方块，而不是其中部分样片，

如图5-25所示。

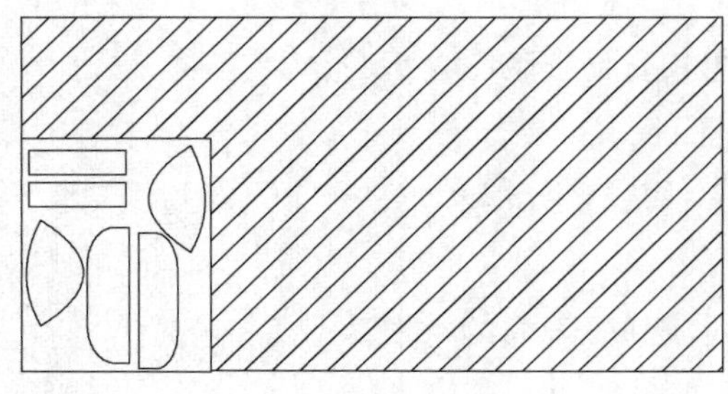

图5-25

⑤自动匹配：自动对花对格。

⑥小片慢裁：小片需要下降的速度的百分比值。

⑦最高移动量：可以控制裁割头对长直线的裁割操作。该选项默认值是20.00英寸（50.80cm）。在裁割过程中，如果某个直线段超出了设定的长度最大值，裁割机会自动在直线上增加中间的数据点。

⑧布边宽容量：适用于在对折布或圆筒布裁割中，从布边一端延伸到另外一端的样片的裁割。输入排版图中样片和排版图围边之间的距离值。 如果样片的周边线和排版图围边之间满足距离值的设定，则在裁割折叠边界的时候，裁割机空走，而样片的尺寸将被增加到原来的设定值。如果样片和排版图围边之间的距离小于设定的距离值，则样片的边界线就会被视为是无需裁割的边界。格柏裁割机不会裁割这些边界。该距离值的默认值是0.06英寸（0.15cm）。

⑨褶超裁量：用于圆筒拉布或对折拉布中。对应于对称片，裁刀由布边外裁割，防止对称片对折部位裁不断。如需使用这个功能，折叠样片必须按照折叠边界进行放置。这个设置和布边宽容量的设定配合使用。一般设定为2英寸，超过7厘米，刀会掉下来，如图5-26所示。

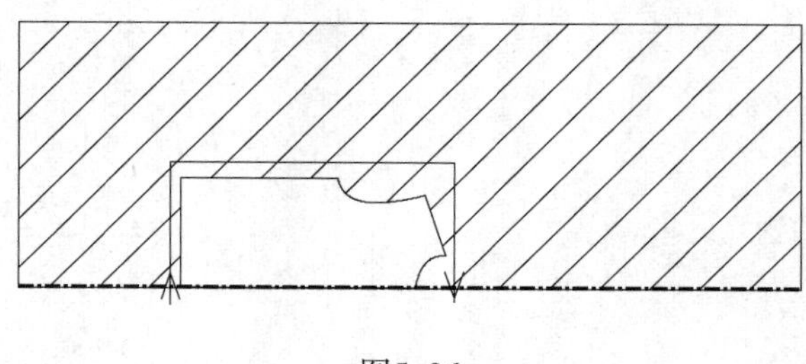

图5-26

（3）件份：

①件份代号：选择需要的件份代码，英数字或者数字。

②第一件份：设定第一件份的件份代码如果在这里输入了一个通配符（*），则件份代号将接着上一个裁割的排版图起，按次序延续。

（4）段长选项：

①段长：设定在布边上的裁割长度。这个设定适用于传动式裁割机在每次段长开始时重新对裁割头的定位（不用于圆筒拉布或者对折拉布的布料中）。

②刀头停泊：设定刀头在一个段长的裁割中在布边上或者下的运动位置。其中的域值范围为-10.00～10.00英寸（-25.40～25.40cm）。

（5）标贴器：选择使用格柏标贴器。当使用格柏标贴器的时候，在排版图裁割的同时会自动生成一个文本档案。该文本档案的名称和裁割排版图档案的名称相同。如需使用格柏标贴器，必须将档案首先导出到标贴器。

注　在P-CUTTER参数表中对标贴器字段设置了默认的标贴宽度和高度。这些值可以被重新设置。

（6）比例：裁割比例。*X/Y*比例建议设定为99.99%，抵消裁刀厚度的损耗。

（7）标记工具：设定相应的标记使用的工具。工具类型：暂停、刀、标贴器、笔、钻孔1和钻孔2。如果对应工具处是空白的，则相应的内部线标记功能被关闭。

（8）剪口：为裁割文件选择相应的剪口参数表。为了提高裁割的速度，建议使用V型剪口，剪口的深度应该是其宽度的两倍。

注：①现在导出的裁割文件中将会显示剪口和内部标记线。这些数据只有使用C200MT裁割软件才可以显示出来。

②现在裁割参数表中增加了一个新功能，可以根据样片类别来定义裁割次序。多个类别可以列在同一行中，以逗号分割。为了能在裁割过程中激活这部分的定义，必须勾选“先裁小片”，如图5-27所示。

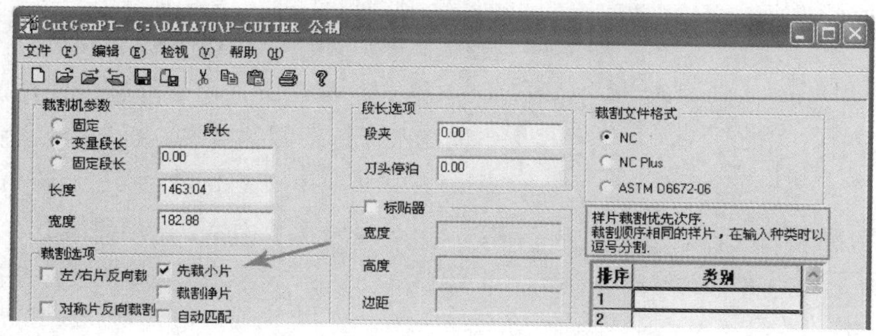

图5-27

a. 系统查找样片类别所在的各行，星号代表的就是“所有”。

b. 位于同一行上的由逗号分隔的样片将以相同的优先顺序裁割。

如图5-28所示的例子中，先混合裁割所有的样片类别是口袋和袖口的样片，然后裁割其他类别的样片，最后裁割以前片和后片为类别的样片。

c. 位于不同行上的样片将以指定顺序裁割。

如图5-29所示的例子中，先裁割所有类别为口袋的样片，然后裁割所有类别为袖口的样片，最后裁割其他类别的样片。

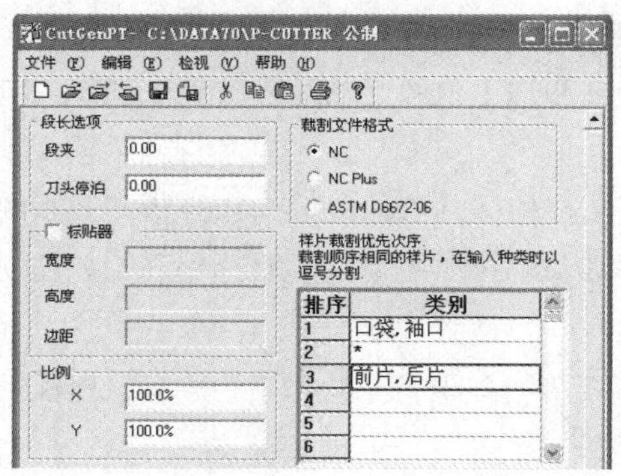

图5-28

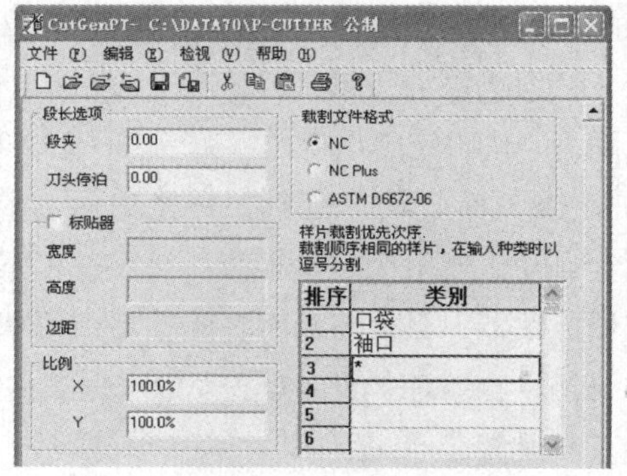

图5-29

二、绘制裁割资料

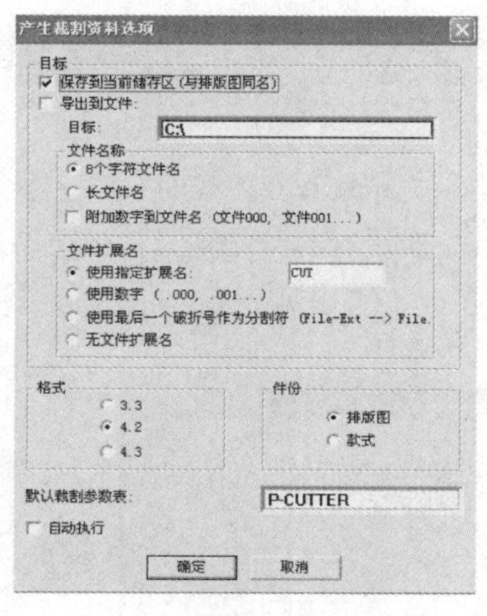

图5-30

（一）【检视】—【产生裁割资料选项】

（1）目标：产生裁割资料可以生成两种不同类型的裁割文件，即在格柏裁割机上使用的DOS文件，以及被保存在AccuMark储存区进行检视、绘图和生成裁割报告的文件。如果需要产生DOS文件，选择【导出到文件】。通常选【导出到文件】，如图5-30所示。

（2）目录：设定DOS文件储存的路径。

（3）文件名称：通常选长文件名。

（4）文件扩展名：通常选使用指定扩展名 NC。

（5）格式：裁割文件内坐标数值使用的格式。根据不同的裁床选不同的格式，通常选4.3格式。

①3.3 ×××.××× 三位数字加三位的小数。

②4.2 ××××.××四位数字加两位小数。

③4.3 ××××.×××四位数字加三位小数。

（6）件份代号：

①排版图:在排版图中按照顺序生成件份代号。

②款式：如果使用多个款式，将按照款式生成件份代号，这样每一个款式的第一个尺码的起始件份的代号都是一样的。

（二）产生裁割文件

（1）位置：选择将被裁割的排版图的储存区，如图5-31所示。

（2）排版图名称：选择需要转化成为裁割数据的排版图名称。

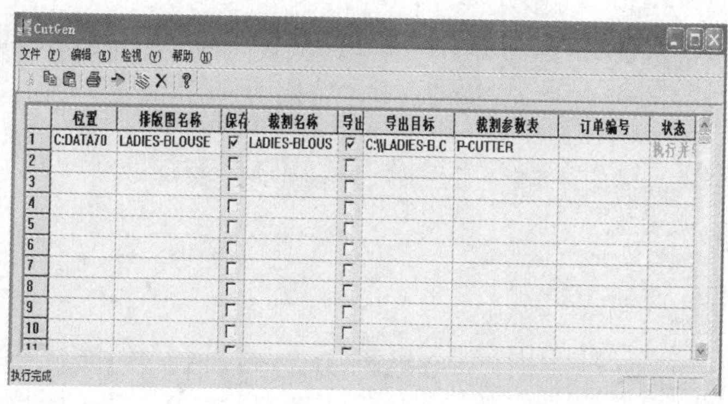

图5-31

（3）裁割名称：显示和在排版图名称域中的输入完全相同的名称，也可以直接输入一个新的名称。

（4）保存：储存在AccuMark储存区进行检视、绘图和生成裁割报告的文件。

（5）导出：输出DOS文件。

（6）导出目标：DOS文件储存的路径，在【检视】—【裁割选项】可以设定。

（7）裁割参数表：选择需要的裁割参数表。

（8）订单编号：手动输入一个数字来作为裁割机上显示的裁割编号（适用于内部的裁割作业的跟踪）。如果没有进行输入，则排版图本身的编号会被输出到档案中。

（9）状态：提供了全部执行功能的状态。

（10）：产生裁割文件。

（三）裁割绘图

（1）每个样片的起始点（在绘图中使用了箭头来进行表示）。

（2）全部样片的裁割顺序：为每一个绘制样片配备了字母N加一个数字的标识。这些数字是连续的。如果这个样片在裁割中超出了一次裁割的范围，则在其对应的字母N后会跟两个数字。如果希望设定【先裁小片】，则这些小片将首先被依次进行编号。

（3）小片的裁割速度：这将在绘制图中以百分比的方式进行显示。这个百分比将参照【产生裁割资料参数表】中的【小片慢裁】的设定。

（4）需要裁割的内部线：内部线总是首先被裁割。而钻孔则是首先被裁割的内部线中的一种。在绘图中，依照在注解档案中进行的设定，针对钻孔的符号可以是一个加号（+）或是一个星号（*）。所有的内部线将按照它们原先被读入的顺序依次被绘制（或裁割）。

（5）边界注解信息：这主要包括排版图的裁割名称、长度和宽度。

（6）段长和段长记号：这些标识将被绘制在绘制图的边上。可以通过在【产生裁割资料参数表】中的【段长】数值设定。

（7）对称折叠片：这类样片的绘制中，折边处的线条不会被绘制出来。

（8）起落刀点：在绘制中同样也会显示这些点。

（9）选择裁割档案存在的储存区：必须选中【使用储存区】的选择框，才能在一个储存区中查找档案。如果没有选中，在档案查找中将使用裁割的目标路径，如图5-32所示。

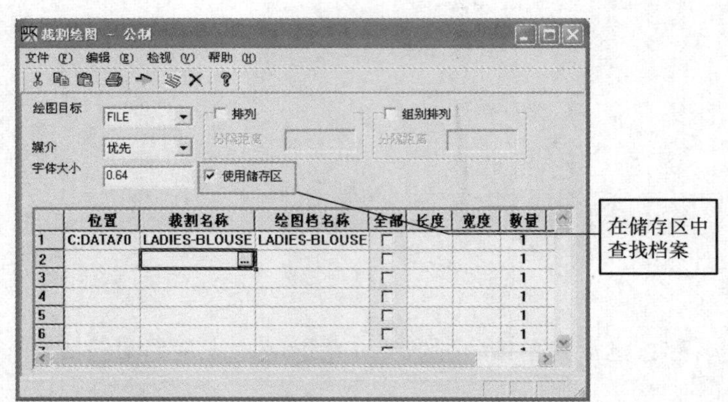

图5-32

（10）裁割名称：选择需要绘制的裁割档案。

（11）全部：如果需要按照原来的尺寸整幅绘制，选择此项。

（12）长度/宽度：若未选择【全部】，可通过【长度/宽度】设置最大的长度/宽度来缩小原来的排版图。

（13）：执行绘图。

基础理论——

服装CAD资料文件转换

课题名称： 服装CAD资料文件转换

课题内容： 1. 资料转换工具的操作

2. 力克文件转换

课题时间： 4课时

学习目的： 1. 掌握设置资料转换工具。

2. 掌握使用资料转换工具，进行导入到AccuMark操作。

3. 掌握使用资料转换工具，进行从AccuMark导出操作。

4. 掌握设置LConvert资料转换软件。

5. 掌握使用Lconvert资料转换软件，进行力克文件转换操作。

学习重点： 各种类型DXF文件含义与功能以及力克文件转换。

教学方式： 以课堂操作讲授和上机练习为主要授课方式。

教学要求： 能够生成DXF文件，并根据要求进行编辑。

课前课后准备： 课前复习DXF文件类型知识，课后上机实践。

第六章　服装CAD资料文件转换

著名的CAD开发商Autodesk公司为使AutoCAD用户交换文件的方便，定义了ASCII码图形交换文件——DXF，并提供了输入/输出DXF格式文件的功能。由于DXF的格式是公开的，作为一种转换的中间媒介，DXF文件可以很容易通过编程被不同的CAD系统进行输出或输入。

国外开发和应用服装CAD系统的历史较长，为了解决不同服装CAD系统无法进行数据交换的问题，欧美国家在DXF格式标准的基础上，建立了服装样版AAMA-DXF的格式标准，日本建立了TIIP-DXF的格式标准，同时相应的各服装CAD开发商也建立了自己的DXF格式标准，如：Gerber-DXF、Lectra-DXF等。其中，Gerber服装CAD软件提供了基于多种格式的资料文件相互转换功能。

第一节　资料转换工具的操作

一、资料转换功能

左键双击资料转换工具图标，打开资料转换工具，如图6-1所示。在资料转换工具“检视”菜单下，选择“导入到AccuMark”或“从AccuMark导出”，如图6-2所示。

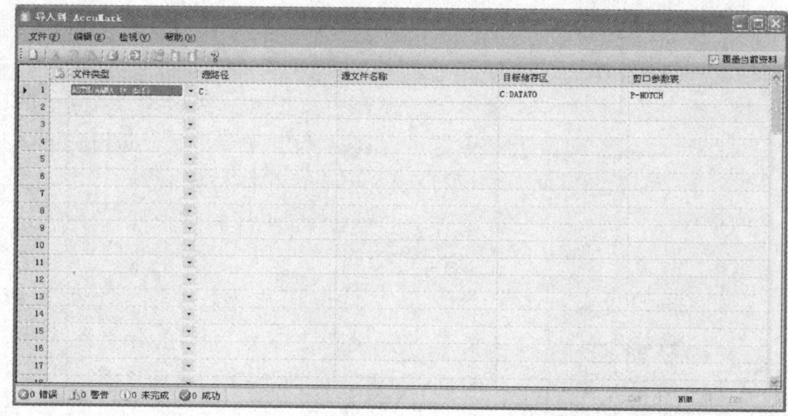

图6-1

1. “导入到AccuMark”功能

（1）将DXF格式文件的样片资料转换到AccuMark读图资料。

（2）将ASCII格式的放码表资料（*.rul）转换到AccuMark系统放码表资料。

2. “从AccuMark导出”功能

（1）将AccuMark样片资料转换到DXF格式文件。

（2）将AccuMark放码表资料转换到ASCII文本文件（*.rul）。

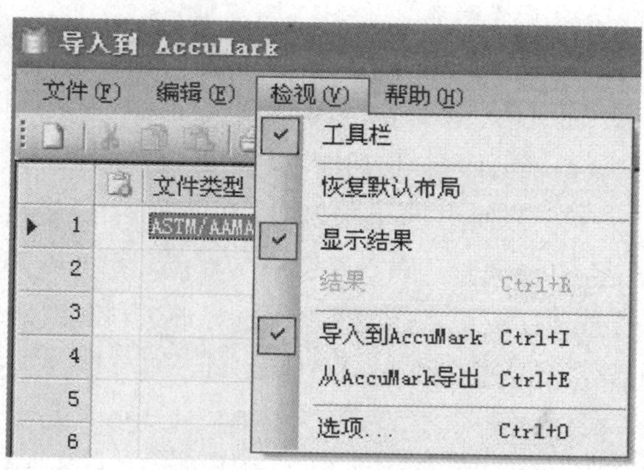

图6-2

3.文件类型选项：选择希望转换样片或放码表的种类（图6-3）

（1）导入款式：将DXF文件导入到AccuMark中。

（2）导入放码表：将RUL文件导入到AccuMark中。

（3）导出ASTM款式：将AccuMark中的款式导出为AAMA DXF文件。

（4）导出AAMA款式：将AccuMark中的款式导出为AAMA DXF文件。

（5）导出放码表：将AccuMark中的放缩表导出为AAMA RUL文件。

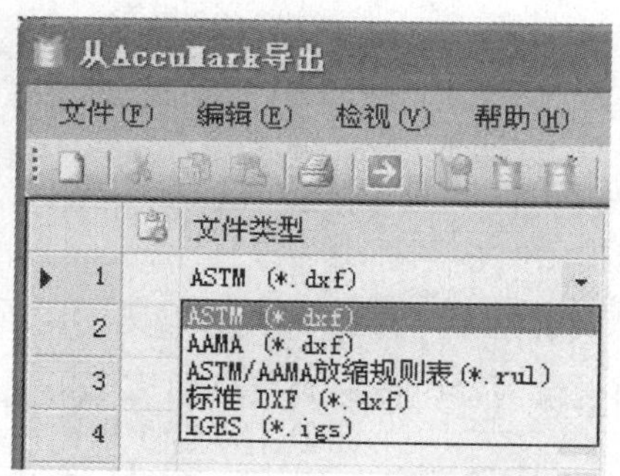

图6-3

4. 储存区

当选择导入款式或放缩表时，该储存区为目标储存区，款式和放缩表被导入后将储存在该储存区中。当选择导出款式或放缩表时，该储存区为来源储存区，要导出的款式和放缩表可以从这个储存区中选到。点击右侧的小按钮，可以选择储存区。

5. 款式/放缩表名称

选择需要导出的款式或放缩表的名称。当选中一个款式或放缩表时，在目标文件中就会自动显示将导出的DXF文件或RUL文件的名称。这个名称是款式名.DXF或放缩表名.RUL。

6. 剪口参数表

选择导出款式时所使用的剪口参数表。

7. 目标/源位置

（1）当使用导出功能时，该位置是用于存放导出后的资料的路径。

（2）当使用导入功能时，该位置是用于指定需转换的资料存放在什么路径中。

8. 目标文件：用于导出功能，设定导出的资料名称

选项：覆盖目标文件。当选择该选项时，如果在目标位置已经存在相同名称的文件，则新导出的文件会覆盖原来的文件。反之，如不选改选项，则不会覆盖。

9. 来源文件：用于导入功能，设定导入的资料名称

当使用导入功能时，可以选择或输入需要导入的资料，一次可以选择一个或多个资料。或者使用 *符号，选择相同文件类型的所有文件名。

10. 读图资料储存在

（1）现用区：将读图资料储存在指定的储存区内。

（2）读图区：将读图资料储存在读图版内。

执行：执行导入或导出功能。

储存：储存当前屏幕选择域中的优选项。以方便下一次的操作。

二、错误记录信息

当转换资料时出现的错误信息将显示在屏幕上，同时也会生成一个记录文件。系统转换错误记录文件被命名为 Aamalog.Log并且存放在C:\Userroot目录中。

当第一次资料转换出现错误时，系统会自动产生Aamalog.Log文件。当每次转换资料时，任何系统提示的信息都会存放到Aamalog.Log文件中。

可使用记事本程序打开Aamalog.Log文件查看系统资料转换的记录。注意定期删除已经查看过的信息记录内容，没有必要保留太多的记录内容而使Aamalog.Log文件过大。

三、转换设置

在样片转换向导窗口中，单击菜单中的设置，屏幕出现，如图6-4所示。

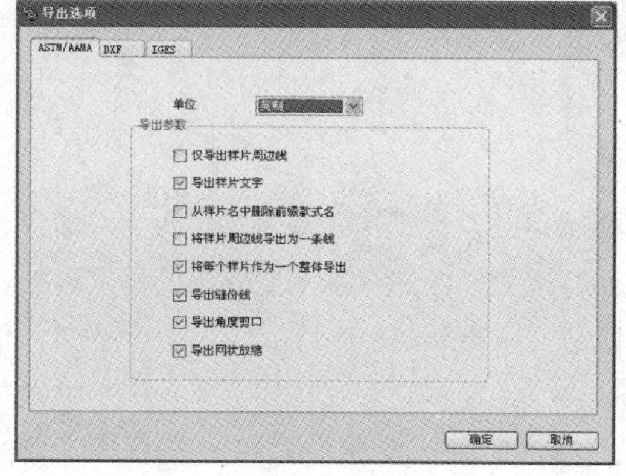

图6-4

1. 导出选项

注：当使用导出放码表时，【导出单位】是系统唯一使用的选项。

（1）导出单位：共有：1/100英寸、1/10英寸、英寸、英尺、码、1/10mm、mm、cm和m。

（2）导出样片周边线：

是：仅仅输出样片周边线。

否：同时输出样片周边线和样片内部线（优选）。

（3）导出样片文字说明：文字说明包括样片名；样片类别和样片描述。

是：输出样片文字说明（优选）。

否：不输出样片文字说明。

（4）从样片名中删除款式名：

是：在输出的样片名中删除款式名（如果在DXF文件中包含合并的文件名）。

否：在输出的样片名中不删除款式名（优选）。

（5）将样片周边线导出为一条线：

是：将样片的周边线作为一条闭合的线段输出（优选）。

否：将样片的周边线作为每一条线段输出。

（6）将每个样片作为一个整体导出：

是：将每一个样片作为一个整体输出（优选）。

否：将所有样片作为一个整体输出。

（7）导出样片缝份线：

是：导出样片缝份线（优选）。

否：不导出样片缝份线。

（8）导出斜剪口：

是：导出样片斜剪口（优选）。

否：不导出样片斜剪口。

（9）导出网状样片：

是：导出网状样片（优选），使用此选择不需输出放缩表RUL。样片的放缩信息都包含在DXF文件中。

否：不导出网状样片，DXF中包含样片的基准码的信息，样片的放缩信息包含在RUL文件中。

2. 导入设置

当使用导入放码表时，覆盖款式/放码表是系统唯一使用的选项，如图6–5所示。

（1）优先放码表名称：确定正在导入的款式文件中样片使用的放码表名称。

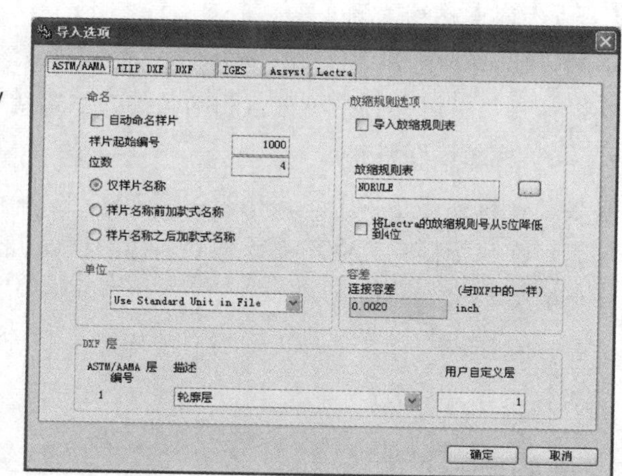

图6–5

如果转换的DXF文件指定一个放码表，则必须在AccuMark系统中存在相同文件名的放码表。否则读图资料无法核对（通常情况下，这个放缩表是通过导入与该DXF文件匹配的RUL文件时得到的。如果客户未提供RUL文件，也可以在AccuMark自定义一个同名称的放缩表）。

如果转换的DXF文件未指定放码表，AccuMark系统将使用优先放码表名称（这个放码表名称也必须存在于AccuMark系统中）。

（2）样片起始编号：

如果样片自动命名选项为“是”，表明希望系统对未命名的样片使用在此域中设定的第一个给定的样片起始编号。如果样片前缀款式名选项也为“是”，最终输入的样片名为款式名后加上在此域中给定的数字编号。

（3）容差量：输入在样片的周边线上删减点的容差量系数（系统优选系数为0.01）。

（4）样片编号位数：如果样片自动命名选项为是，系统对未命名的样片使用自动编号的位数（从1位到10位）。如选择4，则编号为4 位数，如1001、1002等。

（5）样片自动命名：

是：决定于在样片起始编号和样片编号位数选项中的设置。系统将不看原来的样片名而按照指定的编号自动产生样片名称。

否：不使用该选项（优选）。

（6）样片前缀款式名：

是：在每个样片名前加上款式名。如果款式名加上样片名超过20位字符，系统将减去款式名的位数以留有足够的位数加上原有的样片名。如果使用样片自动命名，最后的样片名为款式名加上在样片起始编号中给定的数字编号。

例如，如果选择使用样片自动命名，同时在样片起始编号域中设定值是“2000”，在样片编号位数中设定值是“5”，而款式名是“Spring95”，最终产生的第一个样片名是“Spring9502000”，第二个样片名是“Spring9502001”，依次类推。

否：不使用该选项（优选）。

（7）覆盖款式/放缩表：

是：在目标储存区中覆盖相同名称的款式或放缩表。

否：在目标储存区中不覆盖相同名称的款式或放缩表（优选）。

（8）覆盖读图资料：

是：在目标储存区中覆盖相同名称的读图资料。

否：在目标储存区中不覆盖相同名称的读图资料（优选）。

（9）导入斜剪口：

是：在每一个样片上导入斜剪口（优选）。

否：不导入斜剪口。

四、层的功能

在主窗口中单击主菜单层，可以进入层的设定屏幕。在这个窗口中显示了AAMA和

ASTM文件中不同的样片信息存放在不同的层中。这些是按AAMA/ASTM的标准进行设置的，通常情况下不允许更改，如图6-6所示。

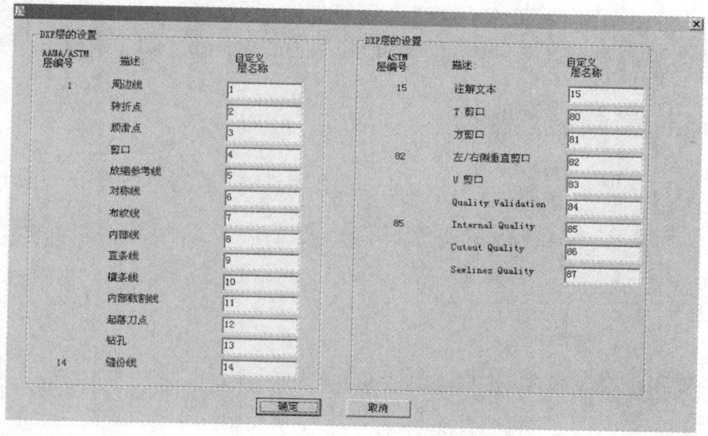

图6-6

样片核对（用于导入款式）：当导入款式后，保存在AccuMark中的资料是读图资料，需要核对后，才能转换成样片。

①打开，选择相应的储存区或读图版（根据在主菜单中读图资料储存至现用区或读图区的选项设置）

②选择需要核对的读图资料，右键点选“核对”。

③读图资料核对完成后，如果成功就会在储存区中产生相应的样片，如果核对失败，需要修改读图资料，再进行核对，如图6-7所示。

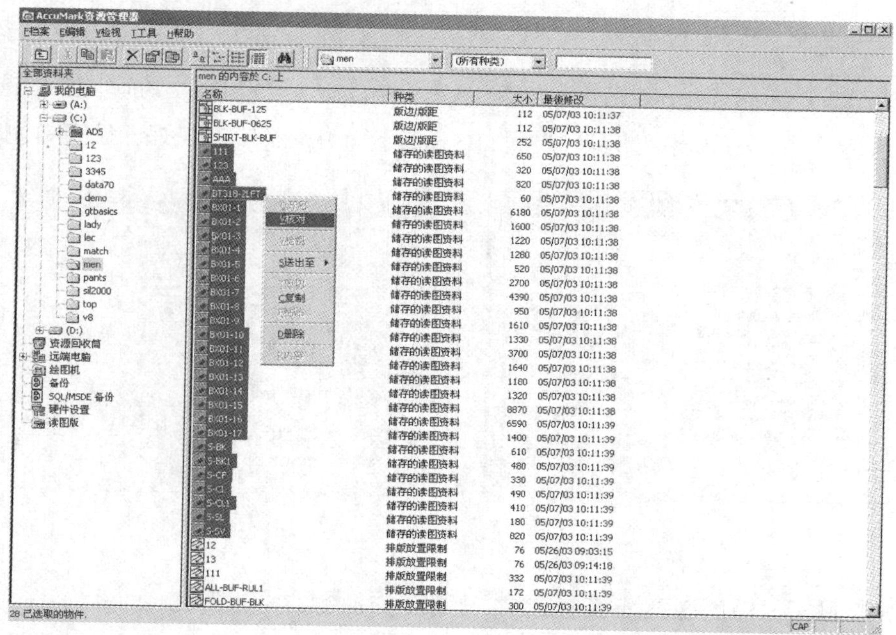

图6-7

第二节 力克文件转换

Lconvert可以直接将力克的*.vet和*.iba资料转换成AccuMark的款式和样片资料。

一、启动LConvert资料转换软件

（1）双点LConvert图标，打开LConvert资料转换软件，如图6-8所示。当第一次运行LConvert软件时，屏幕会出现一个对话窗口，提示用户系统须检查转换设置文件，如图6-9所示。

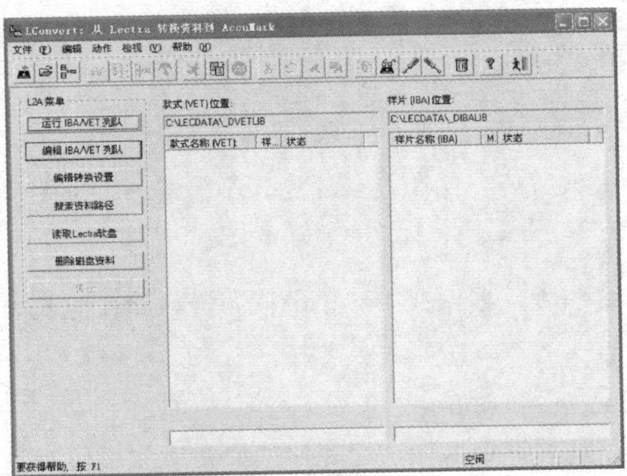

图6-8

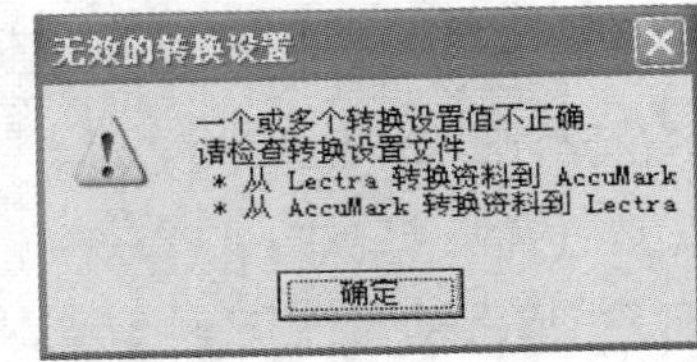

图6-9

（2）在Lconvert工具栏中选择按钮（转换设置），弹出以下窗口，点击按钮档案位置，你会看到在Lectra资料储存目录栏C:\Lecdata下面有一行字在闪烁，如图6-10所示。

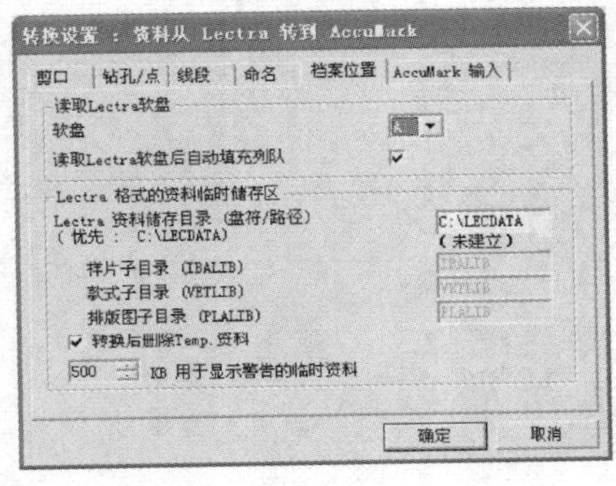

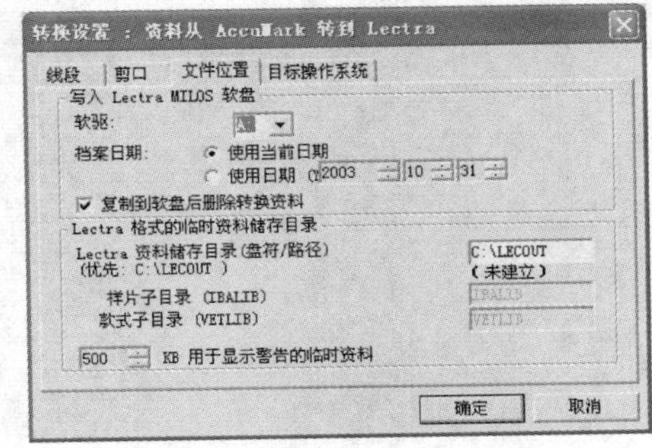

图6-10

（3）按确定，弹出创建目录的窗口，如图6-11所示。

（4）点击创建，系统会自动创建文件夹C:\Lecdata。

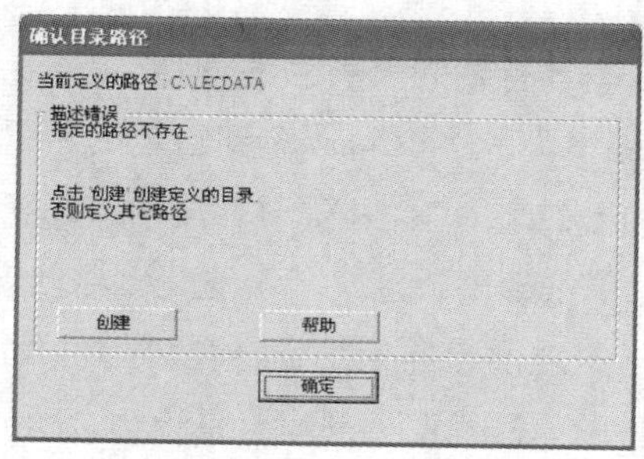

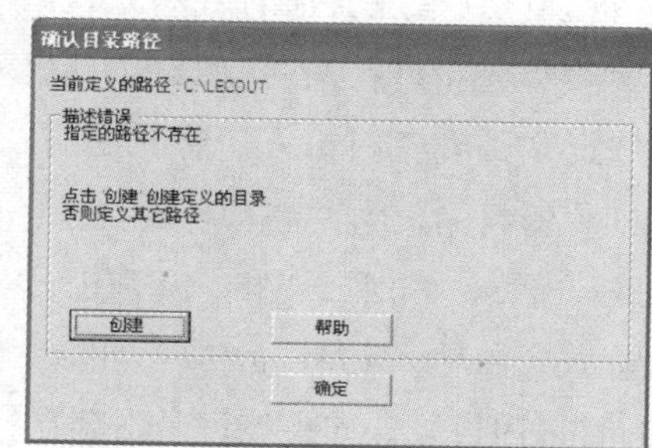

图6-11

二、设定转换设置

该设定只需在安装转换软件后做一次，除非有必要重新设定。

检视菜单——转换设置或者 。

（一）设定转换设置中的档案位置（图6-12）

1. 读取Lectra软盘

①软盘：磁盘驱动器，可以选择A盘或B盘驱动器。

②读取Lectra软盘后自动填充队列：当读取磁盘资料时是否自动将资料填入到队列中。

③Lectra格式的资料临时储存区：存放力克（Lectra）格式资料的临时目录。

2. Lectra资料储存目录（盘符/路径）

设定存放力克（Lectra）格式资料的目录。系统将优选默认为 C:\Lecdada目录。

选择确定后，左键点确定后，系统会自动产生一个子目录:C:\LECDATA，并带有三子目录（文件夹）。

①_DIBALIB：用于临时存放力克Milos系统格式的样片（Piece）资料。

②_DPLALIB：用于临时存放力克Milos系统格式的排版图（Marker）资料。

③_DVETLIB：用于临时存放力克Milos系统格式的成衣（Garment/Model）资料。

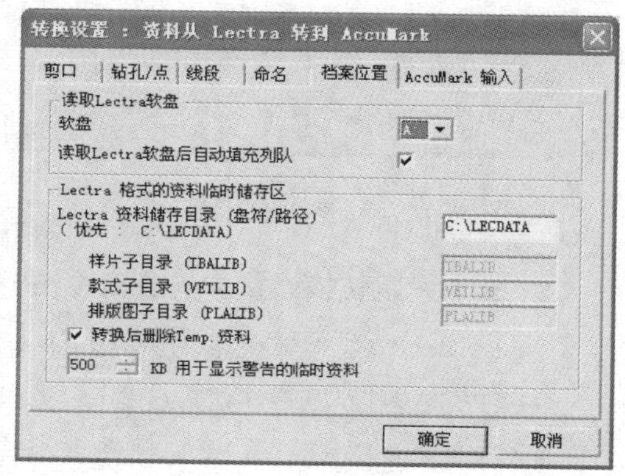

图6-12

（二）设定转换设置中的AccuMark 输入（图6-13）

（1）AccuMark储存区：将转换的Lectra

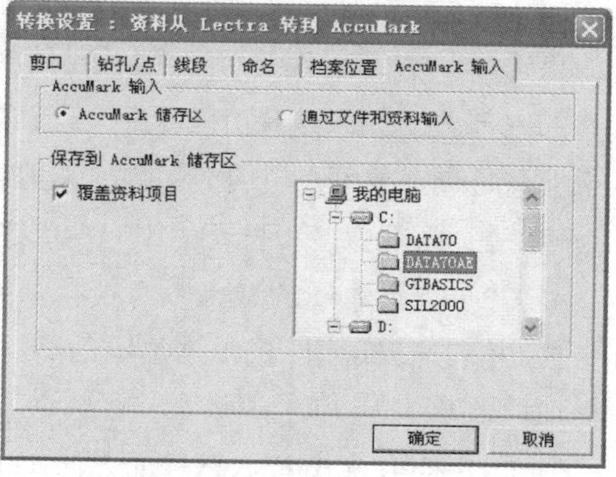

图6-13

（力克）资料放置到指定要求的AccuMark储存区中。

（2）覆盖资料项目：是否覆盖指定储存区中具有相同资料名的资料。

（3）通过文件和资料输入：将转换的Lectra（力克）资料放置到指定的目录中。

（4）样片资料输入为读图资料的目录：指定转换后的样片资料存放的目录.系统将优选默认 C:\Lecpiece目录。如果该目录不存在，可以单击确定，创建。系统会自动创建该目录。

（5）款式资料输入到AccuMark的目录：指定转换后的款式资料存放的目录. 系统将优选默认 C:\Lecmodel目录。如果该目录不存在，可以单击确定，创建。系统会自动创建该目录（图6–14）。

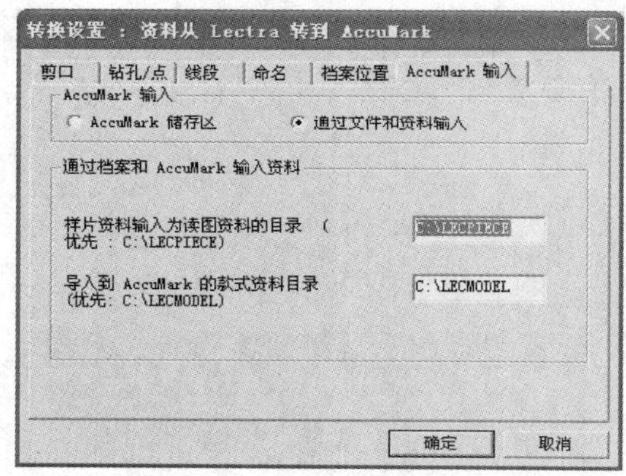

图6–14

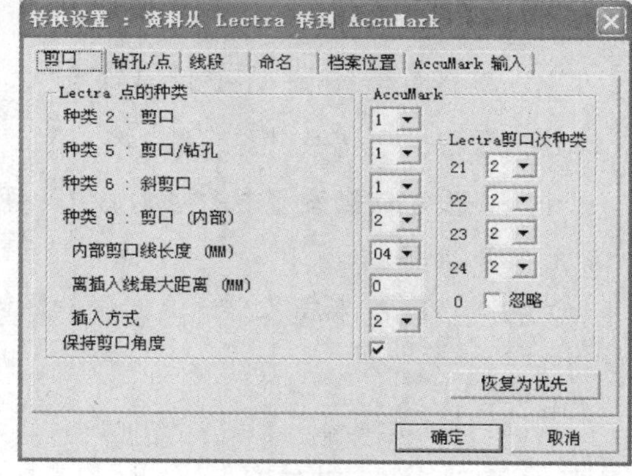

图6–15

（三）设定转换设置中的剪口（图6–15）

（1）Lectra点的种类：力克（Lectra）系统点的种类。

①种类2:剪口：在力克系统里一般是角度剪口。

②种类5:剪口/钻孔：如果在力克系统设定为剪口，便设定为（1～5）。如果在力克系统设定为钻孔，便设定为 D 的内部标记。

③种类6:斜剪口：在力克系统一般表示剪口。

④种类9:剪口（内部线）：内部线形式剪口。在力克系统里以内线方式输入为剪口。如果选择 “A～Z” 字母，转换软件将按照内部剪口线长度栏中设定的长度将它转换为样片的内部线。如果选择 “1～5” ，转换软件会将它转换并插入到周边线上的剪口，但如果剪口是带有放缩点资料时，插入的剪口的位置可能会影响样片的形状。

（2）内部剪口线长度：作为内部线形式剪口的长度。

（3）离插入线的最大距离：在一些情况下 “种类9:内部线形式剪口” 距离周边线有一段距离，转换软件将根据给定的最大距离数值判断是否转换为内部线或插入周边线为剪口。

（4）插入方式:插入剪口的方法（优选 2）。

（5）保持剪口角度：是否保留剪口的角度。

（四）设定转换设置中的钻孔/点（图6–16）

（1）Lectra MILOS钻孔种类：力克（Lectra）系统钻孔的种类。

种类3:钻孔：对应AccuMark系统中的内部资料钻孔“D”。

（2）Lectra Modaris钻孔种类：对应AccuMark系统中的内部资料钻孔“D”。

种类MOT:Motiv 点。

种类35:钻孔（绘制）：对应AccuMark系统中的内部资料钻孔“D”。

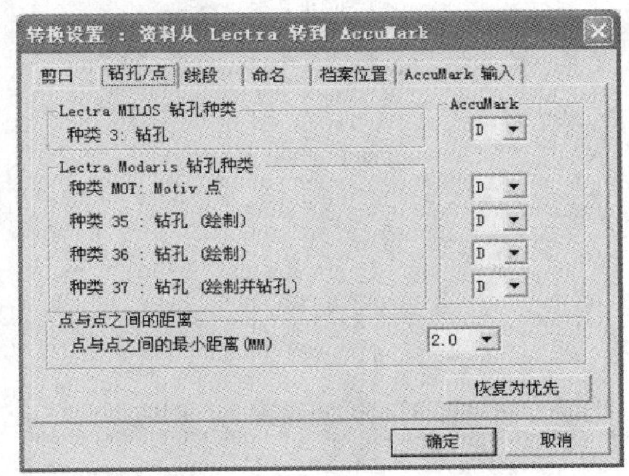

图6–16

种类36:钻孔（绘制）：对应AccuMark系统中的内部资料钻孔“D”。

种类37:钻孔（绘制并钻孔）：对应AccuMark系统中的内部资料钻孔“D”。

（五）设定转换设置中的线段（图6–17）

（1）Lectra内部线：力克（Lectra）系统内线。

种类4:圆/孔：对应AccuMark系统中的内部资料“H”。

种类7:内部线：对应AccuMark系统中的内部资料“I”。

（2）检测并顺滑圆形内线：在Lectra系统中，内部圆形线不一定是线段“种类4”，也可能是“种类9”。如果选择该选项，Lconvert就会自动检测一些点，从而调整圆或椭圆或弧线。

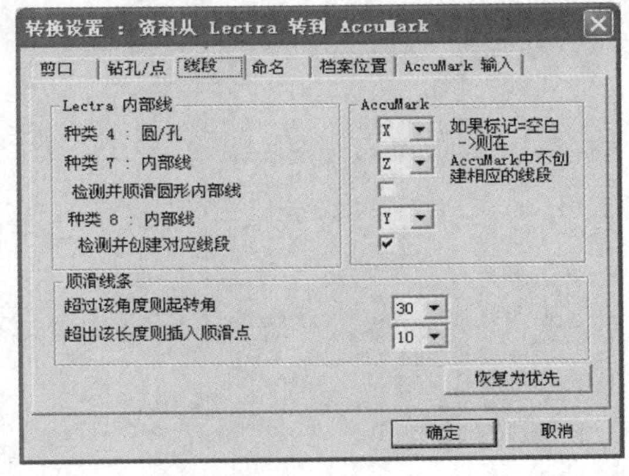

图6–17

种类8:内部线：对应AccuMark系统中的内部资料“I”。

（3）检测并创建对应线段：在Lectra系统中，线段“种类8”包含了对条对格的信息，如果选择该选项，Lconvert就会自动检测对条对格的信息，并创建对应的线段。

（4）顺滑线条。

（5）超过该角度则起角：如果设定30°，当两条线的夹角≤30°时，系统便将此点自动圆滑，如图6–18所示。

（6）超出该长度插入顺滑点：产生光滑点的线段长度。如果设定的长度为15mm，在下图中X的长度≥15mm时，系统将自动插入一个中间点，如果不要系统增加中间点，将此数值设定为“0”，如图6–19所示。

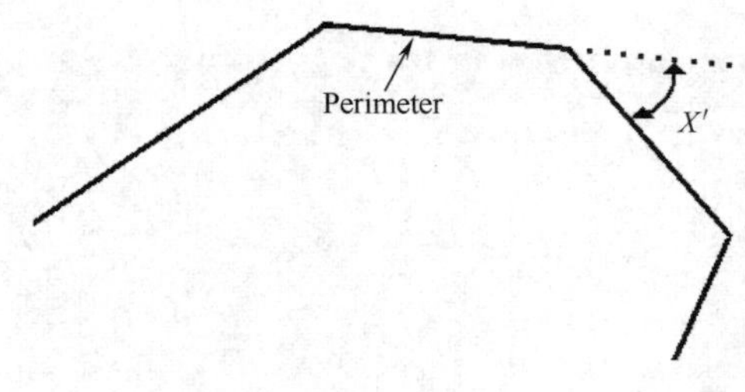

图6-18

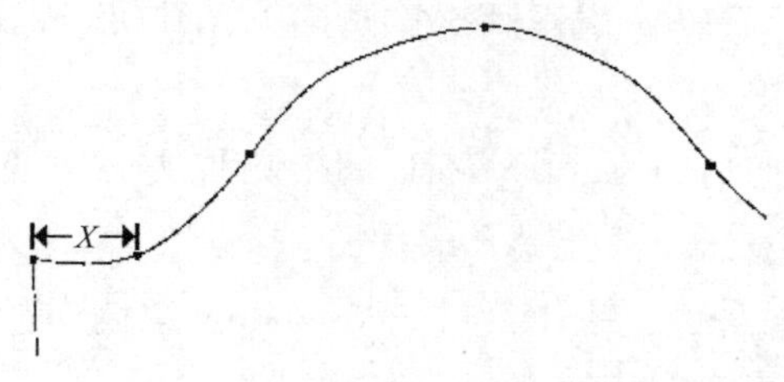

图6-19

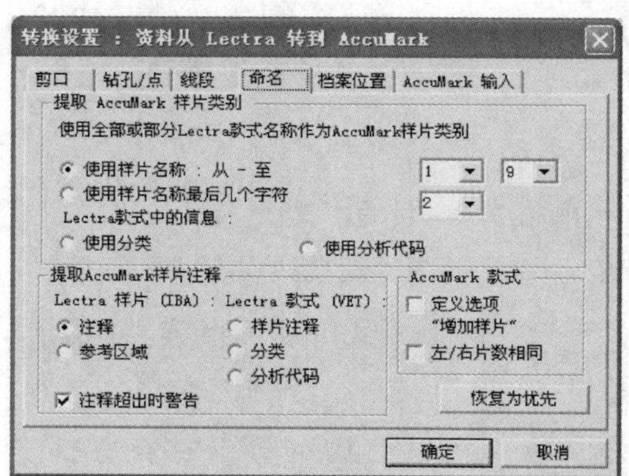

图6-20

（六）设定转换设置中的命名（图6-20）

（1）使用全部或部分Lectra 款式名称作为AccuMark样片类别：将力克（Lectra）系统的完整或部分样片名作为AccuMark系统的样片类别名。

①使用样片名称：从—至：取样片名的第几位到第几位作为样片类别名。

②使用样片最后几个字符：取样片名的最后几位作为样片类别名。

（2）提取AccuMark样片描述：

①Lectra样片（IBA）:从Lectra样片（IBA文件）中提取以下信息作为AccuMark样片描述。

a. 注释。

b. 参考区域。

②Lectra款式（VET）: 从Lectra款式（VET文件）中提取以下信息作为AccuMark样片描述。

a. 样片注释。

b. 分类。

c. 分析代码。

（3）AccuMark款式：

①定义选项“增加样片”：定义在AccuMark款式（Model）档案“增加样片”的选择。

②左右片数相同：在AccuMark款式（Model）档案中，设置左右片数量相同。

三、读入力克资料

（1）左键点【File】（文件）—【Import Lectra Data】（输入力克资料），或者，直接选取储存力克系统资料的目录，如图6-21、图6-22所示。

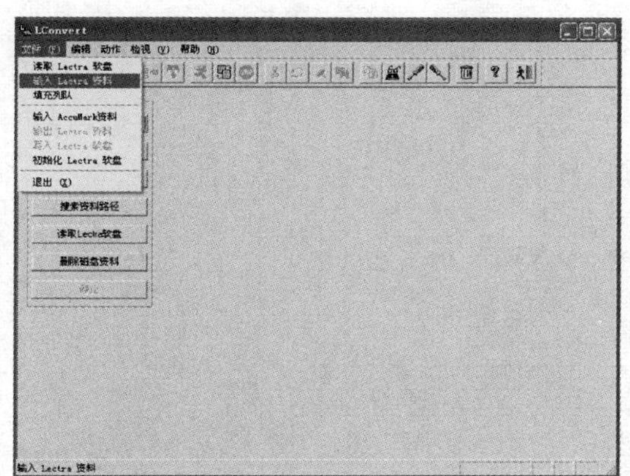

图6-21

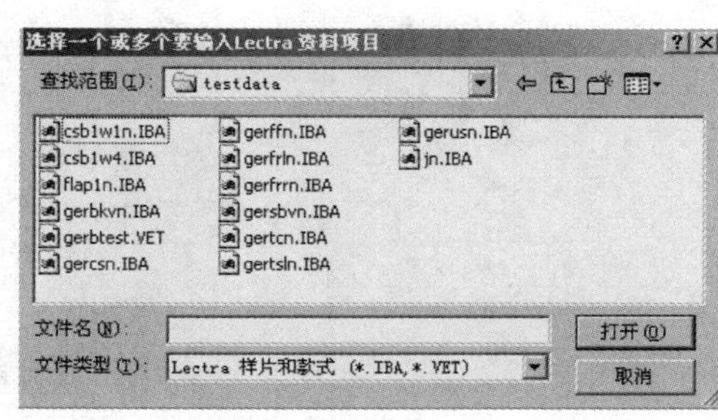

图6-22

（2）打开lectra文件后，资料会自动填充到列表中，左侧为款式列表区，右侧为样片列表区，如图6-23所示。

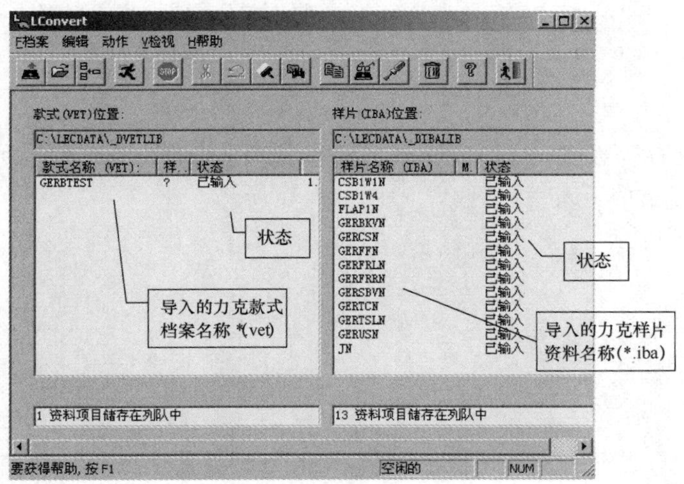

图6-23

四、转换文件

（1）左键点【动作】—【转换】或者 ，转换开始，力克文件转换为AccuMark资料。如果转换完成，需要转换新的工作，要进行刷新 。

（2）如果某些文件转换时出错，用刷新无法清空列表，可以点击【编辑】—【删除临时资料档案】，选择Lectra格式，删除文件即可，如图6-24所示。

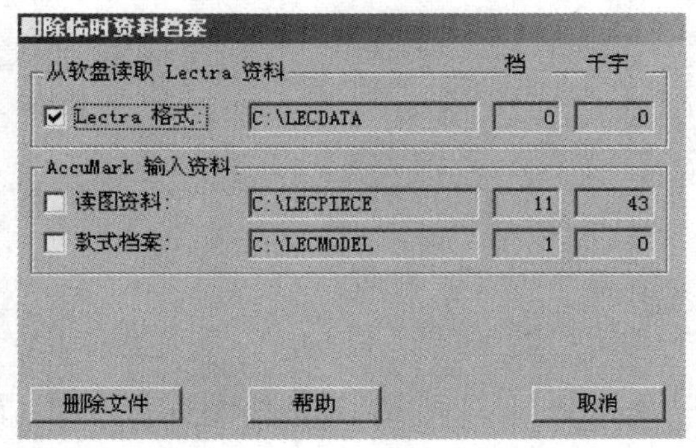

图6-24

五、样片核对

（1）打开，选择相应的储存区。

（2）选择需要核对的读图资料，右键点选“核对”，如图6–25所示。

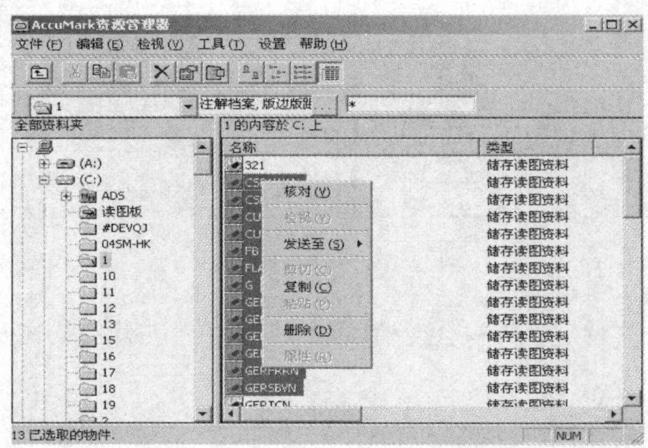

图6–25

（3）读图资料核对完成后，如果成功就会在储存区中产生相应的样片，如果核对失败，需要修改读图资料，再进行核对。

应用与实践——

基础样片设计

课题名称： 基础样片设计

课题内容： 1. 男西裤样片设计

2. 男衬衫样片设计

3. 男西服样片设计

4. 女装原型样片设计

课题时间： 12课时

学习目的： 1. 巩固基础理论知识。

2. 掌握经典款的样片设计方法和技术要点。

3. 掌握新建样片的技术方法。

4. 根据尺寸表熟练进行样片设计。

学习重点： 新建样片的技术方法。

教学方式： 以课堂操作讲授和上机练习为主要授课方式。

教学要求： 能够对服装的经典款式进行样片设计。

课前课后准备： 课前复习样片设计基础知识，课后上机实践。

第七章　基础样片设计

第一节　男西裤样片设计

一、男西裤款式及规格

（一）男西裤款式

男西裤前片褶裥，左右两个斜插袋，直筒裤口，后片收省并开双嵌袋。男西裤款式如图7–1所示。

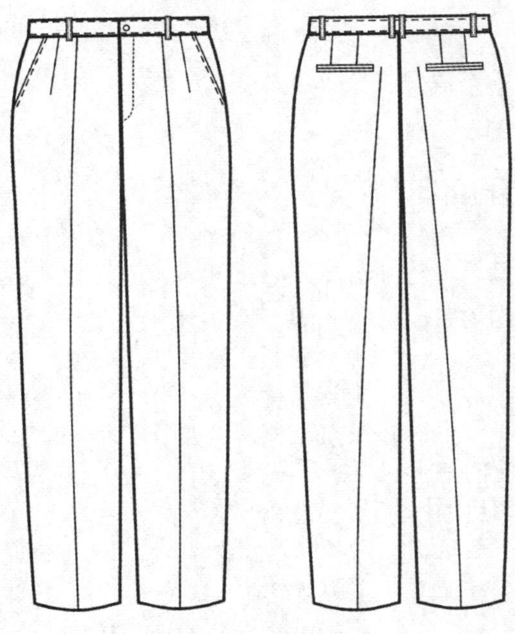

图7–1

（二）男西裤规格

设男西裤号型为170/74A，成品规格及细部规格如表7–1和表7–2所示。

表7-1 男西裤成品规格

单位：cm

部位	裤长（L）	腰围（W）	臀围（H）	上裆	脚口宽
尺寸	103	76	100	29	22

表7-2 男西裤细部规格

单位：cm

部位 尺寸	裤片长	上裆	腰围宽	臀围宽	裆宽	中裆大	脚口宽
前裤片	100	26	22	24	4	21	20
后裤片	100	27	24	26	12	25	24

二、样片设计

在AccuMark资料管理器中新建储存区“西裤”，在样片设计页面菜单中选择【检视】—【参数选项】—【路径】，将【路径】中储存区指定为“西裤”。

（一）绘制前裤片

1. 创建前片框架

使用【长方形】工具，在工作区任意位置设定X=前臀围+前裆宽=28cm，Y=裤片长=100cm的前裤片矩形框架，如图7-2所示。

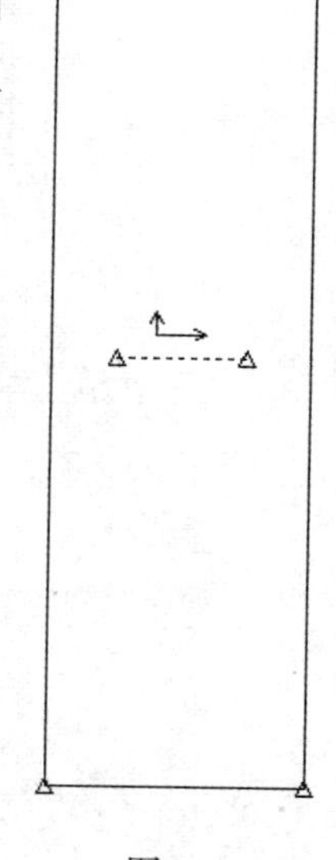

图7-2

2. 绘制横向辅助线

（1）使用【平行复制】工具，以前裤片矩形框架的上平线为基准，按前直裆长26cm向下作平行线得上裆线①。

（2）使用【交接点】工具，分别做腰口线的左右端点A点、A_1点，使用【线上加点】工具将上裆三等分得到B、C两点，使用【线外垂直】工具，在上裆下1/3即C点处向左侧缝线作垂线，即前片臀围线②。

（3）使用【线上加点】工具，将B点与裤口线右端点之间线段两等分，再使用【线外垂直】工具，作中裆线③，如图7-3所示。

3. 绘制纵向辅助线

（1）使用【平行复制】工具，以前裤片矩形框架的左侧线为基准，按前裆宽4cm向右作平行线得前门襟线④，使用【交接点】工具分别做腰口交接点M，臀围交接点C_1。

（2）使用【增加点】工具在上裆线距右端点0.7cm处定出一点P，使用【线上加点】定出A_1P中点，使用【平行复制】工具，以前片矩形框架的右（左）侧线为基准，过此中点使用【线外垂线】工具，作出前裤中线⑤，如图7-4所示。

4. 画顺前上裆弧线及腰口线

（1）使用【两点直线】工具，连接C_1、D两点作为辅助线。

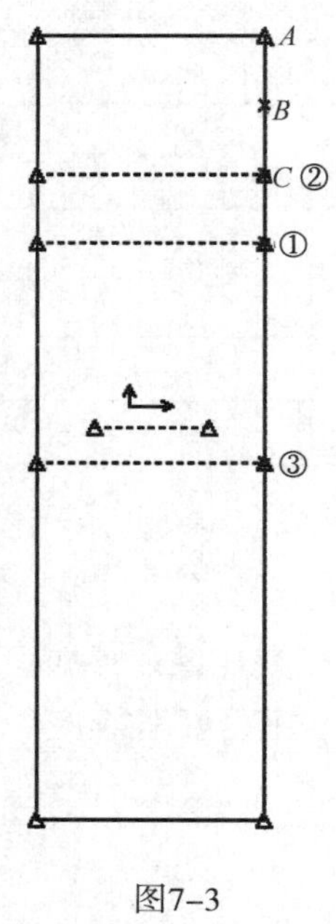

图7–3

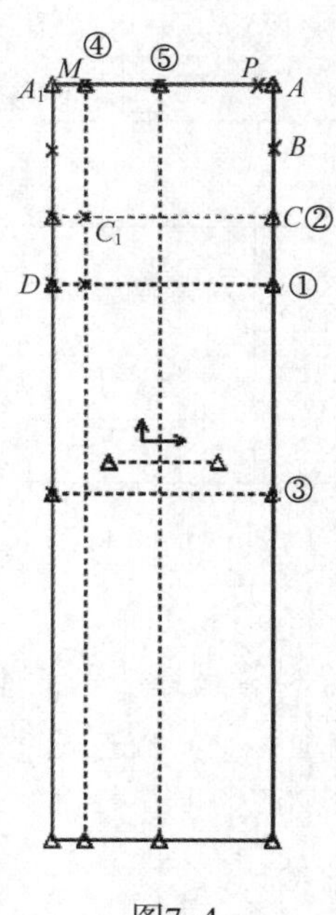

图7–4

（2）使用【平分角】工具，作出小裆宽线与前门襟线的角平分线，与C_1D相交。

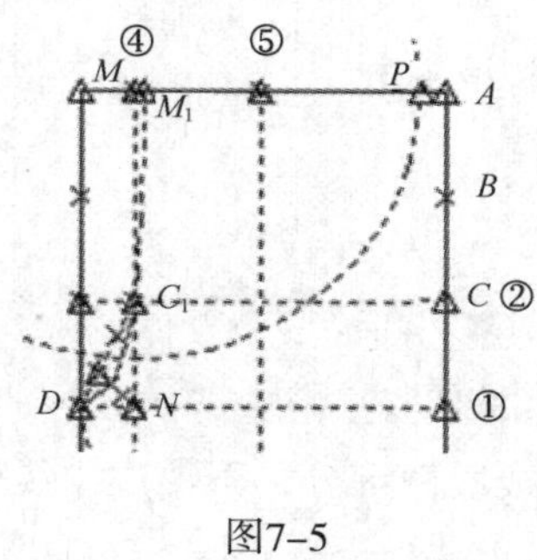

图7–5

（3）使用【线上加点】工具，将该角平分线作三等分，上三分之一点为点N。

（4）使用【增加点】工具在距门襟线上端点M点0.7cm处定出一点M_1，使用【输入线段】，顺序连接点M_1、点C_1、点N、点D四点，画出小裆弯线并使用【顺滑曲线】将线段调至圆顺。

（5）使用【圆心半径】工具，以M_1点为圆心，腰口大22cm为半径，与上平线交于点P，M_1P则为腰口线，如图7–5所示。

5. 绘制前裤片下裆线、侧缝线及脚口线

（1）使用【增加X记号点】工具，点击鼠标右键，在菜单上选择【画圆定点】，以裤口线与裤中线交点为圆心，半径为10cm，定出前裤口宽T_1T_2；同样以中裆线与裤中线交点为圆心，10.5cm为半径定出中裆宽H_1H_2。

（2）使用【增加点】工具，在上裆线①与右平线的交点往左0.7cm取一点P_1；使用【输入线段】工具，连顺点D、点H_1、点T_1得下档线，再依次连顺点P、点C、点P_1、点H_2以及点T_2，得侧缝线。

（3）使用【输入线段】【增加点】工具，取前裤中线与裤口线相交点往上0.5cm的点T。使用【输入线段】工具，连接点T_1、点T、点T_2三点，顺滑曲线，做出前脚口线，如图

7–6所示。

6. 绘制裤袋线、腰褶

（1）使用【增加点】工具，在上平线右侧端点向左5cm处取一点P_2，在C点往上0.5cm处取一点，使用【两点直线】工具，连接两点，得裤袋线。

（2）使用【增加点】工具，在裤中线与腰口线的交点向右侧，分别距离交点2cm、4cm、6cm取点；使用【线上垂线】工具，过点作6cm的垂线，即为腰褶，如图7–7所示。

7. 套取样片

使用【套取样片】工具，顺时针点击样片所需的周边线，右键确定后，再逐条点击前裤片的基础线与辅助线，生成前裤片，如图7–8所示。

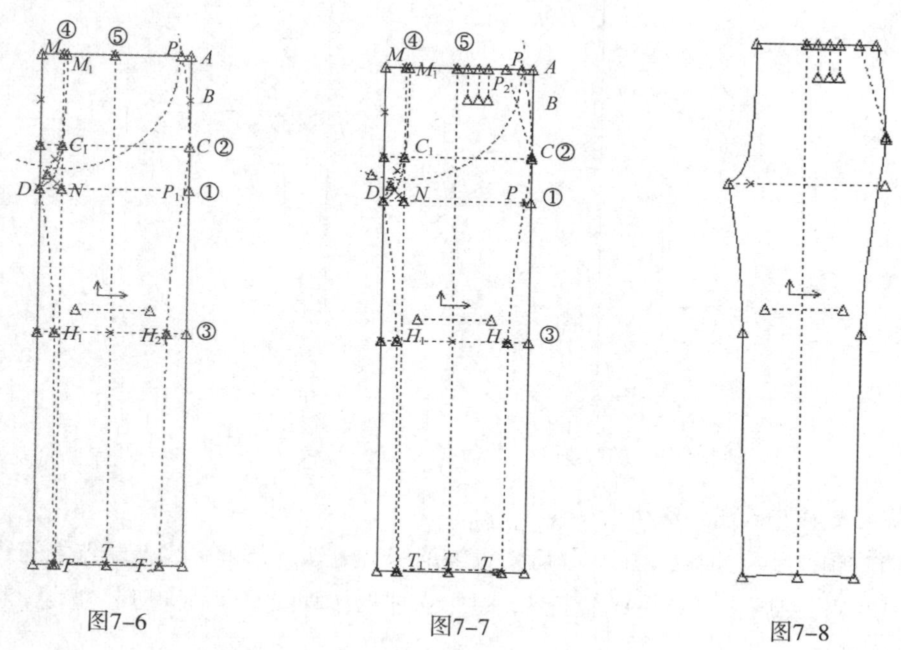

图7–6　图7–7　图7–8

8. 修改布纹线

使用【旋转样片】工具，分别将前裤片顺时针旋转90°，再使用【调对水平】工具，勾选“调正布纹/放缩参考线”，点击布纹线，如图7–9所示。

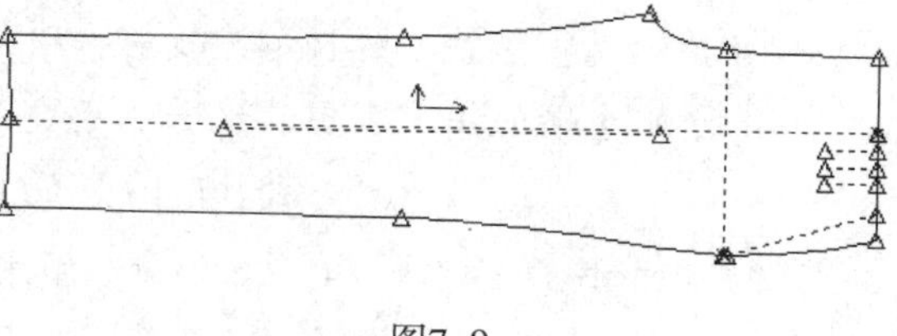

图7–9

（二）绘制后裤片

1. 绘制后裤片框架

使用【长方形】工具，在工作区任意位置设定X=后臀围大+后裆宽=38cm，Y=100cm的后裤片矩形框架，如图7–10所示。

2. 绘制内部辅助线

（1）使用【平行复制】工具，以上平线为基线向下27cm作平行线，定出上裆线①，以右侧线为基准线，向左12cm作平行线，得到后裆宽辅助线②。

（2）使用【线上加点】工具，将上平线二等分得中点M，在左侧线上端点A向下26cm作点D；将线段AD三等分得到B、C两点，再将B点与裤脚口线右端点之间线段二等分得P点。

（3）使用【线外垂线】工具，过C点处向左侧缝线作垂线，即后片臀围线③过P点向左侧线作垂线，得中裆线④；过M点向下做垂线，得后裤片中缝线⑤，如图7–11所示。

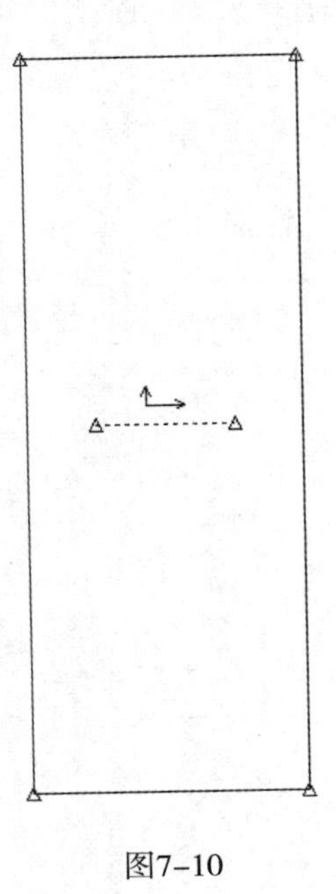

图7–10

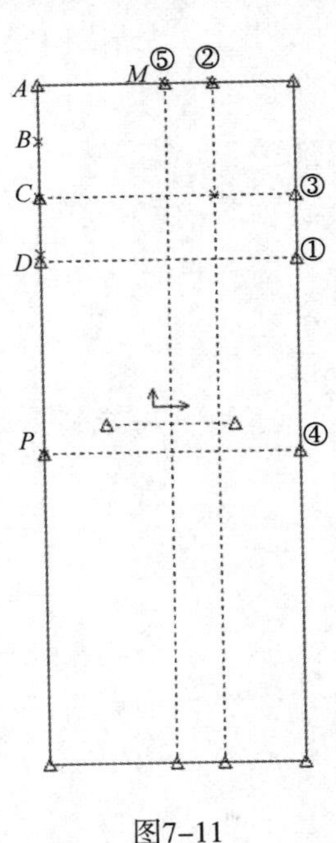

图7–11

3. 绘制后裆弯弧线、腰口线

（1）使用【线上加点】工具，后裆宽辅助线②上端点与裤中线上端点之间线段二等分，得中点N；使用【线上垂直】工具，过中点往上作垂线，即后中缝起翘线，起翘点为N_1，起翘值取2.5cm。

（2）使用【输入线段】工具，从起翘线上端点N_1开始，经过臀围线与后裆宽辅助线交点L_1，画出后裆弯定位线。延长定位线与后裆宽线交于点O；连接点L_1和上裆线右端点L_2。

（3）使用【平分角】工具，平分后裆宽线与后裆宽定位延长线相交角，平分线与线段L_1L_2相交于L，得出后裆弯定位线OL。

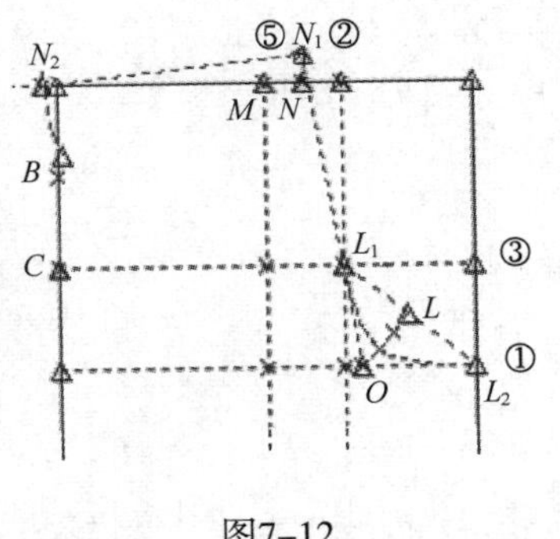

图7–12

（4）使用【线上加点】工具，将后裆弯定位线OL三等分。

（5）使用【输入线段】工具，在后裆宽线右端点经后裆弯定位线下1/3处至点L_1，作出后裆弯弧线。

（6）使用【圆心半径】工具，以N_1为圆心，半径为24cm，圆与上平线延长线交于点N_2，连接N_1N_2，即为腰口线，如图7–12所示。

4. 绘制后裤片脚口线、下裆线及外侧缝线

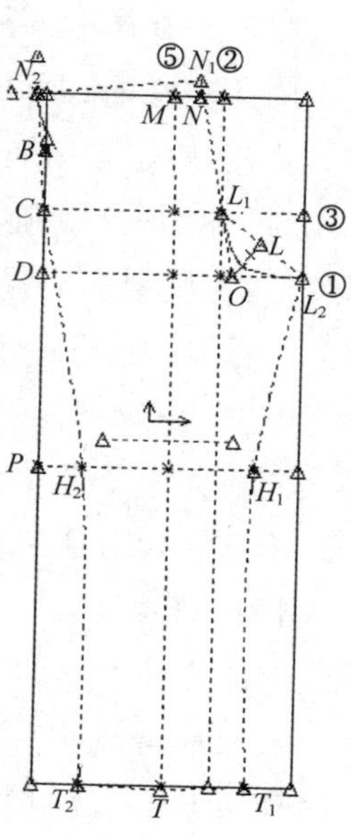

图7-13

（1）使用【增加X记号点】工具，点击鼠标右键，在菜单中选择【画圆定点】，选择裤口线与裤中线交点为圆心，半径为12cm，定出后裤口宽T_1T_2；同样再以中裆线与裤中线交点为圆心，12.5cm为半径定出中裆宽H_1H_2。

（2）使用【修改线段长度】工具，将裤中缝向下延长0.5cm，得点T，使用【输入线段】工具，连接后片脚口线，并作内裆弧线和外侧缝线。

（3）使用【输入线段】工具，连顺点L_2、点H_1、点T_1得裤片内裆线，连顺点N_2、点C、点H_2、点T_2得外侧缝线，如图7-13所示。

5. 绘制后嵌袋袋口线及腰省中心线

（1）使用【平行复制】工具，以腰口线为基准线，向下8.5cm作平行线，使用【修剪线段】工具，修剪平行线，只留左平线以内的部分。

（2）使用【增加点】工具，在平行线与左侧线交点往右5cm取一点K_1，再在点K_1往右13cm取一点K，得袋口大。

（3）使用【线上垂线】工具，过点K_1往右2cm的I_1点、点K往左2cm的I点向腰线作垂线，使用【修改线段长度】工具，延长I点所在线段，延长2cm得点I_2，点I_1、点I_2即为省尖点，如图7-14所示。

6. 套取样片

使用【套取样片】工具，顺序点击样片所需的周边线，再逐条点击后裤片的基础线与辅助线，将后裤片套取出来，如图7-15所示。

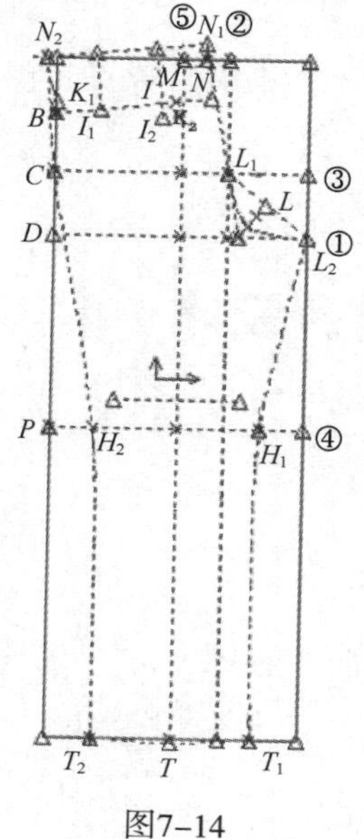

图7-14

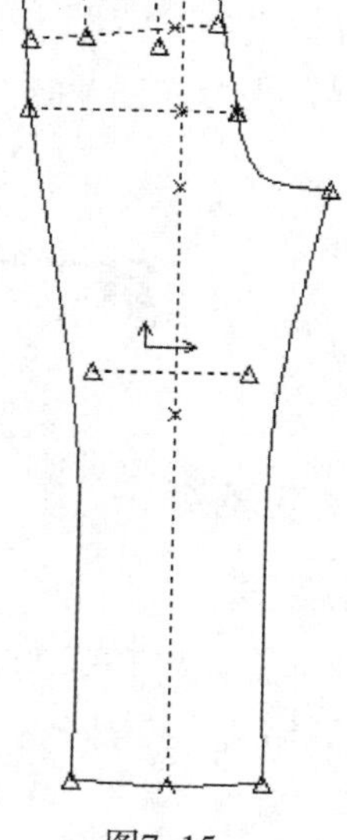
图7-15

7. 绘制后裤片腰省

总省量为4cm，两个省。

（1）使用【增加尖褶】工具，光标滑至腰省中心线的上端点，按右键，输入省道长（10.5cm/8.5cm），确定，再输入省道宽（2cm/2cm），作出腰省。

（2）使用【折叠尖褶】工具，菜单里勾选【包括折叠线】【包括钻孔】和【包括剪口】，省尖钻孔点1cm，如图7–16所示。

8. 修改布纹线

同前裤片步骤8，如图7–17所示。

（三）绘制腰头

1. 绘制左腰头

使用【长方形】，创建一个长42cm（腰围/2+4）、宽3cm的矩形，即为左腰头。

2. 绘制右腰头

使用【平行复制】，将该矩形的右边线向左4cm平行复制，即为右腰头，如图7–18所示。

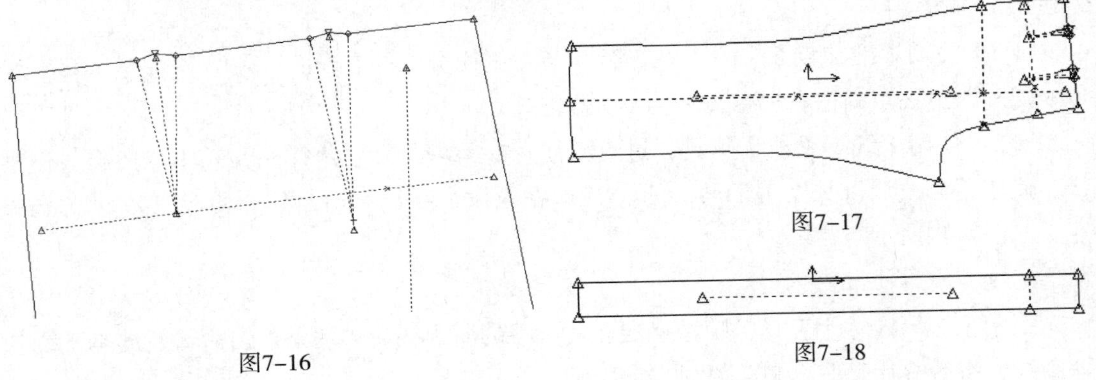

图7–16

图7–17

图7–18

三、储存样片

使用【文件】—【另存为】工具，依次保存样片，将前后片样片保存在储存区“西裤”中，文件名分别为“西裤前片”“西裤后片”和“腰头”。

第二节　男衬衫样片设计

一、男衬衫款式及规格

（一）男衬衫款式

略修身直筒造型，单扣尖领，明门襟，平装袖，直摆。后片过肩分割，左右各一个裥，左前胸一只贴袋，一片式长袖，袖开衩，袖克夫两粒扣，袖衩一粒扣，如图7–19所示。

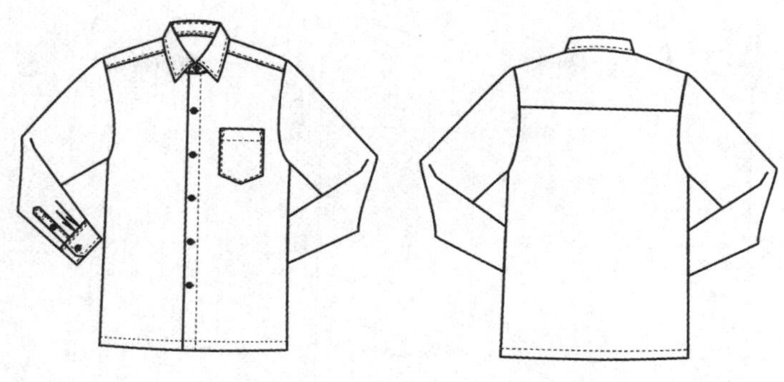

图7-19

（二）男衬衫规格

男衬衫号型为170/88A，成品规格及细部规格如表7-3和表7-4所示。

表7-3 男衬衫成品规格

单位：cm

部位	衣长（L）	袖长（SL）	胸围（B）	肩宽（S）	领围（N）
尺寸	76	59	104	45	39

表7-4 细部规格

单位：cm

部位 尺寸	衣片长	领深	落肩	袖窿深	叠门	领宽	肩宽	胸背宽	胸围
前片	73	6.8	4.5	21.8	1.7	6.3	21	19.5	25
后片	70	—	1	19.8	—	—	24	23	27
过肩	10	4.4	4	—	—	8.3	23	—	—

二、样片设计

在AccuMark资料管理器中新建储存区“男衬衫”，在样片设计页面工具栏中选择【检视】—【参数选项】—【路径】，将【路径】储存区指定为“男衬衫”。

（一）绘制前衣片

1. 创建前衣片框架

使用【长方形】工具，在工作区任意位置定X=前片胸围=25cm，Y=衣片长=73cm的前衣片框架，如图7-20所示。

2. 绘制领深线、袖窿深线等横向线

使用【平行复制】工具，以矩形的上平线为基准，分别按前领深6.8cm、前落肩4.5cm和前袖窿深21.8cm向下作平行线，依次得到领深线①、落肩线②和袖窿深线③，如图7-21所示。

3. 绘制叠门、领宽线等纵向线

使用【平行复制】工具，以矩形的右侧线为基准，向右1.7cm作叠门线，再分别按前领宽6.3cm、前肩宽21cm和前胸宽19.5cm向左作平行线，依次得到叠门线④、领宽线⑤、前肩宽线⑥和胸宽线⑦，如图7-22所示。

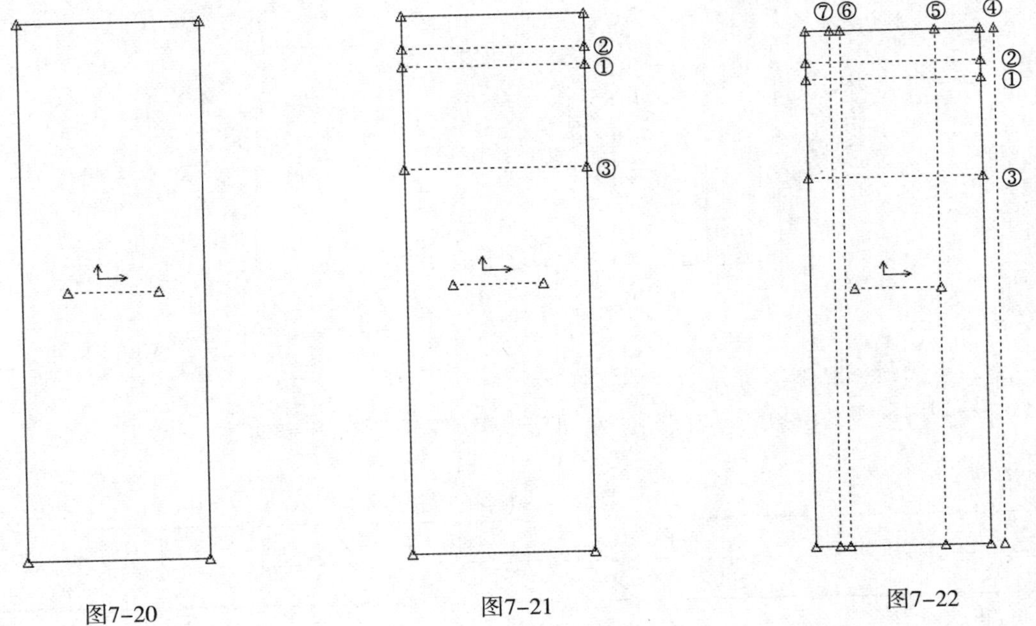

图7-20 图7-21 图7-22

4. 修剪内部线

使用【交接点】工具可以两条线产生交接点。或者使用【修剪线段】工具，将多余线段删除，如图7-23所示。

5. 定前领窝弧线和前袖窿弧线

（1）使用【线上加点】工具，三等分胸宽线，使用【线上垂线】工具，在前胸宽线下三分之一点作垂线与侧缝线相交。

（2）使用【输入线段】工具，分别连接领口矩形和袖窿矩形的对角线，使用【线上加点】工具三等分对角线。

（3）使用【输入线段】工具，连接肩线；使用【两点拉弧】工具分别连接前领窝弧线和前袖窿弧线；使用【顺滑曲线】工具，使前领窝弧线和前袖窿弧线顺滑，如图7-24所示。

6. 定下摆起翘点、连接外轮廓线并确定纽扣位

（1）使用【增加点】工具，在侧缝线上距最低点1cm处增加一个点M；然后使用【线上加点】工具对下摆进行二等分，得左边第一个点N，使用【两点拉弧】工具，连接点M、点N，并使用【两点直线】工具连接叠门线下端点与右基准线下端点。

（2）使用【线上加点】工具，分别沿前门襟线由前领点往下5.5cm和由底边线往上20cm加点，然后作四等分点，即为纽扣位，如图7-25所示。

7. 绘制前胸袋

（1）使用【增加点】工具，在胸围线上距离前中心线向左5.5cm处增加一点L。

（2）使用【线上垂线】工具，过L点向上下两边各作4cm、9.5cm的垂线；以垂线为基线，绘制长方形框架，长为13.5cm，宽为11cm。

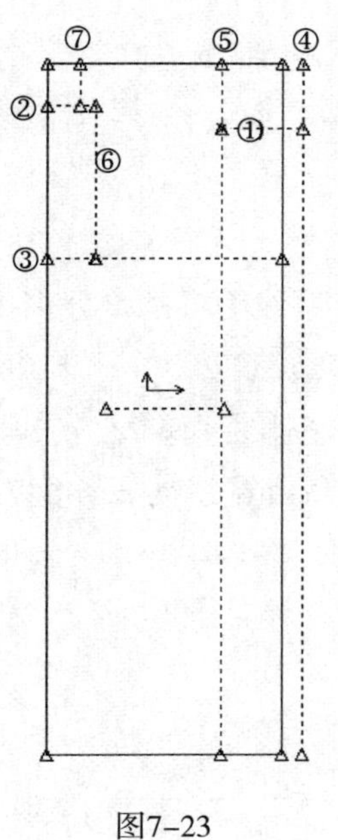

图7-23

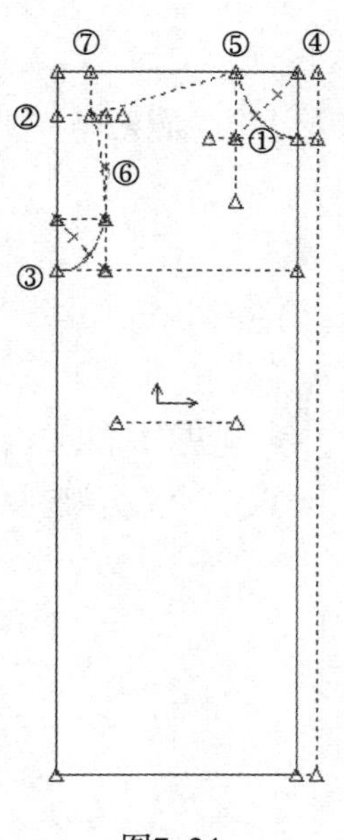

图7-24

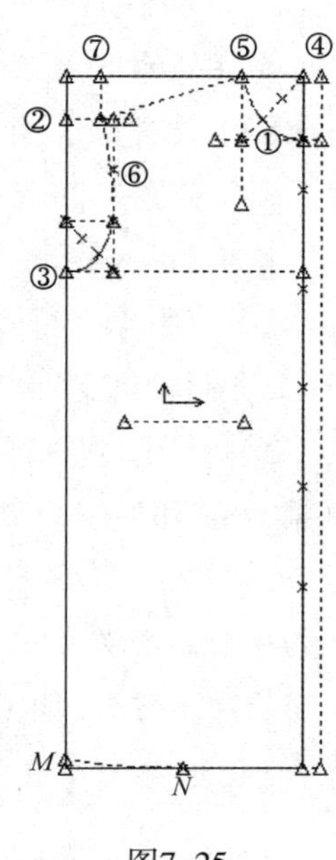

图7-25

（3）使用【增加点】工具，在框架上取S点、P点、K点，SA=0.5cm，PC=KD=1cm；使用【线上加点】工具，取胸袋底边线的中点Q，分别连接线段BS、PQ和QK，如图7-26所示。

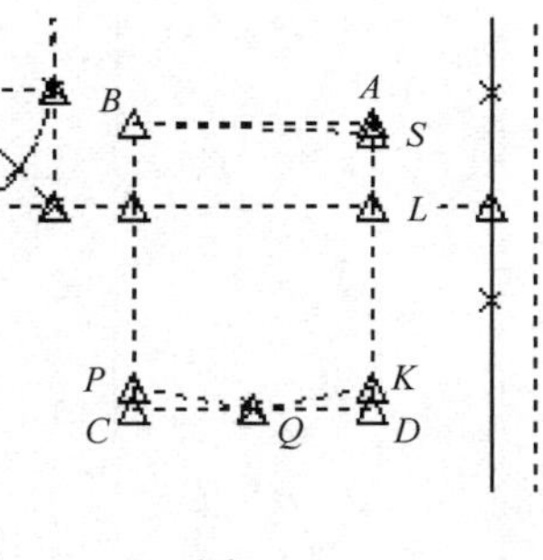

图7-26

8. 生成样片

使用【套取样片】工具，把前衣片以及胸袋套取出来，使用【修剪线段】工具，修剪多余线段，如图7-27所示。

9. 更改布纹线

使用【旋转样片】工具，把样片顺时针旋转90°；使用【调对水平】工具，调整布纹线，如图7-28所示。

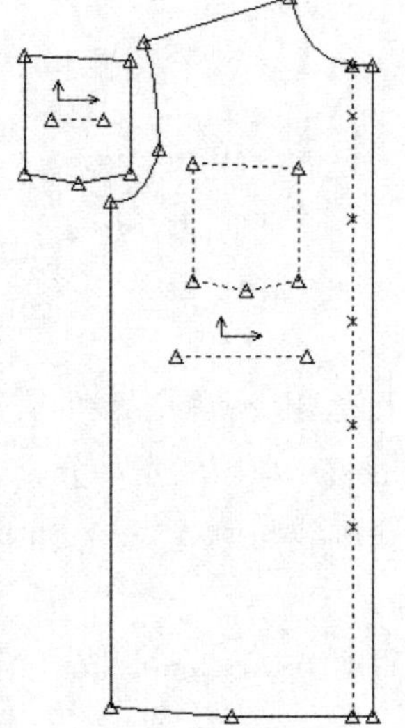
图7-27

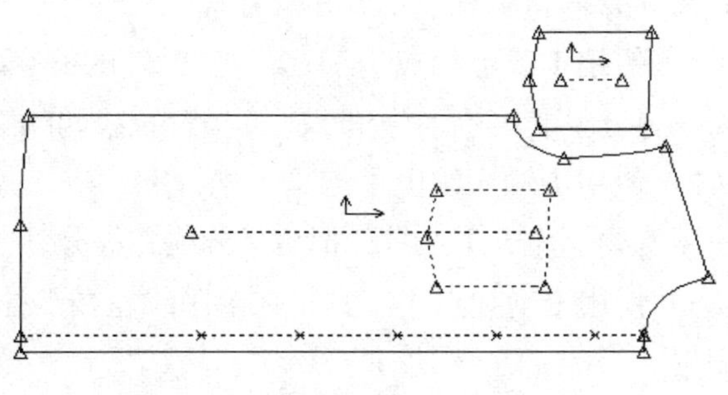
图7-28

（二）绘制后衣片

1. 创建后衣片框架

使用【长方形】工具，在工作区任意位置定*X*=后片胸围=27cm，*Y*=衣片长=70cm的后衣片框架，如图7-29所示。

2. 绘制内部辅助线

（1）使用【平行复制】工具，绘制横向辅助线，以矩形的上平线为基准，分别按后落肩1cm和后袖窿深19.8cm向下作平行线，依次得到落肩线①和袖窿深线②。

（2）使用【平行复制】工具，绘制纵向辅助线，以矩形的左侧线为基准，分别按后肩宽24cm和后背宽23cm向左作平行线，依次得到后肩宽线③和背宽线④，如图7-30所示。

3. 修剪内部线

同前片步骤4，如图7-31所示。

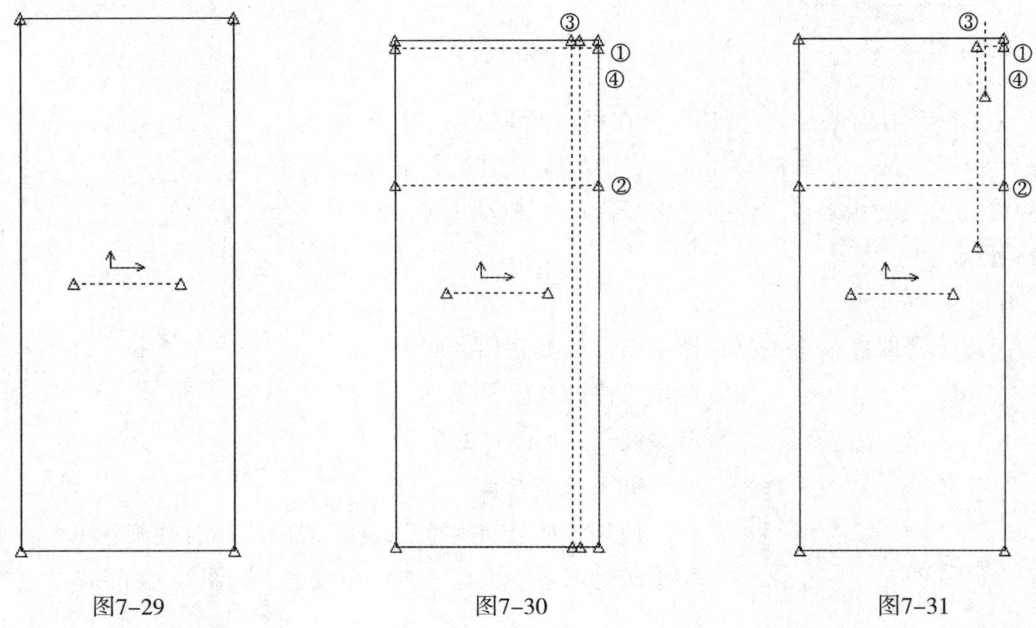

图7-29　　图7-30　　图7-31

4. 绘制后袖窿弧线、连接外轮廓线

（1）使用【线上加点】工具，把背宽线和落肩线的交点和背宽线和胸围线的交点间的距离三等分。使用【平分角】工具把背宽线和胸围线相交处的第一象限的角平分。

（2）使用【输入线段】工具，把背宽线下三分之一点和胸围线与侧缝线相交的点连接。使用【线上加点】工具，把角平分线三等分。

（3）使用【增加点】工具，在上平线左端点往右14cm（后肩宽1/2+2cm）取一点*K*，即背裥位。

（4）使用【输入线段】工具，连接肩线、后袖窿弧线；使用【顺滑曲线】工具，使后袖窿弧线的顺滑，如图7–32所示。

5. 套取样片

使用【套取样片】工具将后片套取出来，因为后片是对称片，在套取时应在右侧菜单里勾选对称片，套取出后片，如图7–33所示。

6. 增加裥

（1）使用【增加点】工具，在距离背裥位K点右边2cm处增加一个点K_1。

（2）使用【线上垂线】工具，分别在背裥位点K以及右边2cm处点K_1分别向下作4cm的垂线，如图7–34所示。

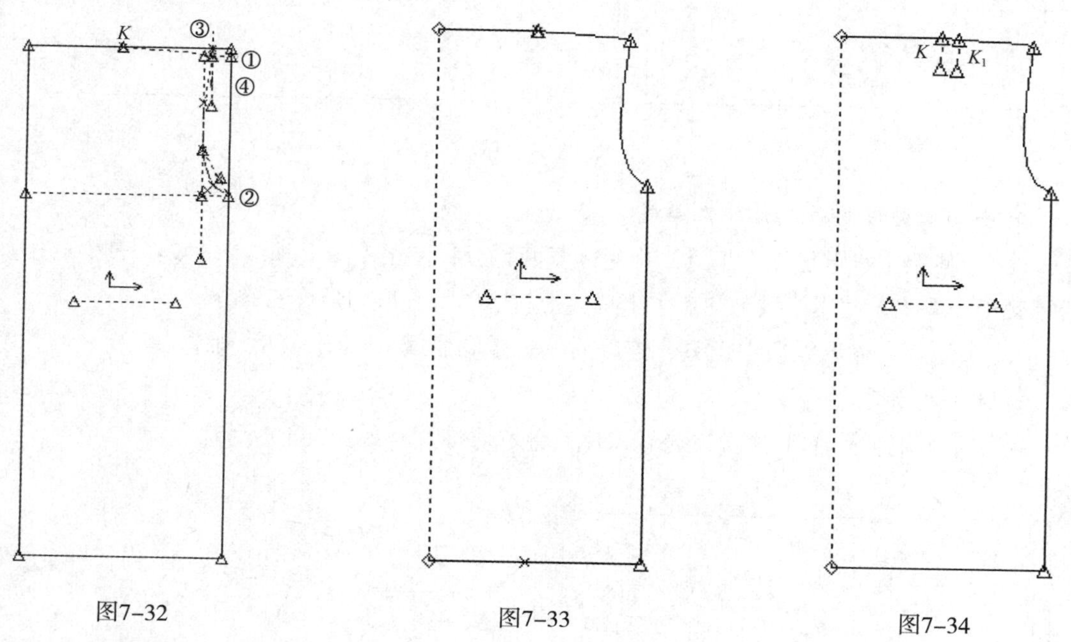

图7–32 图7–33 图7–34

7. 更改布纹线

同前片的步骤9，如图7–35所示。

（三）绘制过肩

1. 创建过肩框架

使用【长方形】工具，在工作区任意位置设定X=过肩肩宽=23cm，Y=10cm的过肩框架，如图7–36所示。

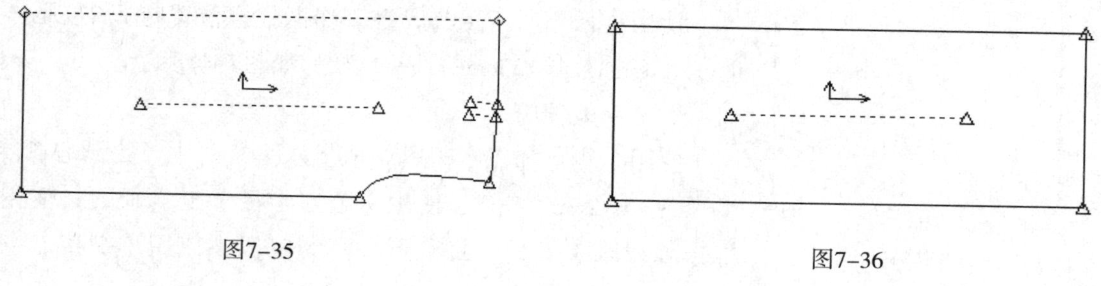

图7–35 图7–36

2. 绘制各基础线

使用【平行复制】工具，从框架上平线往下4.4cm处定后领深线①，往下4cm处定落肩线②；从框架左侧线往右8.3cm处定后领宽线③，往右22cm作肩线辅助线，如图7-37所示。

3. 修剪线段

同前片的步骤4，如图7-38所示。

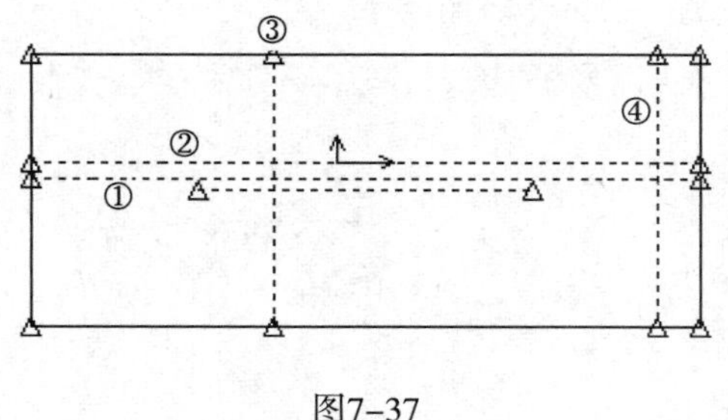

图7-37

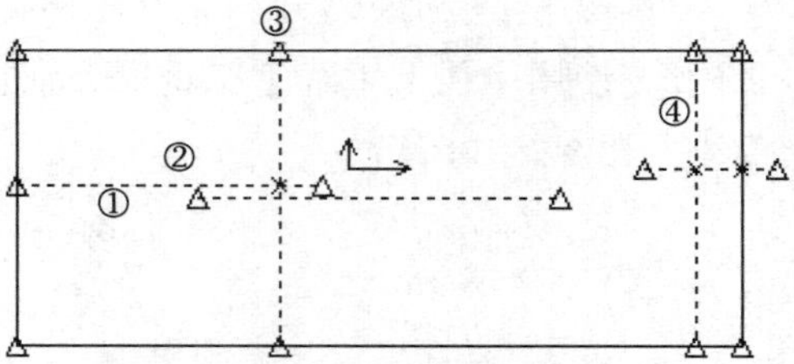

图7-38

4. 绘制后领弧线并连接外轮廓线

（1）使用【线上加点】工具，把后领宽两等分；使用【线上垂线】工具，过中点作垂线相交于上平线；使用【线上加点】工具，把右边的长方形对角线三等分。

（2）使用【输入线段】工具，连顺后领弧线和肩线，如图7-39所示。

5. 生成对称片

使用【套取样片】工具，勾选对称片，套取对称片，如图7-40所示。

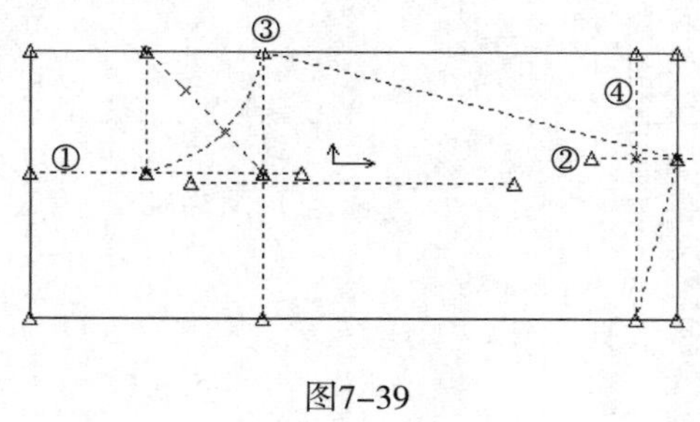

图7-39

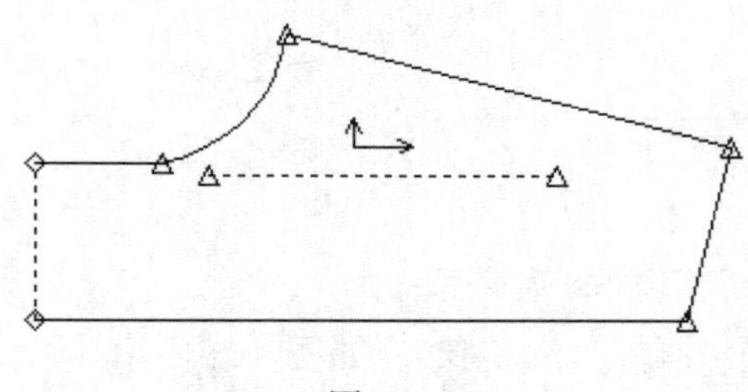

图7-40

（四）衣袖样片设计

在绘制袖片前先使用【线段长】工具，测得前后衣片及过肩的袖窿弧长AH=47cm，袖山斜线长＝AH/2=23.5cm。

1. 创建袖片框架

使用【长方形】工具，在工作区任意位置定X=2袖肥＝45cm，Y=袖片长=53cm的袖片框架，如图7-41所示。

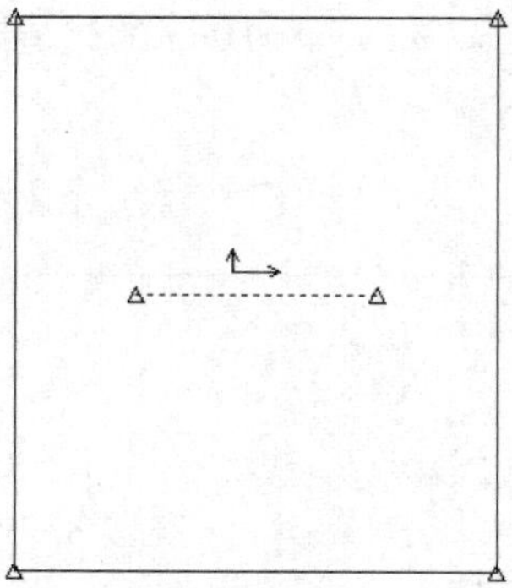

图7-41

2. 定袖山斜线

使用【线上加点】工具，取上水平线的中点为圆心O，半径为AH/2=23.5cm，使用【圆心半径】工具画圆，使用【分割线段】工具，将圆形分割为三段，使用【交接点】

工具得点A、点B。连接AB、OA、OB，如图7-42所示。

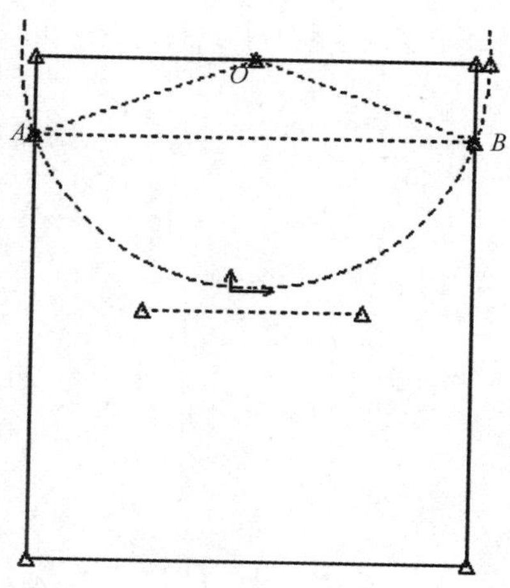

图7-42

3. 定袖片轮廓

（1）使用【线上垂线】工具，过圆心O做垂线，与底边线交于点T，在T点两侧分别取距离T点15cm的点T_1、T_2，连接T_1A、T_2B。

（2）使用【线上加点】工具，将前袖山斜线OB四等分，后袖山斜线OA三等分。

（3）使用【线上垂线】工具，在前袖山斜线OB上四分之一点处往上作1cm的垂线，下四分之一处往下做1cm的垂线；在后袖山斜线OA上三分之一处往上作1.3cm的垂线。

（4）使用【输入线段】工具，连接各点，制作出袖山弧线，如图7-43所示。

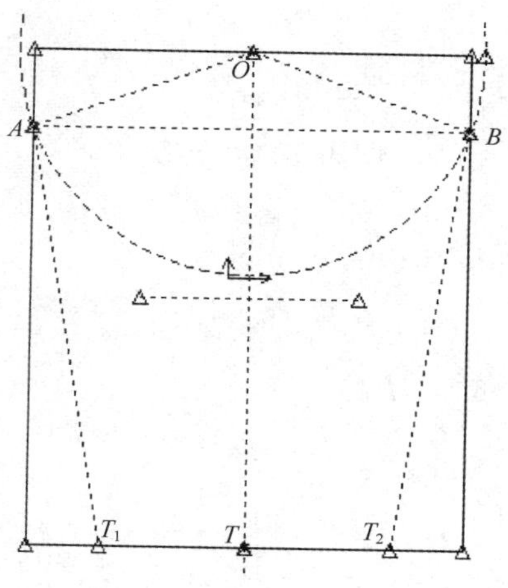

图7-43

4. 确定裥

（1）使用【增加点】工具，在前袖口处由袖中线向右1cm和3cm处各取一个点，得M点和N点；在后袖口处由袖中线向左2cm、3cm和5cm处各取一个点，得K点、H点和J点。

（2）使用【线上加点】工具，把后袖片袖口线二等分；使用【增加点】工具在中点往左1cm处定一点F。

（3）使用【线上垂线】工具，在点M、点N、点K、点H、点J各点往上作4cm垂线；在F点往上作11cm的垂线即袖衩，如图7-44所示。

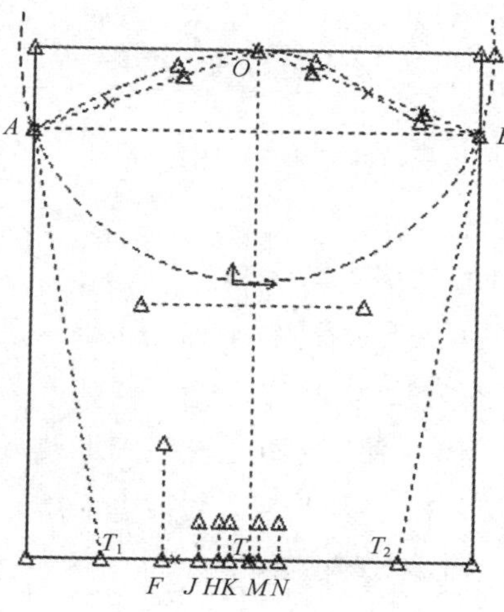

图7-44

5. 生成样片并更改布纹线

同前片的步骤9和步骤10，如图7-45、图7-46所示。

（五）领子样片设计

1. 创建领子框架

使用【长方形】工具，在工作区任意位置定X=20cm，Y=10.2cm的领子框架，如图7-47所示。

2. 绘制领子辅助线

（1）使用【增加点】工具，在下平线右端点向左取2.5cm的点M，将下平线其余部分四等分，

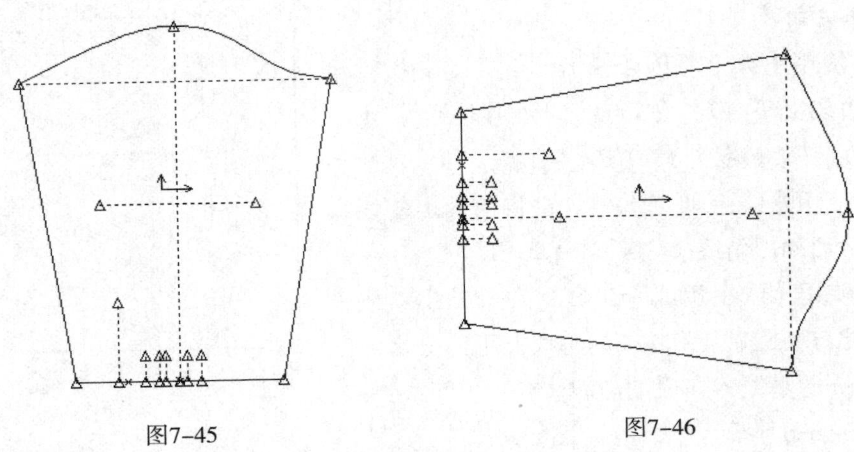

图7-45

图7-46

得点N、点F和点S。

（2）使用【线上垂线】工具，分别过四等分点作四条垂线。

（3）使用【增加点】工具，在左侧线上分别取距最低点0.6cm、3.9cm和5.9cm的三个点R、点G和点H。

（4）使用【线外垂线】工具，过点R、点G、点H三点，向右基准线作垂线，如图7-48所示。

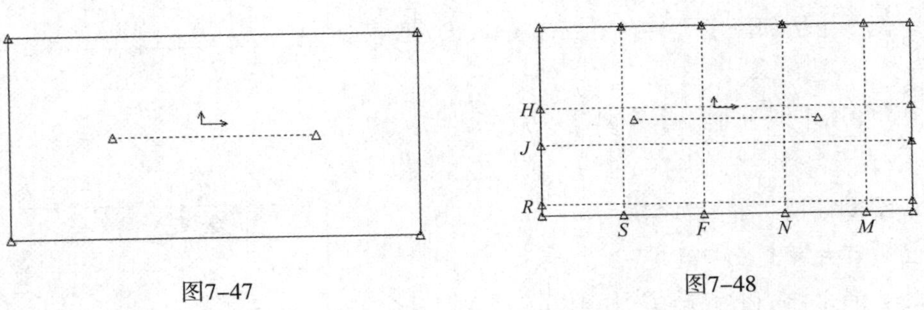

图7-47

图7-48

3. 连接外轮廓线

（1）使用【线上加点】工具，将线段LL_1三等分，得上三分之一点L_2，下三分之一点L_3，L_3为领座端点。

（2）使用【线上垂线】工具，过L_2点作垂线，长度为0.6cm。

（3）使用【输入线段】工具，连顺领座、领面的外轮廓线，如图7-49所示。

4. 套取对称片

使用【套取样片】工具，勾选对称片，套取对称片，如图7-50所示。

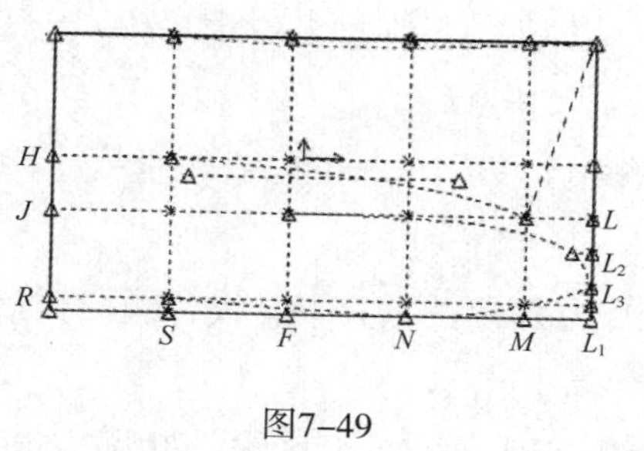

图7-49

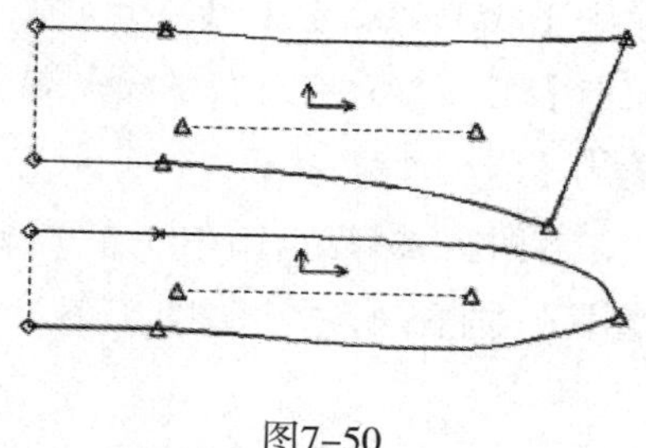

图7-50

（六）配件样片设计

1. 袖克夫样片设计

（1）使用【长方形】工具，在工作区任意位置定X=25cm，Y=6cm的袖克夫框架，如图7-51所示。

（2）使用【增加点】工具，分别在左右和底边三条线上取2cm的点，使用【输入线段】工具，连接外轮廓，如图7-52所示。

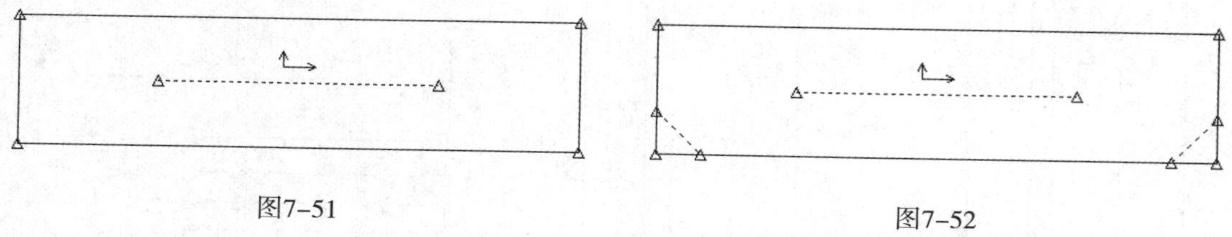

图7-51　　图7-52

（3）使用【分割线段】工具，分割外轮廓边界。使用【套取样片】工具，生成样片袖克夫样片，同前片的步骤8，如图7-53所示。

2. 大、小袖衩样片设计

（1）绘制大小袖衩框架：

①使用【长方形】工具，在工作区任意位置定X=5cm，Y=14.8cm的大袖衩框架。

②使用【长方形】工具，在工作区任意位置定X=2.4cm，Y=11cm的小袖衩框架，如图7-54所示。

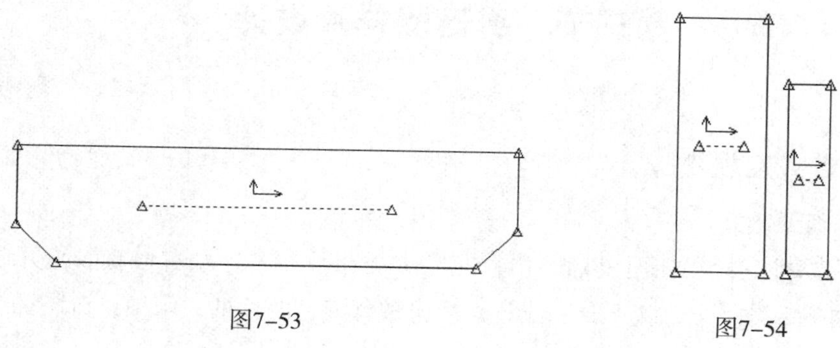

图7-53　　图7-54

（2）绘制大、小袖衩轮廓线：

①使用【线上加点】工具，分别将大、小袖衩上平线二等分，得中点B、中点B_1，使用【增加点】工具在大袖衩右平线上端点往下3.8cm取一点L。

②使用【线外垂线】工具，分别过大、小袖衩上点B、B_1向下平线作垂线，得大、小袖衩中线，并过大袖衩L点向中线作垂线。

③使用【垂直平分线】工具，作大袖衩上平线的AB段的垂直平分线，线段长1.25cm得M点。

④使用【输入线段】工具，连接线段AM、BM，得大袖衩外轮廓线，如图7-55所示。

3. 生成大小袖衩样片并更改布纹线

同前片的步骤8和步骤9，如图7-56、图7-57所示。

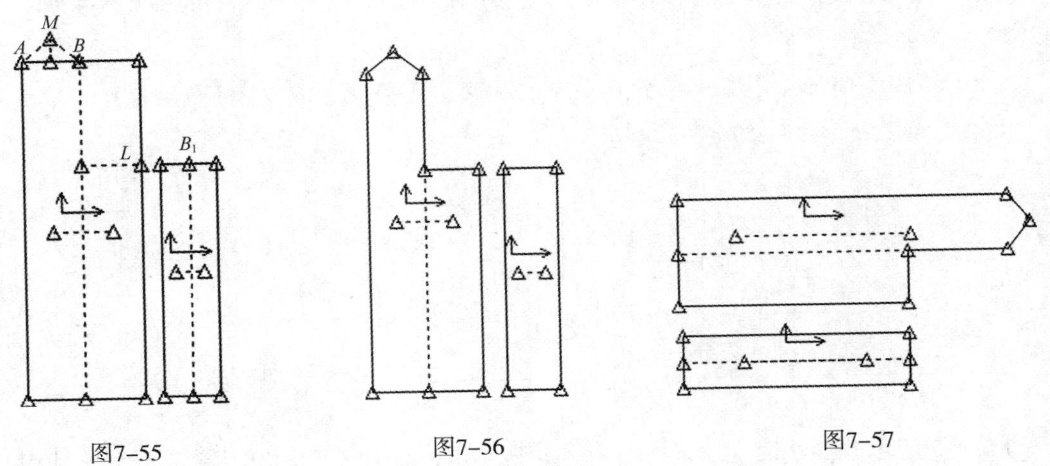

图7-55　　图7-56　　图7-57

三、储存样片

使用【文件】—【另存为】工具，依次保存样片，将前后片样片保存在储存区“男衬衫”中，文件名分别为“男衬衫前片”“男衬衫后片”“男衬衫袖片”“男衬衫过肩”“胸袋”“领座”“领面”“大袖衩”“小袖衩”和“袖克夫”。

第三节　男西服样片设计

一、男西服款式及规格

（一）男西服款式

平驳领，单排三粒扣，门里襟圆角，左驳头插花眼一个，左右各双嵌线开袋，装圆角袋盖，左胸手巾袋一个，腋下分割收省，后身做背缝，两片袖，假袖衩钉装饰纽扣各三粒。款式如图7–58所示。

图7–58

（二）男西服规格

设男西服号型为170/88A，成品规格及细部规格如表7–5和表7–6所示。

表7–5 成品规格

单位：cm

部位	衣片长（L）	袖长（SL）	胸围（B）	肩宽（S）	领围（N）
尺寸	74	59	110	46	43

表7–6 细部规格

单位：cm

部位 尺寸	衣片长	领深	落肩	袖窿深	抬山线	腰节	叠门/撇门	领宽	肩宽	胸背宽	胸围大
前片	74	9.6	5.1	25	5.5	42.5	2/1.5	9.6	22.2	19.5	36.5
后片	75.2	2.7	4.6	27.7	5.5	45.2	—	9.6	23	20.5	20.5

二、样片设计

在AccuMark资料管理器中新建储存区“男西服”，在样片设计页面工具栏中选择【检视】—【参数选项】—【路径】，将【路径】指定为储存区“男西服”。

（一）绘制前衣片

1. 创建前片框架

使用【长方形】工具，在工作区任意位置设定X=前胸围+4cm=40.5cm，Y=衣长+1cm=75cm的前衣片矩形框架，如图7–59所示。

2. 绘制横向辅助线

使用【平行复制】工具，以矩形的上平线为基准，分别按前领深9.6cm、前落肩5.1cm、前袖窿深25cm、前腰节长42.5cm和衣长74cm向下作平行线，依次得到领深线①、落肩线②、袖窿深线③、腰节线④和底边线⑤；再以袖窿深线为基准向上5.5cm作平行线得抬山线⑥，如图7–60所示。

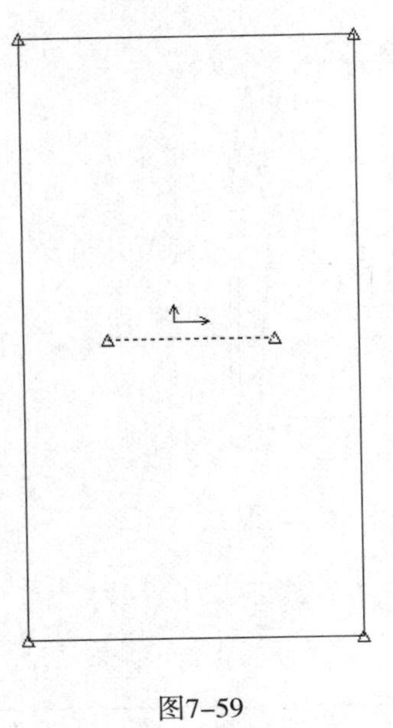
图7-59

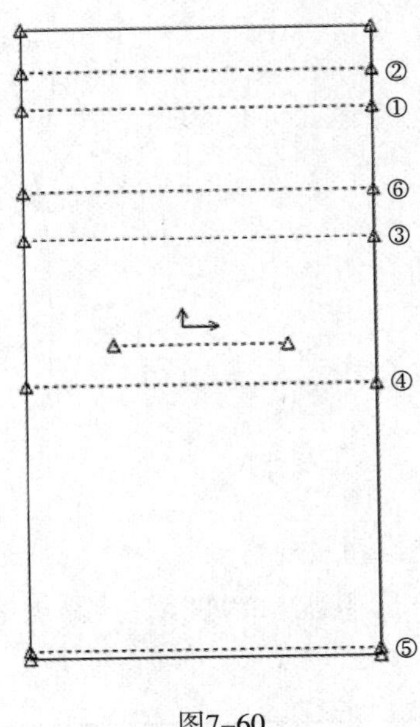

图7-60

3. 绘制纵向辅助线

使用【平行复制】工具，以矩形的右侧线为基准，按叠门宽2cm向左作平行线得到叠门线⑦；以叠门线为基准，按撇门宽1.5cm、前胸宽19.5cm和前胸围大36.5 cm向左作平行线得到撇门线⑧、胸宽线⑨和胸围线⑩；再以撇门线为基准，按前领宽9.6cm和前肩宽22.2cm向左作平行线得领宽线⑪和前肩宽线⑫，如图7-61所示。

4. 删除多余线段

为了图示的清晰，使用【修剪线段】工具将多余的线段进行删除，如图7-62所示。

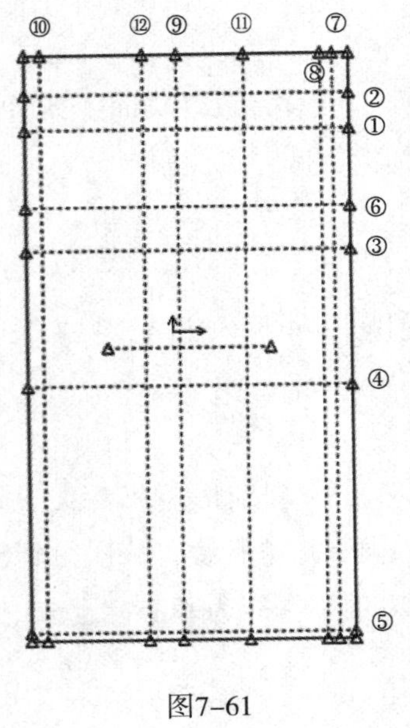

图7-61

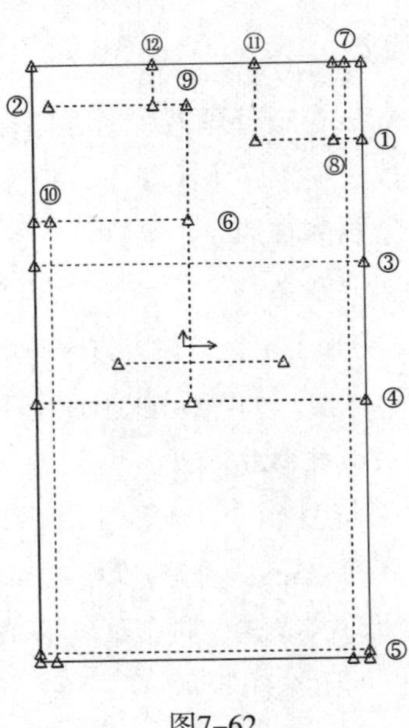

图7-62

5. 绘制袖窿弧线

（1）使用【输入线段】工具，连接线段AB，过AB中点作前胸宽线的垂线A_1B_1，取A_1B_1的中点U。

（2）使用【增加点】工具，取点D_1，使$DD_1=BD$。

（3）使用【线上垂线】工具，过D_1点向上作垂线与抬山线相交于E点，连接线段ED，取线段ED的下1/3点为T点。

（4）使用【输入线段】工具，连接F点与D_1往右1.2cm的点（图中为P点），并使用【线上垂线】工具过FP的中点作其垂线F_1S，垂线长1.2cm。

（5）使用【两点拉弧】工具依次连顺袖窿弧线，如图7-63所示。

6. 画顺侧缝线

使用【增加点】工具，在左基准线上选择与衣长线相交的点往上2cm的点为侧片下摆起翘点Z；使用【输入线段】工具，依次连接点C、点W（腰节线与胸围线交点往右劈进1.5cm的点）和点Z，画顺侧缝线，如图7-64所示。

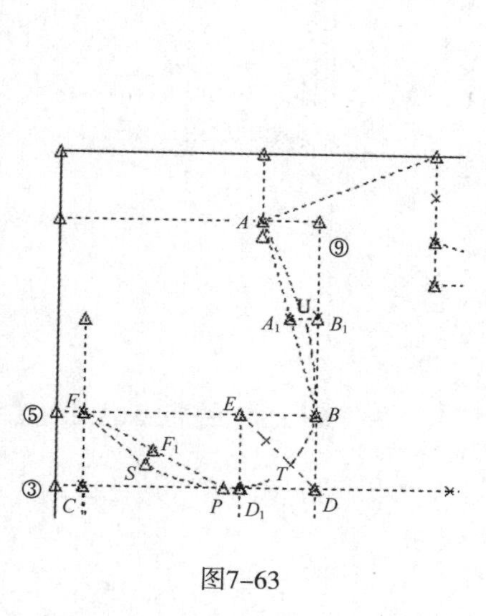

图7-63

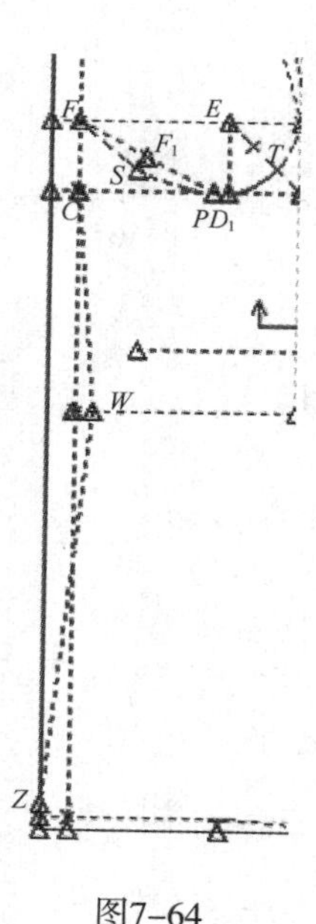

图7-64

7. 画顺驳领口

（1）使用【线上加点】工具，三等分领深线，连接线段IJ并延长得串口线。

（2）使用【增加点】工具，在袖窿深线③与右基准线交点下4cm处增加翻折止点M。

（3）使用【输入线段】工具，连接AH，并延长2cm得翻折基点L，连接翻折线ML。

（4）使用【平行复制】工具，过H点作翻折线ML的平行线，并与串口线相交于K点；然后距翻折线8cm（驳头宽）作平行线，与串口线交于点N。

（5）连接点MN，使用【弧线】工具修顺各处弧线，如图7-65所示。

8. 画顺门襟止口及下摆弧线

（1）使用【增加点】工具，在下基准线上选择与叠门线相交的点往左2cm的点G。

（2）使用【平分角】工具，平分G点所在的角平分线长度为3.5cm。

（3）使用【输入线段】工具，将腰节线与右基准线的交点X与G点相连。

（4）使用【线上加点】工具，取袖窿深线上线段DD_1的中点，并使用【线外垂线】工具过中点向底边线作垂线，与底边线相交得到一点，使用【添加点】工具，在该点往上0.5cm得到Z_1点，连接ZZ_1。

（5）使用【线上加点】工具，将XG线段三等分。连接点X、点X_1以及点Z_1往下0.5cm的点，顺滑下摆弧线，如图7-66所示。

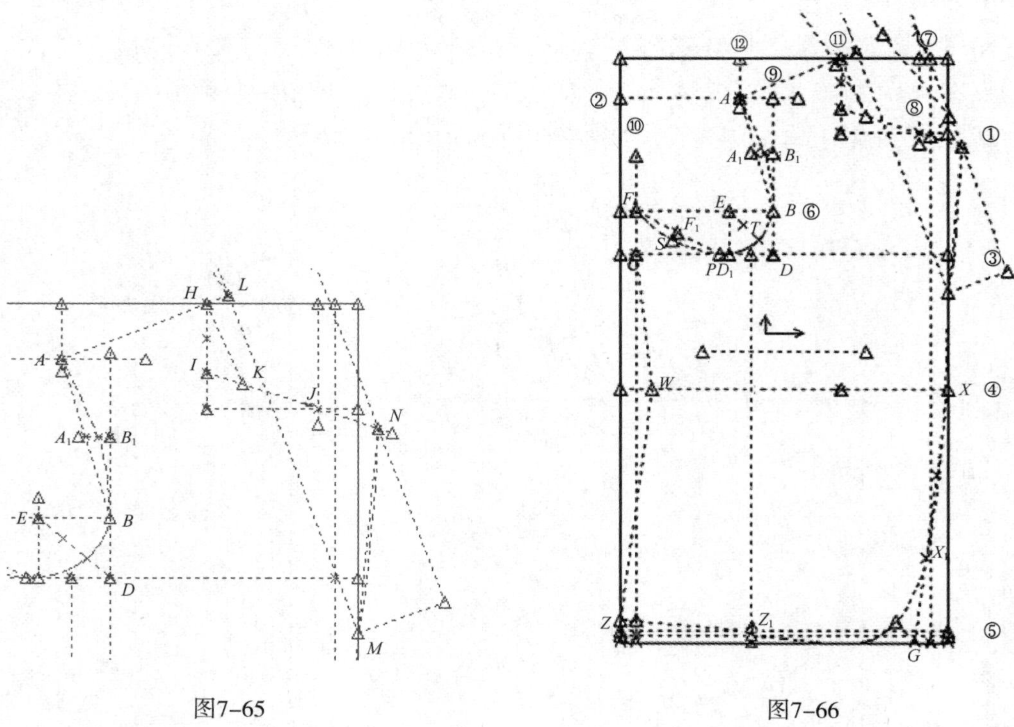

图7-65　　　　图7-66

9. 确定大口袋

（1）使用【平行复制】工具，从腰节线往下8.5cm处作平行线，确定大口袋基本袋位线L。

（2）使用【平行复制】工具，将大口袋袋位线向上1cm作平行线L_1。

（3）使用【线上垂线】工具，延长胸宽线与袋位线相交往右2cm取一点M。

（4）使用【圆心半径】工具，以M点为圆心，半径为8cm，分别与平行线L、L_1交于点P、P_1，连接PP_1。

（5）使用【线上垂线】工具，过P点作水平线L的垂线PP_3，长5.5cm（袋盖宽），再过P_1点向下作线段PP_1的5.5cm垂线，连接两条垂线下端点P_3P_4。

（6）使用【增加圆角】工具，修顺大口袋形状，如图7–67所示。

10. 绘制胸省、袖窿省

（1）使用【线上加点】工具，将前胸宽两等分，在两等分点往左1.5cm处作袖窿深线的垂线。

（2）作胸省：在胸背宽两等分点往左1.5cm的垂线与袖窿深线交点处往下5cm得到省尖点，省量分别为腰节处1.5cm，袋口处0.8cm，使用【输入线段】工具连接省道。

（3）作袖窿省：省尖点为D、D_1线段中点，省量分别为袖窿处1.2cm，腰节处1.5cm，使用【输入线段】工具连接省道，如图7–68所示。

11. 确定手巾袋

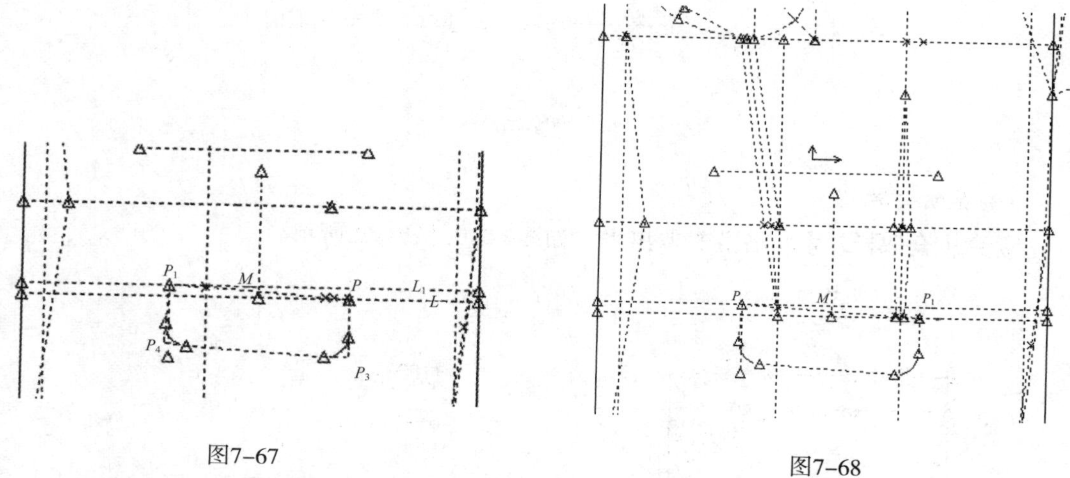

图7–67　　图7–68

（1）使用【平行复制】工具，在袖窿深线往上1.5cm处作平行线。

（2）使用【线上加点】工具，省道中线的延长线分别与袖窿深线和袖窿深线平行线的交点为R_1和R_2，其中点即为圆心；使用【圆心半径】工具画圆，半径为5.5cm，圆形与袖窿深线平行线相交。

（3）使用【分割线段】工具分割圆形，使用【交接点】工具确定圆形与直线的交点，再使用【输入线段】工具连接圆形与两平行线的交点。

（4）使用【线上垂线】工具，过圆形与平行线左、右交点分别向上作袖窿深线的垂线，长度2.3cm，使用【平行复制】工具作出手巾袋，如图7–69所示。

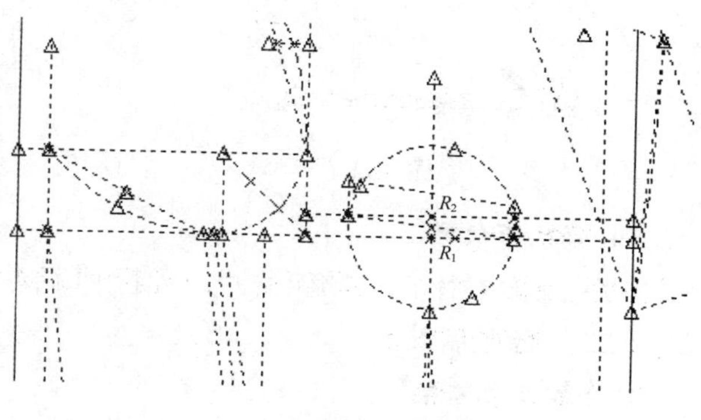

图7–69

12. 确定纽扣位置

（1）使用【输入线段】工具，在叠门上画出，驳领翻折止点处为第一个纽位，与M点在同一水平线上。

（2）使用【输入线段】工具，在大口袋袋位线处画出第三个纽位。

（3）使用【线上加点】工具，等分确定第二个纽位，如图7–70所示。

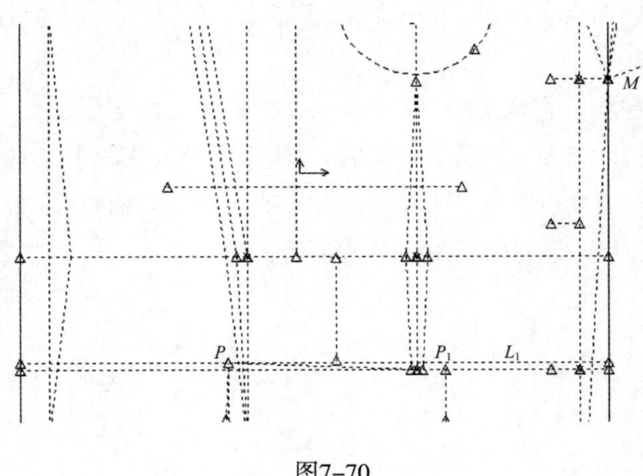

图7–70

13. 生成样片

使用【套取样片】将各片套取出来，如图7–71、图7–72所示。

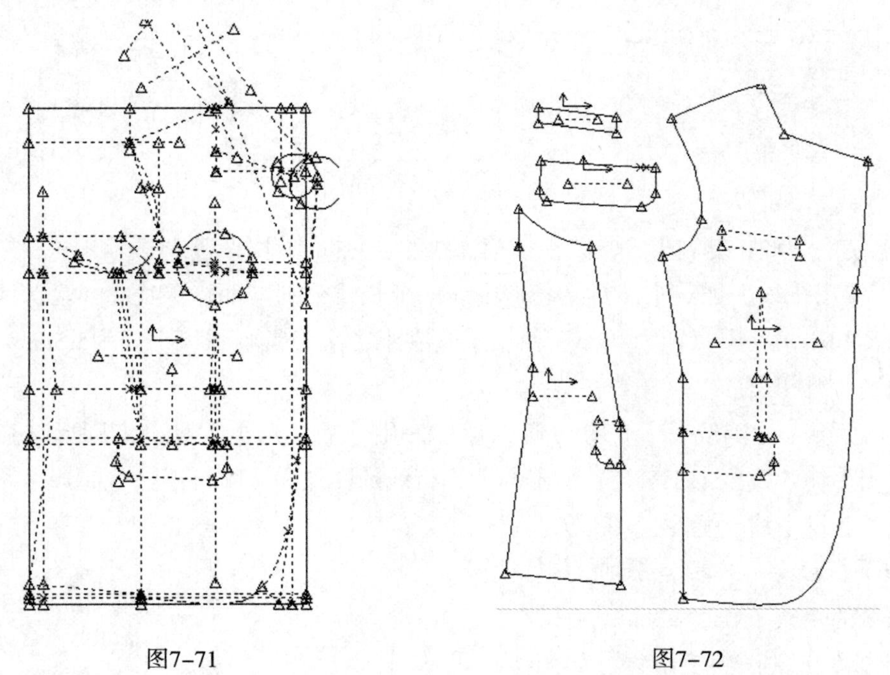

图7–71　　图7–72

14. 修改布纹线

使用【旋转样片】工具旋转样片，再使用【调对水平】工具修正布纹线，如图7–73所示。

（二）绘制后衣片

1. 创建后片框架

使用【长方形】工具，在工作区任意位置设定X=后肩宽=23 cm，Y=衣长+2cm=76cm的

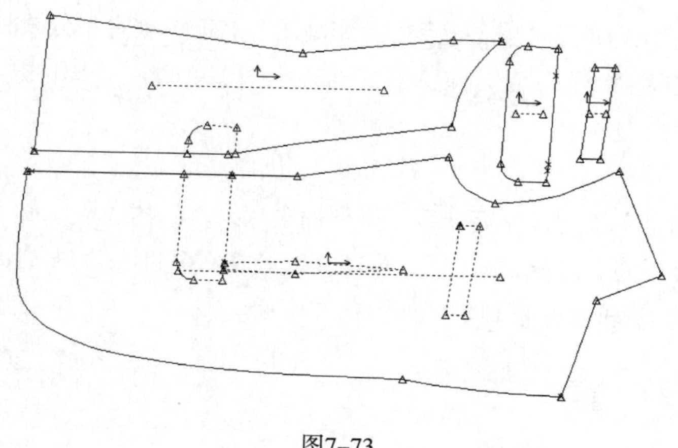

图7–73

后衣片矩形框架，如图7–74所示。

2. 绘制横向辅助线

使用【平行复制】工具，以矩形的上平线为基准，分别按后领深2.7cm、后落肩4.6cm、后袖窿深27.7cm、后腰节长45.2cm和衣长75.2cm向下作平行线，依次得到领深线①、落肩线②、袖窿深线③、腰节线④和底边线⑤；再以袖窿深线为基准向上5.5cm作平行线得抬山线⑥，如图7–75所示。

3. 绘制纵向辅助线

使用【平行复制】工具，以矩形的左侧线为基准，分别按后领宽9.6cm和后背宽20.5cm向右作平行线，依次得到领宽线⑦和背宽线⑧（后胸围线）。使用【修剪线段】工具，修剪多余的线段，如图7–76所示。

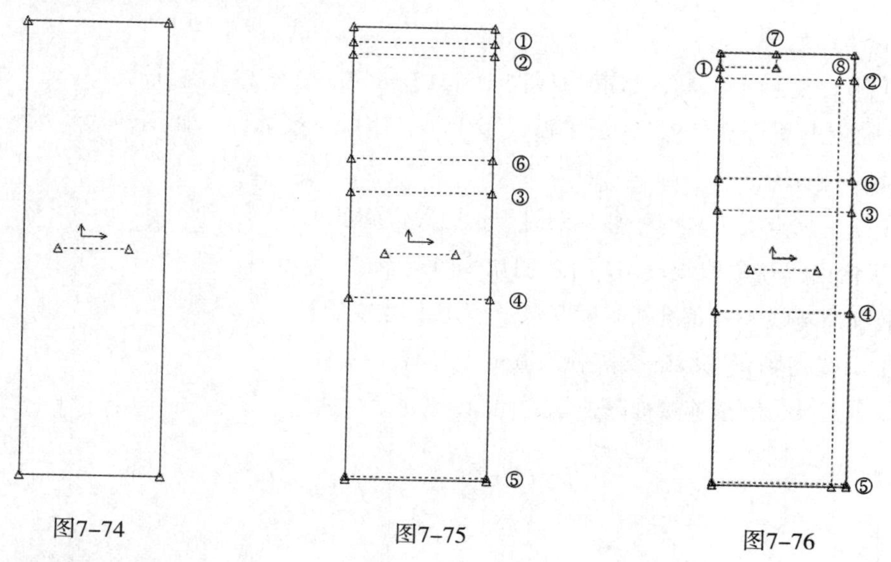

图7–74　　图7–75　　图7–76

4. 作领口弧线

（1）使用【线上加点】工具，三等分领宽，连接点P、点P_1。

（2）使用【垂直平分线】工具作PP_1的垂直平分线。

（3）使用【线上垂线】工具过P点往上作垂线与之前的垂直平分线相交于D点。

（4）使用【圆心半径】工具，以D点为圆心，DP点为半径作圆，过PP_1点得到的弧线为领口弧线，如图7–77所示。

5. 画顺背中线

使用【线上加点】工具，三等分后领点到袖窿深线之间的线段，使用【输入线段】工具依次连接三等分点的下三分之一点Q，袖窿深线处往右劈进0.8cm的点Q_1，腰节线处往右劈进2cm的点Q_2，然后垂直往下画顺。如图7–78所示。

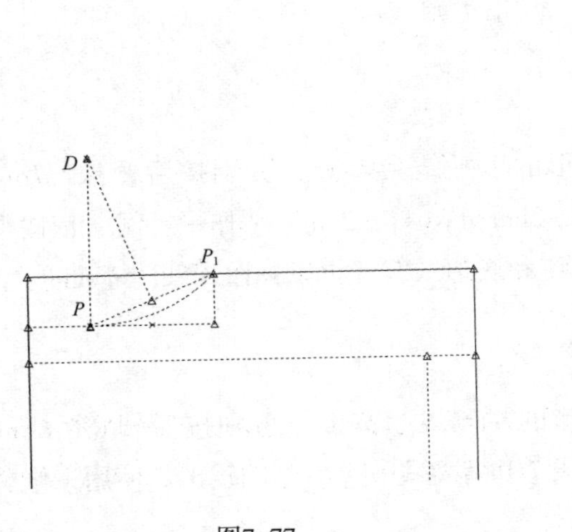

图7–77

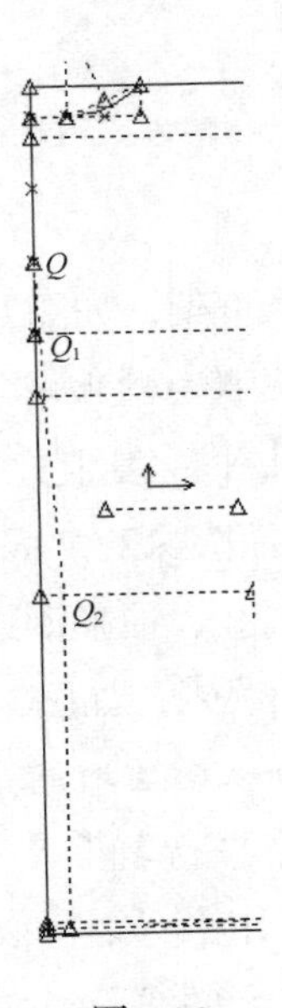

图7–78

6. 作下摆弧线

使用【平行复制】工具，从底边线向上作0.5cm的平行线与背宽线交于一点，再从这点往左1cm确定下摆起翘点P，使用【弧线】工具，修顺下摆弧线，如图7–79所示。

7. 确定袖窿弧线

使用【线上加点】工具等分袖窿深线与抬山线之间的垂线段AB，从抬山线往上取线段AB长度的1/2，确定点C，连接其与落肩和肩宽线（右基准线）的交点；使用【增加点】工具，在抬山线与胸背宽线的交点往右1cm处增加一点D；使用【弧线】工具，顺滑连接袖窿弧线，如图7–80所示。

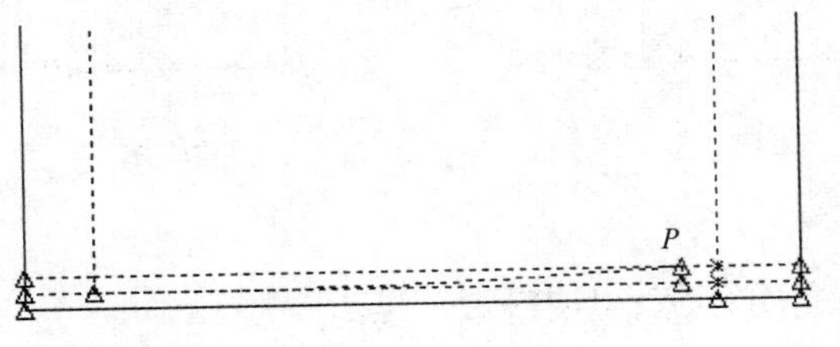

图7–79

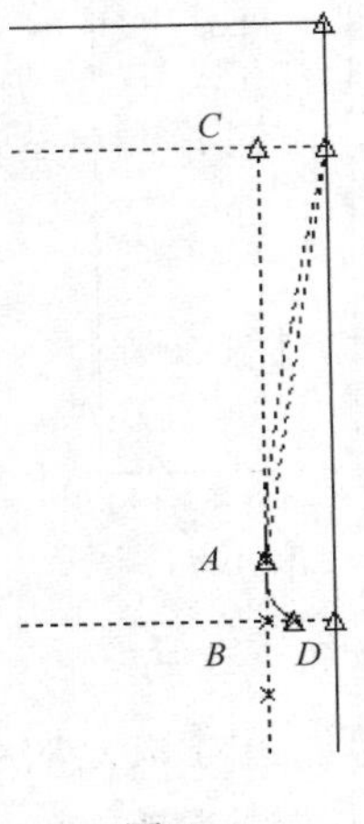

图7–80

8. 连接肩线和后侧缝线

使用【输入线段】工具，连接领宽点与落肩和肩宽的交点，再使用【弧线】工具，修顺后肩线；使用【输入线段】工具，依次连接D点、腰节线处往左劈进2cm的E点和P点，得后侧缝线，如图7–81所示。

9. 生成样片，修改布纹线

同前衣片的步骤13、步骤14，如图7–82、图7–83所示。

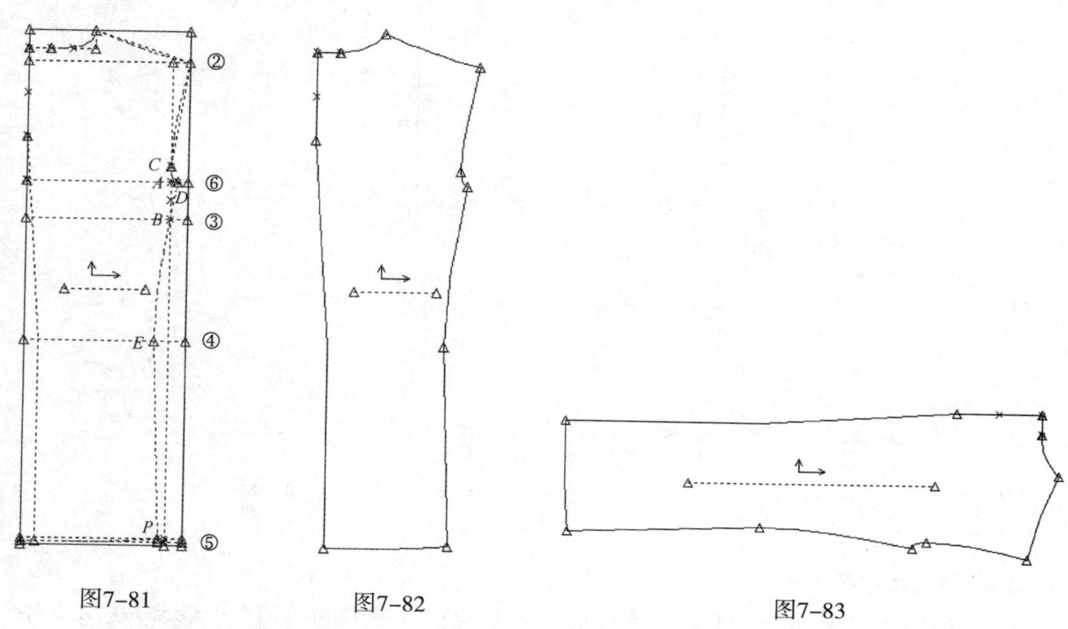

图7–81 图7–82 图7–83

（三）绘制袖片

配袖前使用【线段长】工具，测得前衣片、侧片和后衣片的袖窿弧长，AH=53.6cm。

1. 创建袖片框架

使用【长方形】工具，在工作区任意位置画一个X为30cm，Y=袖长+1cm=60cm的为长方形框架，再使用【平行复制】工具，在上平行线往下59 cm处定袖片长①，如图7–84所示。

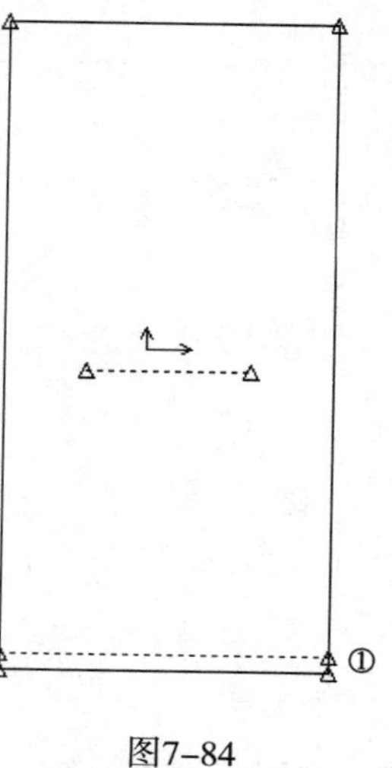

图7–84

2. 绘制纵向辅助线及横向辅助线

使用【平行复制】工具，以框架上平线往下32cm（袖长/2+2.5cm）处定袖肘线②；再以框架右侧线为基准，分别向左2.8cm和5.6cm作平行线得前偏袖辅助线③和小袖片前袖缝辅助线④，如图7–85所示。

3. 定袖山斜线

使用【平行复制】工具，在距离前偏袖辅助线③向左10cm作平行线⑤，使用【线上垂线】工具在平行线⑤上距上基准线8cm的垂线⑥，连接KM_1点得斜线⑦，使用【增加点】工具，在KM现有线段上增加一点M，使得KM=AH／2+0.5cm=27.3cm，得到袖山斜线，使用【平行复制】工具，过点M分别作水平线和垂线，得袖肥和袖山高，如图7-86所示。

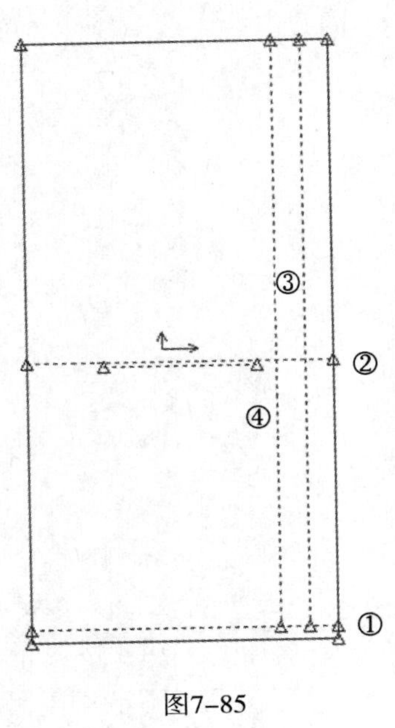

图7-85

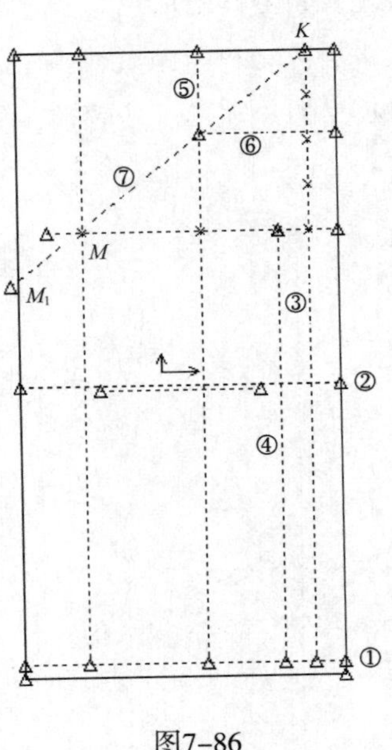

图7-86

4. 画顺大袖片袖山弧线

（1）使用【线上加点】工具，将线段MN三等分，线段KQ四等分，线段NK两等分，再从两等分点向右取1cm确定点O。

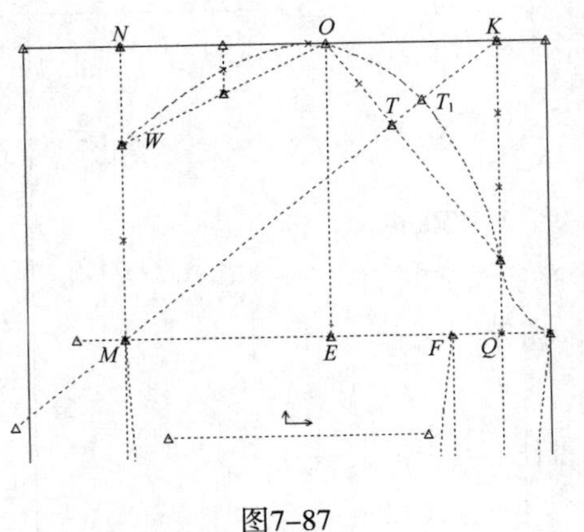

图7-87

（2）连接三等分点第一点与O点，再取其中点，过这点作上平线的垂线，再将垂线两等分。

（3）连接四等分点第三点与O点与MK交于一点T，使用【增加点】工具，在KM线段上离T点往上2.3cm处取一点T_1。

（4）使用【弧线】工具依次连顺袖山弧线，如图7-87所示。

5. 画顺小袖片袖山弧线

（1）从三等分点第一点往右1cm确定一点W，使用【线外垂线】工具，过O点做垂线与MQ交于点E，连接WE。

（2）使用【线上加点】工具，等分EF。

（3）使用【增加点】工具，分别在E点、点F往上取0.7cm、0.5cm的点。

（4）使用【弧线】工具连顺袖山弧线，如图7-88所示。

6. 画顺袖口弧线

使用【增加点】工具，沿前偏袖辅助线③从袖口辅助线往上1cm取点R；使用【圆心半径】工具，以R点为圆心，袖口大16cm为半径作圆，与长方形框下基准线交于点H，再使用【线上垂线】工具，过R点作右平线的垂线交于点R_1；使用【输入线段】工具依次连顺HRR_1，得袖口线，如图7-89所示。

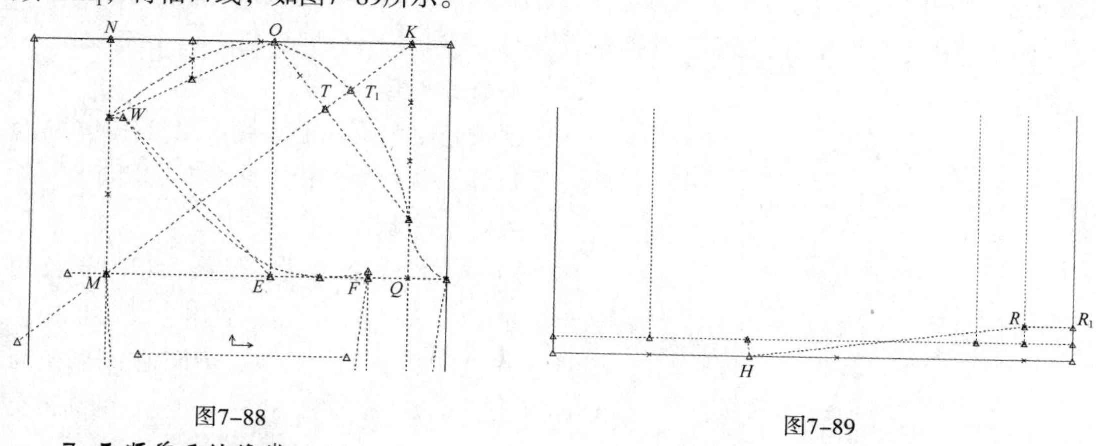

图7-88

图7-89

7. 画顺前后袖缝线

（1）使用【输入线段】工具，分别依次连接大小袖片前袖缝线，与袖肘线相交时各往左偏1cm。

（2）使用【输入线段】工具连顺点M、点H，得大袖片后袖缝。

（3）使用【线上垂线】工具，连顺点W、点M、点H，得小袖片后袖缝，如图7-90所示。

8. 套取大小袖片，修改布纹线

同前衣片的步骤13、步骤14，如图7-91、图7-92所示。

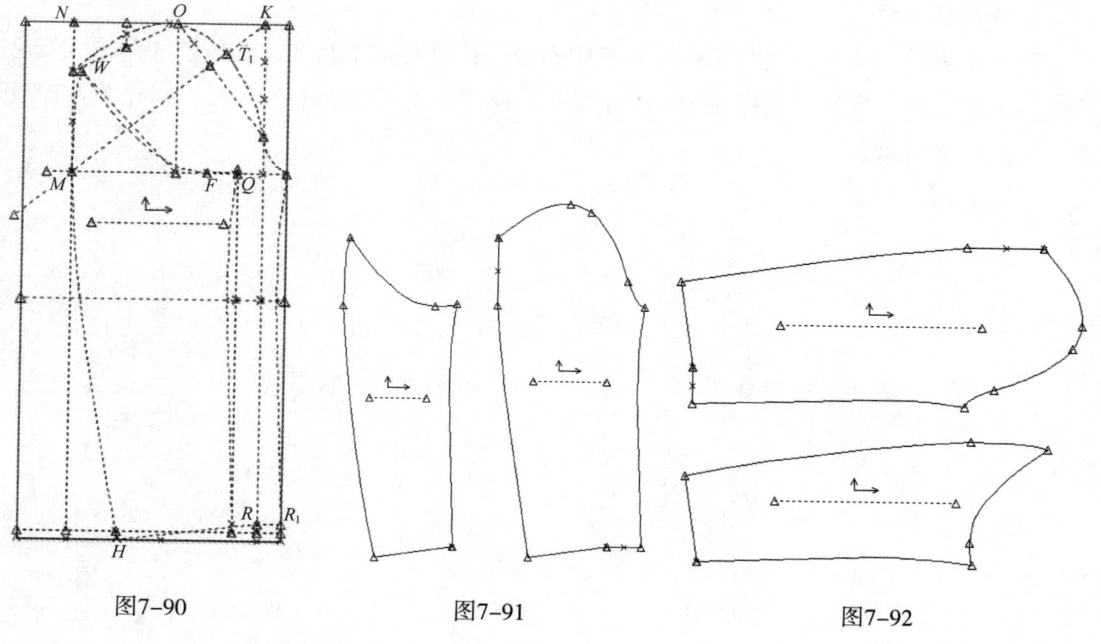

图7-90

图7-91

图7-92

（四）绘制领片

配领前先调取前衣片，量取后领弧长。

1. 确定翻领松量

（1）使用【圆心半径】工具，以L点为圆心，17cm为半径作圆弧，与翻折线延长相交于R点；使用【增加点】工具，在圆上找一点R_1使得RR_1=4cm，连接R_1L。

（2）使用【平行复制】工具，作两条线段R_1L的平行线，分别往左3cm、往右4cm。

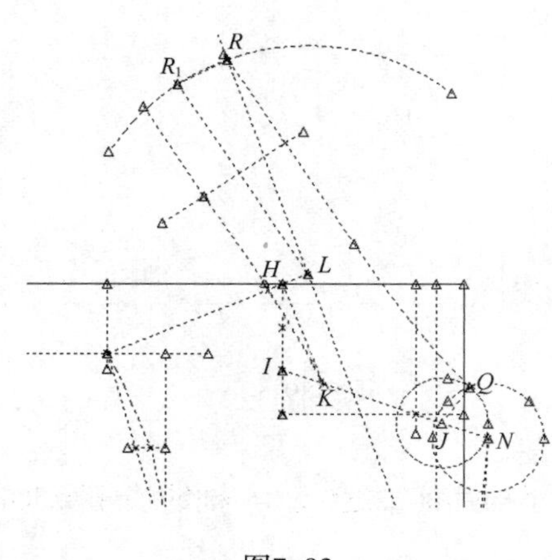

图7–93

2. 定后领中线

在领长处使用【线上垂线】工具作R_1L的垂线，领长等于后领窝弧长，如图7–93所示。

3. 确定领缺嘴

使用【添加点】工具，沿线段IJ的延长线从点N往上3.5cm处取一点J，使用【圆心半径】工具，作两个圆，一个以J点为圆心，半径为3.3cm，另一个以N点为圆心，4为半径，两圆相交的点为Q，连接JQ，得到领缺嘴。

4. 修顺领口弧线和领脚线

使用【弧线】工具，修顺领外口弧线和领脚线，如图7–93所示。

5. 套取领片

使用【套取样片】工具，将领片套取出来，因为领片是对称片，在套取时应在右侧菜单里勾选对称片，套取出领片，如图7–94所示。

6. 修改布纹线

使用【旋转样片】工具，在右侧菜单中勾选【执行对准】选项，选择领片对折线任意一端点为轴心点，即以对折线为X轴放置领片；再使用【调对水平】工具，修正领片布纹线，如图7–95所示。

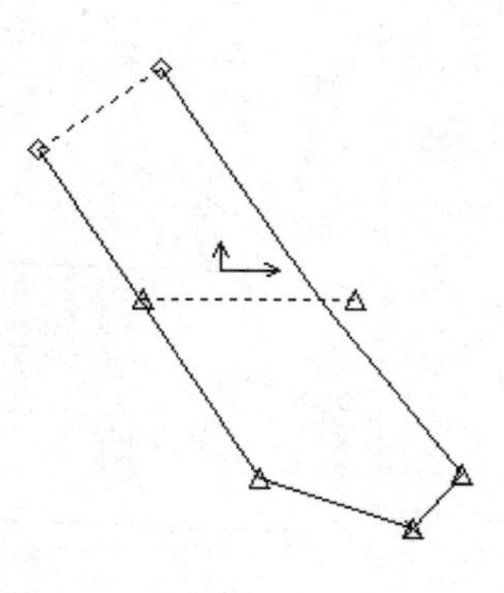

图7–94

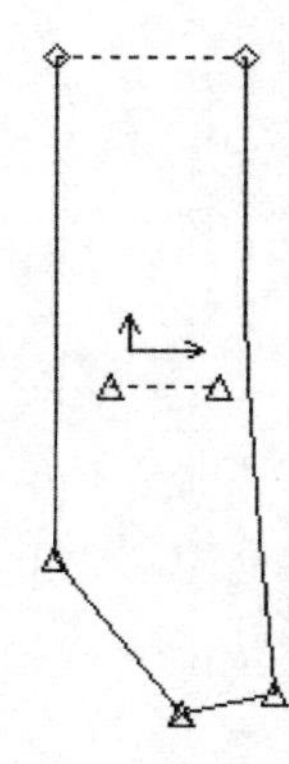

图7–95

三、储存样片

使用【文件】—【另存为】工具，依次保存样片，将前后片样片保存在储存区“男西服”中，文件名分别为“男西服前片”“男西服侧片”“男西服后片”“男西服大袖片”“男西服小袖片”“胸袋”“领片”“大袋盖”。

第四节　女装原型样片设计

一、女装原型规格

女子160/84A原型净体尺寸如表7–7所示。

表7–7　原型净体尺寸

单位：cm

部位	胸围（B）	腰围（W）	袖长（SL）	背长
尺寸	84	68	54	38

二、样片设计

在AccuMark资料管理器中新建文件夹【新文化原型】，在样片设计页面工具栏中选择【检视】—【参数选项】—【路径】，将【路径】指定为文件夹【新文化原型】。

1. 创建衣片框架

使用【长方形】工具，在工作区任意位置设定X=胸围/2+6cm=48cm，Y=38cm的衣片矩形框架，如图7–96所示。

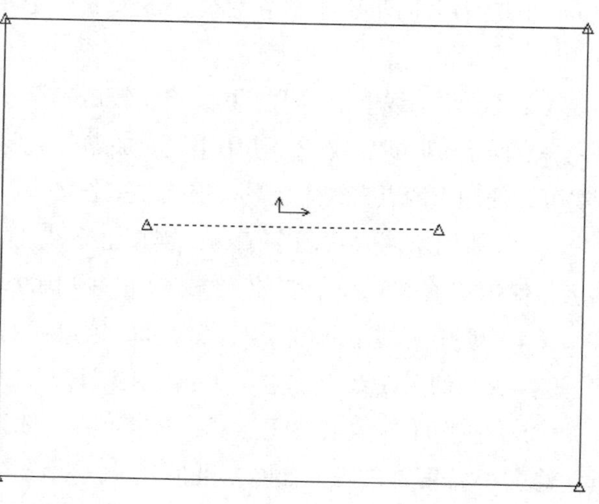

图7–96

2. 定辅助线

（1）使用【平行复制】工具，以矩形框架的上平线为基准，向上4.4cm作前片上平线①，向下20.7cm（胸围/12+13.7cm）作胸围线②，再以上平线为基准向下8cm做出横背幅宽③。

（2）使用【平行复制】工具，以矩形框架的右侧线为基准，向左16.7cm（胸围/8+6.2cm）作胸宽线④；以矩形框架的左侧线为基准，分别向右17.9cm（胸围/8+7.4cm）和10.25cm作背宽线⑤和肩省定位线⑥；以胸宽线为基准向左2.625cm（胸围/32）作袖窿宽线⑦。

（3）使用【线上加点】工具，将胸围线上AB线段二等分，CD线段二等分，得CD中点M，再将背宽线与横背幅线交点向下的背宽线二等分，得中点，再使用【添加点】工具，在中点下0.5cm处取一点L，在AB线段中点左侧0.7cm取一点N。

（4）使用【线外垂线】工具，过L点向袖窿宽线作垂线，得袖窿水平线⑧，过点M、点N向下平线分别作垂线，得衣片前后片分割线⑨和胸高点定位线⑩，再过胸宽线与矩形框架上平线的交点向前衣片上平线作垂线，在前衣片上平线右端点向左6.9cm取一点向下作7.4cm的垂线，再过垂线下端点向右平线作垂线，得前领口水平线⑪，使用【两点直线】工具，连接前衣片上平线右端点和矩形框上平线右端点。

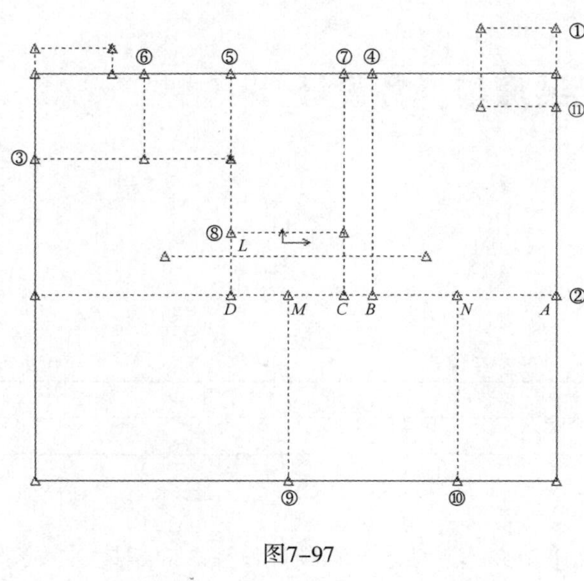

图7-97

（5）使用【线上垂线】工具，在矩形框上平线左端点向右7.1cm处向上作长2.36cm的垂线，延长补全后领框辅助线。

（6）使用【修剪线段】工具，删除多余线段，如图7-97所示。

3. 绘制领口弧线

（1）使用【两点直线】工具，过前衣片上平线右端点①作前领口矩形框的对角线EF。

（2）使用【线上加点】工具，将斜线EF三等分，使用【增加点】工具，在斜线EF下三分之一点向下0.5cm取一点P，使用【线上加点】工具，将矩形框上平线上后片领口线长的部分三等分，使用【两点直线】工具，连接左三分之一点G和后领框辅助线右上端点的斜线GH。

（3）使用【输入线段】工具，连接上平线①左端点、斜线上P点和前领口水平线⑪右端点，使用【修顺弧线】工具，修顺得前领口弧线。

（4）使用【线上垂线】工具，过后领口线右三分之一点I向上作垂线，与GH交于点K，连接IK，使用【线上加点】工具，将线段IK二等分。

（5）使用【输入线段】工具，连接点H、线段IK的中点及点G，使用【修顺弧线】工具，修顺得后领口弧线，如图7-98所示。

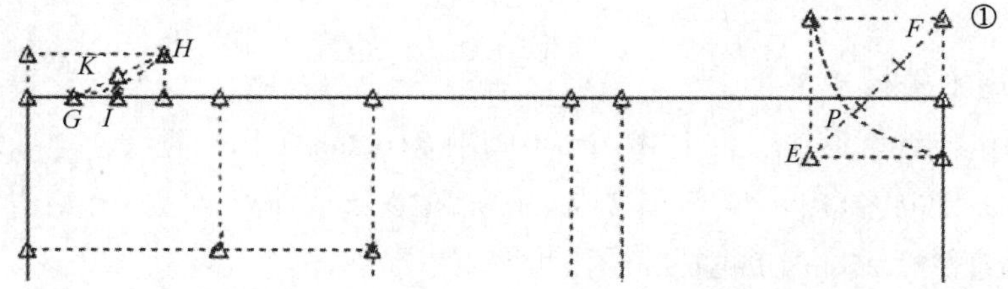

图7-98

4. 绘制肩线、肩省及袖窿弧线

（1）使用【两点直线】工具，选择前衣片颈侧点为第一点，在右侧菜单中，选择【数值】模式，在【距离】中输入初定值15cm，【角度】中输202°（180°+22°），点击【确定】得前肩斜辅助线。

（2）使用【修剪线段】工具，将前肩斜辅助线修齐至胸宽线，再使用【修改线段长度】工具，将前肩线左端点向左延长1.8cm（冲肩量），得前肩线，使用【线段长】工具度量出前小肩宽12.4cm。

（3）使用【两点直线】工具，选择后衣片颈侧点为第一点，在右侧菜单中，选择【数值】模式，在【距离】中输入初定值=前小肩宽+1.8cm=14.2cm，【角度】中输-18°，点击【确定】得后肩斜线。

（4）使用【修改线段长度】工具，延长后衣片的肩省定位线⑥与后肩斜线相交于点J，使用【两点直线】工具，沿肩线在J点向右1.5cm取第一点J_1与肩省定位线下端点相连，再向右1.8cm取一点J_2也与肩省定位线下端点相连，得后肩省。

（5）使用【两点直线】工具，连接L_1N，使用【旋转线段】工具，选择线段L_1N的N点为轴心，在右侧选择【数值】，输入角度18.5°，选择【确定】，得线段L_2N，再重新划出L_1N线段。

（6）使用【平分角】工具，平分背宽线与胸围线右侧的夹角，右击选择【2.6cm】，再平分胸宽线与胸围线左侧的夹角，右击选择【2.3cm】。

（7）使用【两点拉弧】【输入线段】工具，过各点划顺袖窿弧线，如图7-99所示。

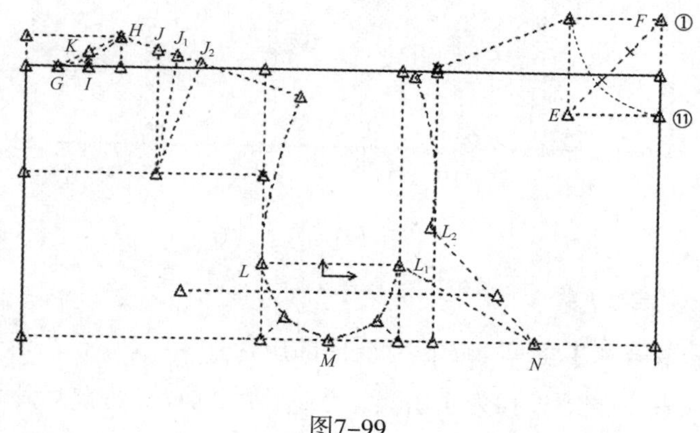

图7-99

5. 绘制腰省

设置省道量为11cm【（胸围/2+6）-（腰围/2+3）】。

（1）使用【线外垂线】工具，在后片肩省定位线下端点向右0.5cm取一点向下作下平线的垂线，得后腰省辅助线，M点向下作的垂线前后分割线⑨和N点向下作的垂线胸高点定位线⑩均为前腰省辅助线和辅助线。

（2）使用【平行复制】工具，将背宽线向左1cm进行平行复制，将袖窿宽线向右

1.5cm进行平行复制，并使用【修改线段长度】工具，将两条平行线延长与下平线相交，使用【修剪线段】工具，修剪掉多余线段，得前后侧腰省辅助线。

（3）使用【增加X记号点】工具，右击选择【画圆定点】，分别以辅助线下端点为圆心，分别定半径为【1cm】【1.9cm】【0.6cm】【0.8cm】和【0.8cm】，取圆与矩形框架下平线相交的点。

（4）使用【两点直线】工具，依次连接各个相交点对应的各个省尖点，辅助线②的省尖点在其与胸围线交点向上2cm，辅助线③的省尖点与L点平行，辅助线④的省尖点为M点，辅助线⑤的省尖点为辅助线与L_1N的交点，辅助线⑥上的省尖点为N点向下2cm，最后使用【输入线段】工具，连接横背幅线左端点、胸围线左端点向右0.3cm的一点以及下平线左端点向右0.8cm的一点，得6个省道如图7-100所示。

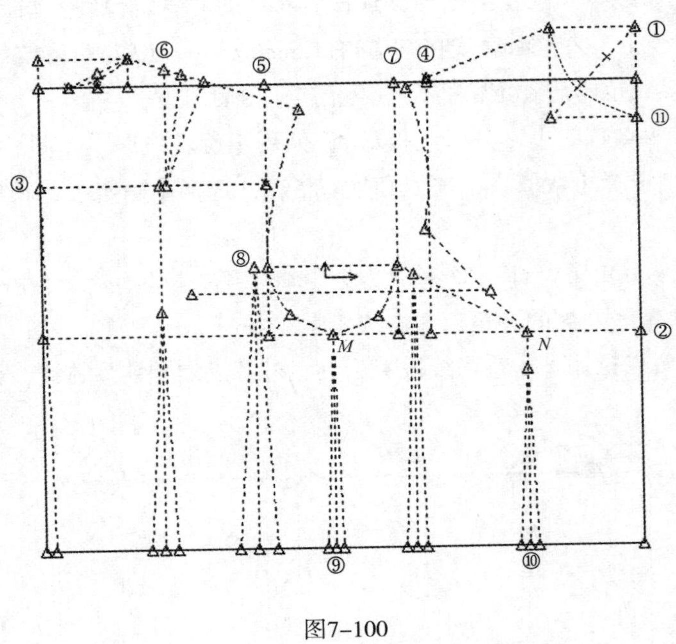

图7-100

6. 套取样片并储存样片

（1）使用【套取样片】工具，依次套取出前后片。

（2）使用【文件】—【另存为】工具，依次保存样片，将前后片样片保存在文件夹【新文化原型】中，文件名分别为“前片”“后片”，如图7-101所示。

7. 绘制袖片辅助图

（1）使用【合并样片】工具，选择前片侧缝线为【合并线】，后片侧缝线为【目标线】，合并样片得新样片。

（2）使用【合并线段】工具，合并前衣片袖窿省的两条线段，使其成为系统识别的尖褶，使用【旋转】工具，选择袖窿省的省尖点为旋转中心，背中线为固定线，胸围线与前中线的交点为开口点，内部线不动，将袖窿省转移，得到的样片图则为袖片绘制辅助

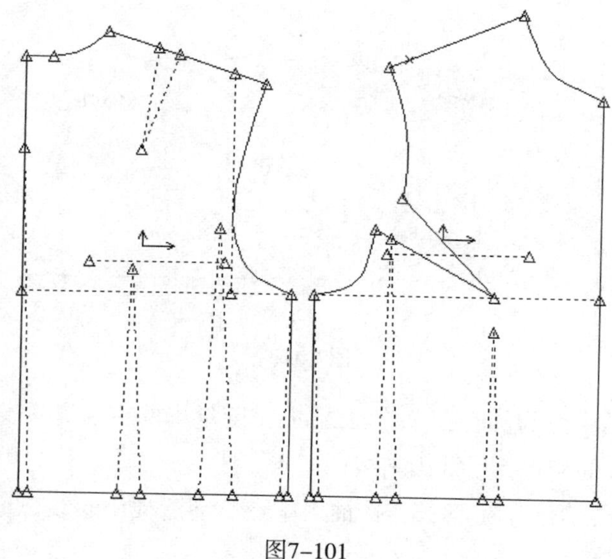

图7-101

图，使用【修剪线段】工具修剪多余线段，如图7-102所示。

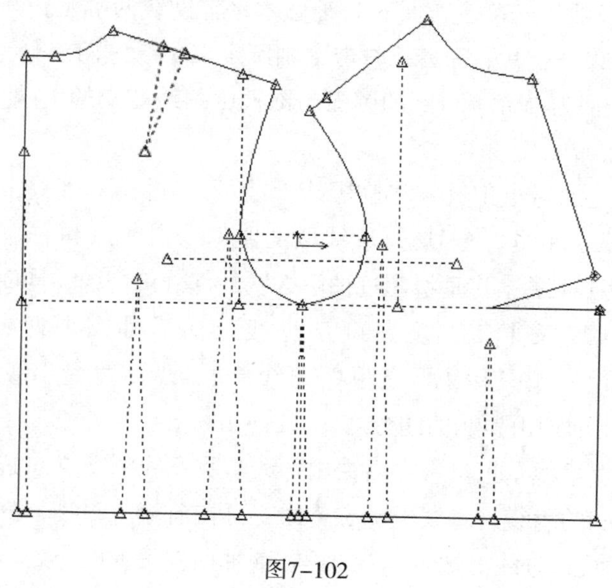

图7-102

8. 绘制袖片袖山斜线

（1）使用【平行复制】工具，在资料区下方更改至【锁定在（图形）】，平行复制胸围线，鼠标带动平行线移动选中前肩端点，过前肩端点作水平线，同理得后肩端点水平线，再使用【延长线段长度】工具，将前后片分割线向上延长，与两条水平线相交，得线段*AB*。

（2）使用【线上加点】工具，取线段*AB*的中点*N*，再将线段*MN*六等分，则上六分之一点即为袖山中点。

（3）使用【增加X记号点】工具，右击【画圆定点】，以袖山中点为圆心，以【20.35cm（度量出的前袖窿弧长）】为半径，得到的圆弧与胸围线的交点为前袖山斜线

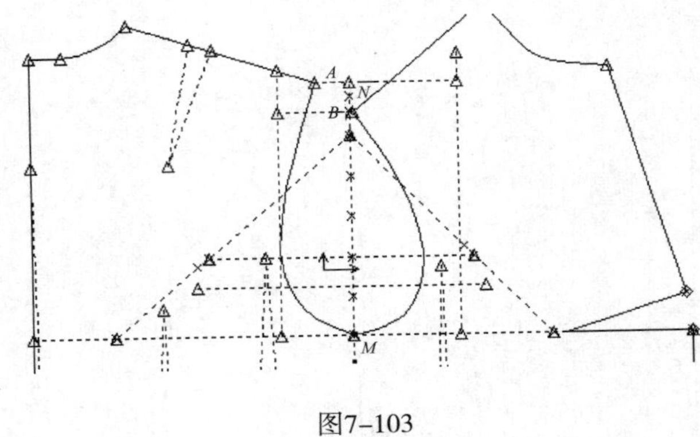

图7-103

标记点，同样以袖山中点为圆心，以【22.24cm（度量出的后袖窿弧长+1cm）】为半径，得到的圆弧与胸围线的交点为后袖山斜线标记点。

（4）使用【两点直线】工具，连接袖山中点与前后袖山斜线标记点，得袖山斜线，如图7-103所示。

9. 绘制袖片

（1）使用【延长线段长度】工具，将袖窿水平辅助线两端延长与前后袖山斜线相交得两点，使用【增加X记号点】工具，右击【画圆定点】，过两点分别作圆，【1cm】为半径，得到两点，分别为前片上得到的圆弧与前袖山斜线相交的上端点T、后片圆弧与后袖山弧线相交的下端点P。

（2）使用【线上加点】工具，将胸围线上线段CD进行六等分，将前袖山斜线四等分，使用【线上垂线】工具，分别过CD线段的左六分之一点和右六分之一点向上作垂线，使用【修剪线段】工具，将垂线超过袖窿弧线的部分修剪掉，同时修剪多余线段。

（3）使用【线段长】工具度量两条垂线，前后袖窿上两条垂线长度分别为【1.22cm】【1.85cm】，并使用【两点距离/直线长】工具，度量出线段CD的六分之一长【1.7cm】，再度量出前袖山斜线的四分之一长【5.1cm】。

（4）使用【线上垂线】工具，在后袖山斜线与胸宽线的交点向右3.4cm（2×1.7cm）3.4cm处向上作1.85cm的垂线，垂线上端点为P_1，再在前袖山斜线与胸宽线的交点向左3.4处向上作1.22cm的垂线，垂线上端点为T_1，再在前袖山斜线上四分之一点处向上作1.8cm的垂线，垂点为T_2，在后袖山斜线距袖山高点向下（前袖山斜线四分之一长）5.1cm处向上作1.8cm的垂线，垂点为P_2。

（5）使用【输入线段】工具，依次连接袖山中点、点T_1、点T、点T_2以及前袖山斜线与胸宽线的交点，得前袖山弧线，再依次连接袖山中点、点P_1、点P、点P_2以及后袖山斜线与胸宽线的交点，得后袖山弧线，使用【顺滑弧线】工具，划顺袖山弧线。

（6）使用【修改线段长度】工具，将前后片分割线延长使得袖长为54cm，得袖中线，使用【线上垂线】工具，过袖山斜线与胸宽线的交点向下作胸宽线的垂线，过袖中线下端点向两侧作垂线与前两条垂线相交，使用【平行复制】工具，过袖中线上端点向下

29.5cm（袖长/2+2.5cm）的点作胸围线的平行线，得袖肘线，使用【修剪线段】工具，修剪多余线段，如图7–104所示。

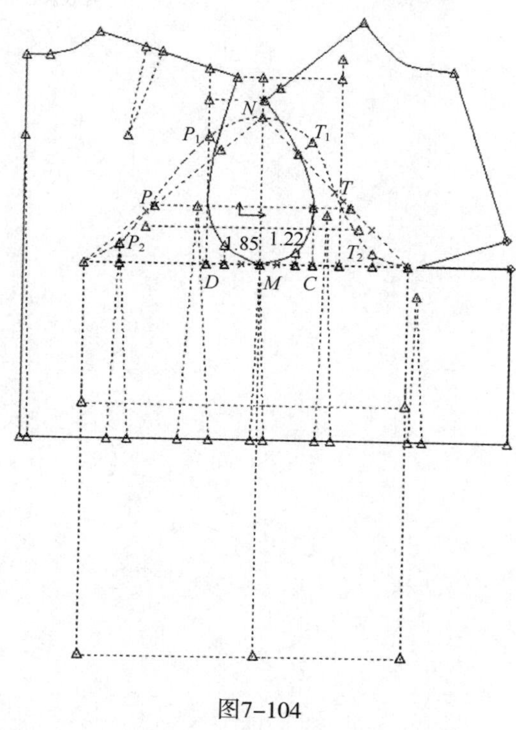

图7–104

10. 套取样片、修改布纹线并储存样片

（1）使用【套取样片】工具，套取袖片，使用【修剪线段】工具修剪多余线段，使用【旋转样片】【调对水平】工具，将前后片及袖片的布纹线均修正。

（2）使用【文件】—【另存为】工具，保存样片，将样片保存在文件夹【新文化原型】中，文件名为“前片”“后片”和“袖片”，如图7–105所示。

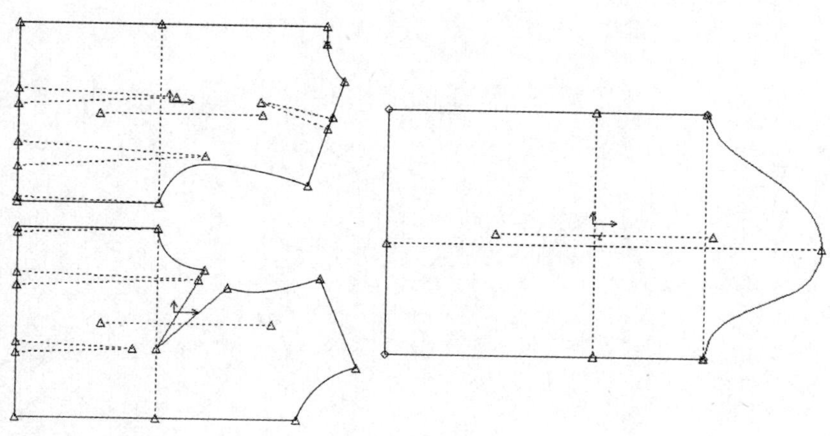

图7–105

应用与实践——

样片变化设计

课题名称：样片变化设计

课题内容：1. 男西裤纸样的变化
2. 男衬衫纸样的变化
3. 男西服纸样的变化
4. 女装纸样的变化

课题时间：8课时

学习目的：1. 掌握调用原有样片，进行局部修改生成变化款样片的方法。
2. 通过对原样片的分割、加放缩减等方法，生成新款服装的样片。
3. 掌握利用女装原型进行省道转移操作。

学习重点：对原样片进行分割、加放缩减，省道转移。

教学方式：以课堂操作讲授和上机练习为主要授课方式。

教学要求：调用原有样片，根据服装新款进行样片设计。

课前课后准备：课前复习样片设计基础知识，课后上机实践。

第八章　样片变化设计

第一节　男西裤纸样的变化

工厂里为了寻求工作效率的最大化，在遇到新的服装款式时，往往会将已有的纸样改成客户需求的纸样。本节我们将以上一节的男西裤为基本款，在此基础上画出牛仔裤的纸样。

一、牛仔裤款式及规格

（一）牛仔裤款式

牛仔裤的经典款式如图8-1所示，即后臀部设育克，左右对称两个剑型贴袋，前侧腰设曲线型平插袋，右侧内藏方贴袋。纸样处理：后裤片由两省长度不同而形成的后低侧高育克线，并通过单省转移形成育克线的省缝结构，另一省在后中和侧缝分解掉。前裤片通过收缩松量去掉腰褶量，做曲线型平插袋，内侧小贴袋只设在右侧平插袋中。

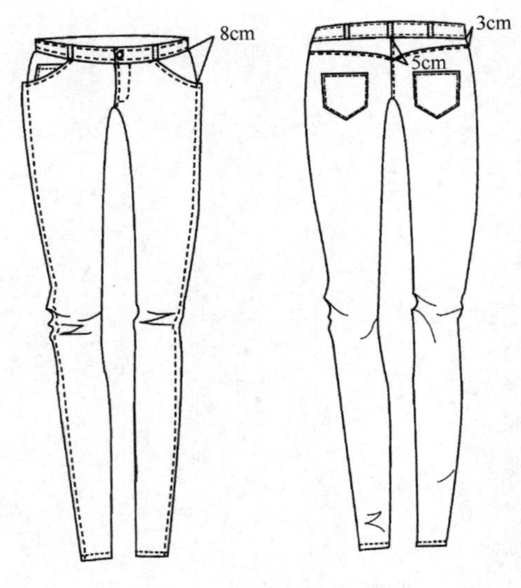

图8-1

（二）牛仔裤规格

本例牛仔裤尺寸选取170/74A，成品规格及裤片尺寸如表8-1、表8-2所示。

表8-1　牛仔裤成品规格

单位：cm

部位	裤长（L）	腰围（W）	臀围（H）	上裆	脚口宽
尺寸	100	80	96	26	20

表8-2　牛仔裤细部规格

单位：cm

部位	裤片长	上裆长	腰围宽	臀围宽	裆宽	脚口大
前片尺寸	97	23	19	22	4	18
后片尺寸	97	24	21	26	11	22

二、样片设计

在AccuMark资料管理器中新建储存区“牛仔裤”，在样片设计页面工具栏中选择【检视】—【参数选项】—【路径】，将【路径】指定为储存区“牛仔裤”。

（一）修改前片

1. 调出样片

打开“西服”储存区中“男西裤前片”，放置在工作区的空白区域，如图8-2所示。

2. 修改前片宽度

使用【长度伸缩】工具，在右侧输入区中，对【缩短（-）/加长（+）量】的【X】中输入2.00，使样片在中线两侧宽度上各缩小1cm，如图8-3所示。

3. 修改上裆、侧缝以及腰口大

（1）使用【两点直线】工具，选择上裆弧线上侧往下5cm的点为第一点，侧缝线上侧往下3cm的点为第二点，得腰口辅助线；使用【增加点】工具，在腰口辅助线两侧往里分别劈进0.5cm，得腰口大MN。

（2）使用【两点拉弧】工具，M_1为臀围线与上裆线的交点，连接点MM_1，得出新上裆线；同样，N_1为侧缝线与臀围线的交点，连接NN_1，得出新侧缝线。

（3）使用【顺滑弧线】工具，使线条圆顺，使用【删除线段】工具，删除多余线段，如图8-4所示。

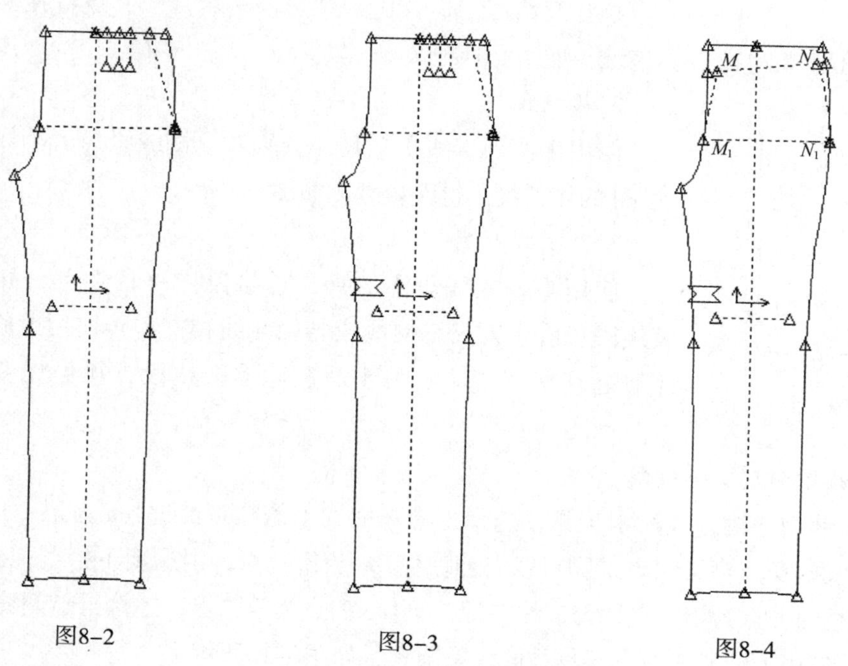

图8-2　　图8-3　　图8-4

4. 绘制前片口袋

使用【两点拉弧】工具，选择新腰口线右侧往左10cm一点P为第一点，侧缝线上侧往下8cm一点P_1为第二点，连接并将袋口形状调至满意，如图8–5所示。

5. 套取样片及修改布纹线

使用【套取样片】工具套取样片，再使用【旋转样片】【调对水平】工具修改样片布纹线，如图8–6所示。

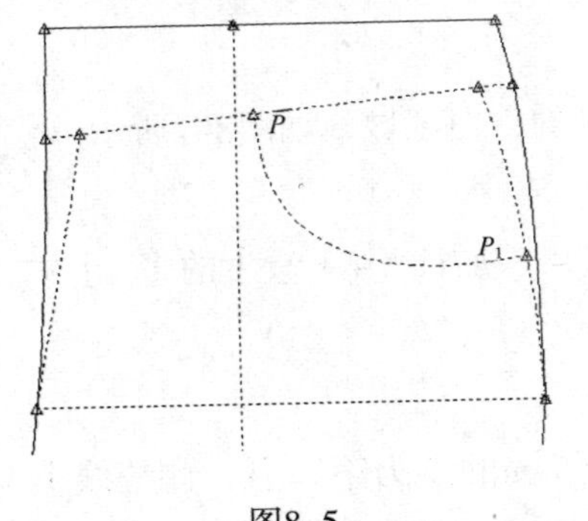

图8–5

图8–6

6. 储存样片

使用【另存为】工具，依次保存样片，将样片保存在储存区“牛仔裤”中，文件名为“牛仔裤前片”。

（二）修改后片

1. 调出样片

打开“西服”储存区中“男西裤后片”，放置在工作区的空白区域，如图8–7所示。

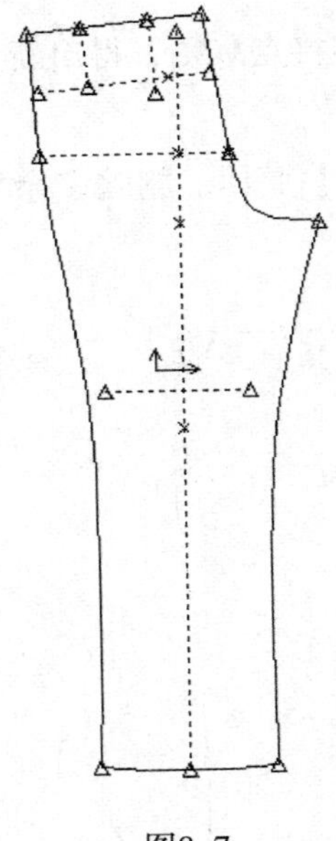

图8–7

2. 修改上裆

使用【两点直线】工具，分别取原侧缝线、上裆线上端点向下3cm的点连接，得腰口大，如图8–8所示。

3. 绘制分割线

使用【输入线段】工具，连接原样片省尖点，并使用【修改线段长度】工具，使线段与两侧线相交，再使用【修剪线段】【删除线段】工具，修剪或删除多余线段，得牛仔裤后片分割线，如图8–9所示。

4. 修改下裆线及侧缝线

（1）使用【输入线段】工具，选择上裆弧线的下侧往里劈进1cm为第一点，原中裆线与侧缝线的交点为第二点，脚口线右侧往里1cm为第三点，滑顺新下裆线；再以原中裆线与侧缝线的交点为第一点，脚口线左侧往里1cm的点为第二点，连接得新侧缝线。

（2）使用【顺滑弧线】工具，使线条圆顺，如图8–10所示。

5. 绘制后片口袋

（1）使用【平行复制】工具，将分割线向下平行移动3cm，定出新的口袋位，使用【修改线段长度】【修剪线段】等工具，使线段与两侧线相交，并删除多余线段。

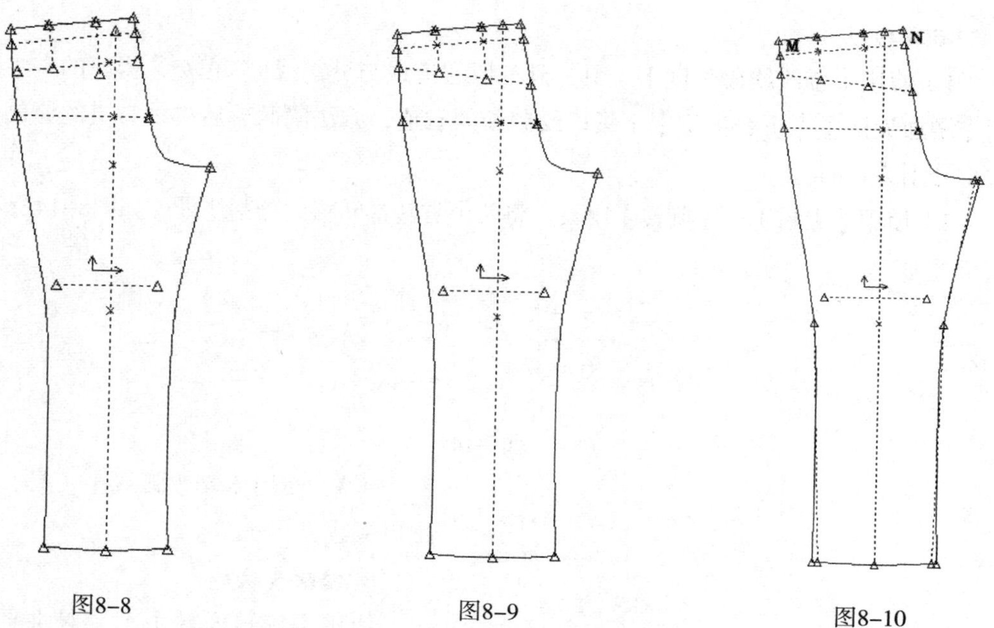

图8-8　　图8-9　　图8-10

（2）使用【线上取点】工具，将袋位线三等分，使用【线上垂线】工具，分别过等分点向下做9cm的垂线L_1L_2及L_3L_4，使用【两点直线】工具，连接两垂线下端点L_2L_4，得口袋框架。

（3）使用【线上垂线】工具，在底边中点向下作1cm的直角线，下端点为L。连接L_2LL_4，得后口袋，如图8-11所示。

6. **套取并分割样片**

（1）使用【套取样片】工具，套取样片，并使用【修剪线段】工具，修剪多余线段，如图8-12所示。

（2）使用【沿线分割】工具，沿分割线分割样片，如图8-13所示。

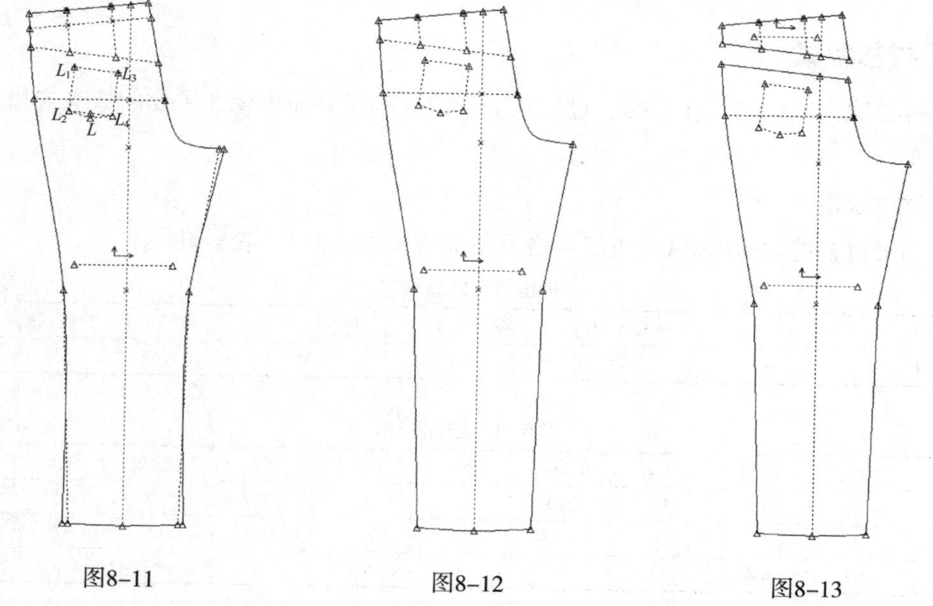

图8-11　　图8-12　　图8-13

7. 省道转移

（1）使用【修改线段长度】工具，延长原省道线与分割线KK_1相交，得新的省尖点，使用【增加尖褶】【折叠尖褶】工具，绘制新的省道，方法同西裤后裤片省道的绘制，省道大小分别为1.5cm。

（2）使用【尖褶】—【旋转】工具，将两个省转都转移到分割线处，如图8-14所示。

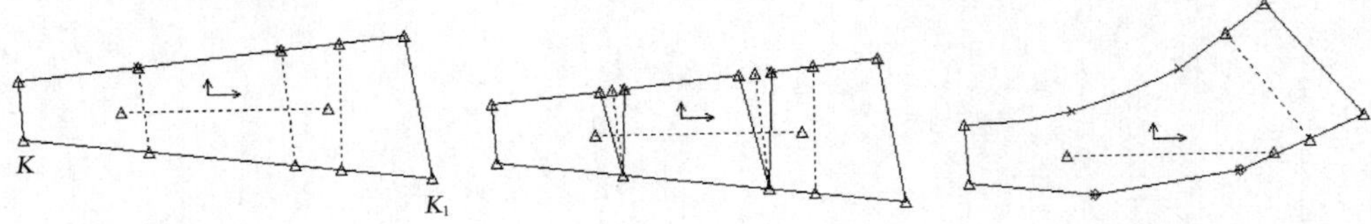

图8-14

（3）使用【修改弧线】工具，修顺腰口弧线。

8. 修改布纹线

使用【旋转样片】【调对水平】工具修改样片布纹线，如图8-15所示。

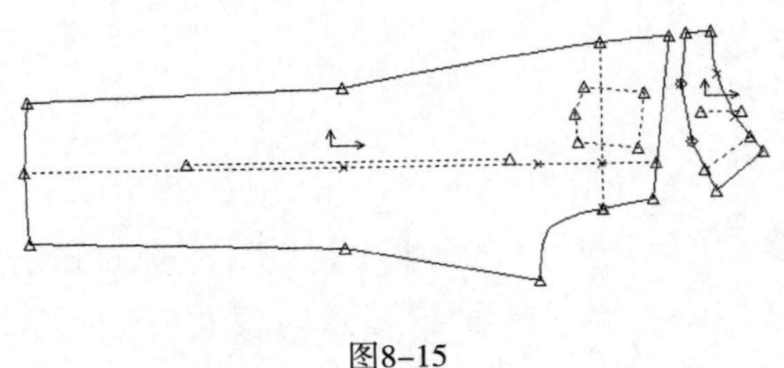

图8-15

9. 储存样片

使用【另存为】工具，依次保存样片，将样片保存在储存区“牛仔裤”中，文件名为“牛仔裤后片”和“牛仔裤育克”。

第二节　男衬衫纸样的变化

一、男衬衫款式

男衬衫款式变化主要在下摆、过肩及衣片的分割等方面体现，主要的成衣规格、细部规格不变。

男衬衫规格

本例男衬衫选取170/88A，成品规格及细部规格如表8-3、表8-4所示。

表8-3　成品规格

单位：cm

部位	衣长（L）	袖长（SL）	胸围（B）	腰围（W）	肩宽（S）	领围（N）
尺寸	76	59	104	94	45	39

表8-4　细部规格

单位：cm

部位	衣片长	领深	落肩	袖窿深	叠门	领宽	肩宽	胸背宽	胸围	腰围
前片	73	6.8	4.5	21.8	1.7	6.3	21	19.5	25	22.5
后片	70	—	1	19.8	—	—	21.5	20.5	27	24.5
过肩	10	4.4	4	—	—	8.3	23	—	—	—

二、样片设计

在AccuMark资料管理器中新建储存区“变化衬衫”，在样片设计页面工具栏中选择【检视】—【参数选项】—【路径】，将【路径】指定为储存区“男衬衫”。

（一）款式一男衬衫样片设计

款式一的变化主要为：衣片收腰，下摆改为圆摆，增加半门襟贴片，形成拼接门襟的造型，后片取消裥，取消过肩分割，款式图如图8-16所示。

1. 调出样片

打开“男衬衫”储存区中“衬衫前片”“衬衫后片”及“过肩”，放置在工作区的空白区域，如图8-17所示。

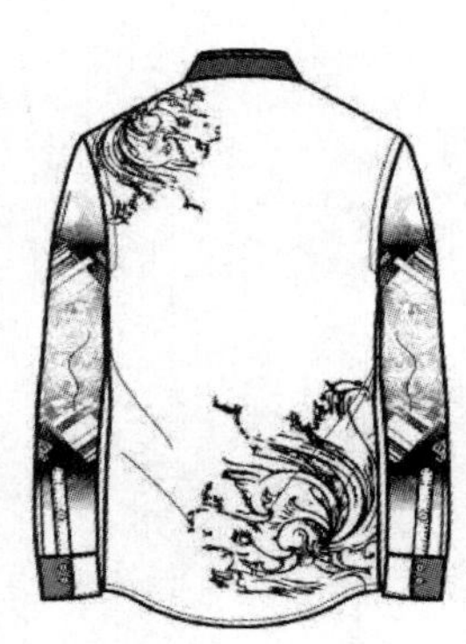

图8-16

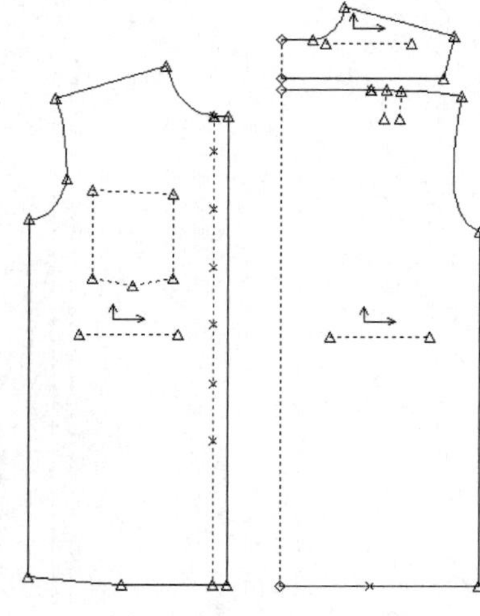

图8-17

2. 修改前片侧缝线、底摆线

（1）使用【线外垂线】工具，过肩线上端点做底边垂线，再在该线段上端点向下40cm向两侧线作垂线，分别与侧缝线、叠门线相交于点M_1、N，得腰节线M_1N。

（2）使用【合并线段】工具，合并底边线，再使用【线上加点】工具，底边线三等分；侧缝线下端点往上7cm的一点K，连底边线右三分之一点K_1得线段KK_1；将线段KK_1四等分，中点为T。

（3）使用【线上垂线】工具，在KK_1左四分之一点往上作1cm垂线，右四分之一点往下作1cm垂线，端点分别为T_1T_2。

（4）使用【输入线段】工具，点击鼠标右键选择【弧线】，连接点$KT_1TT_2K_1$，得圆摆底边弧线，再依次连接侧缝线上端点M，线段M_1N右端点往右劈进2.5cm的点和点K，得新侧缝线，如图8-18所示。

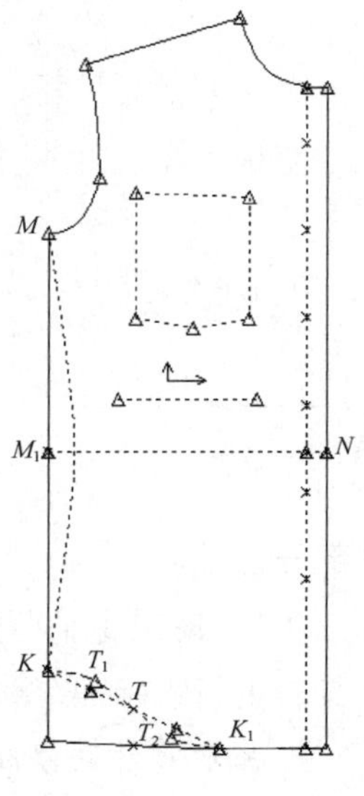

图8-18

3. 绘制门襟贴片

（1）使用【增加点】工具，线段M_1N点与纽扣位辅助线相交于N_1点，分别在点N、点N_1往上1cm取点L、L_1。

（2）使用【输入线段】工具，点击鼠标右键选择【线】，依次连接点L，线段NN_1的中点以及点L_1，得门襟分割线。

（3）使用【套取样片】工具，套取门襟贴片，如图8-19所示。

4. 修改后片

使用【增加点】工具，在侧缝线下端点往上7cm的一点W，W则与前片K点作用相同，剩余步骤与前片一致，得圆摆底边线和新侧缝线，如图8-20所示。

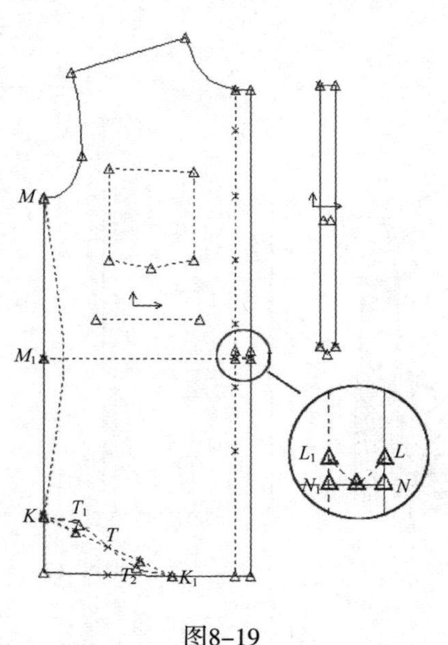

图8-19

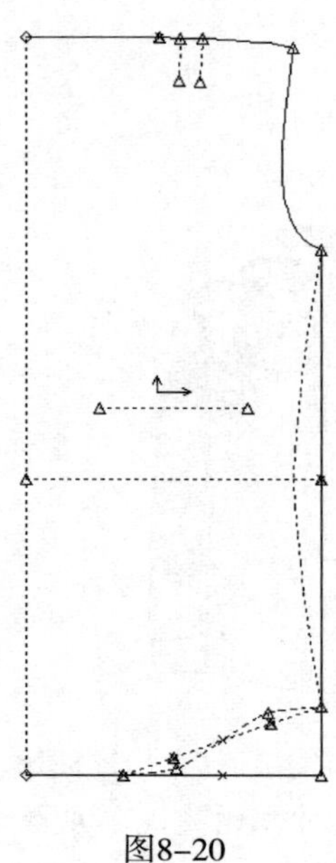
图8-20

5. 分割过肩

使用【平行复制】工具，以过肩肩线为基准线，向下2cm作平行线，使用【沿线分割】工具，分割为上下两片，如图8-21所示。

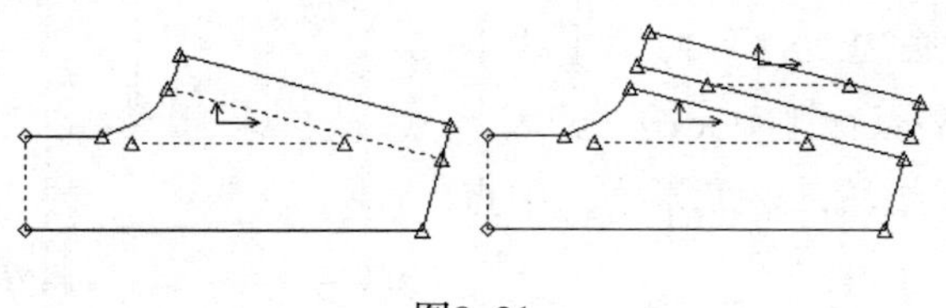
图8-21

6. 合并样片并修改后片袖窿线

（1）使用【合并样片】工具，将前片和过肩上部分合并，再将后片和过肩下部分合并。

（2）使用【平行复制】工具，绘制袖窿辅助线，使用【线上加点】【输入线段】等工具，重新绘制袖窿线，如图8-22所示。

7. 套取样片并修改布纹线

使用【套取样片】工具套取样片，再使用【旋转样片】【调对水平】工具修改布纹线，如图8-23所示。

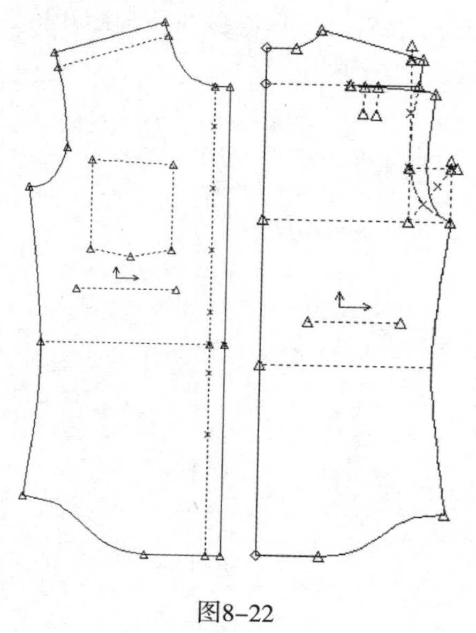

图8-22

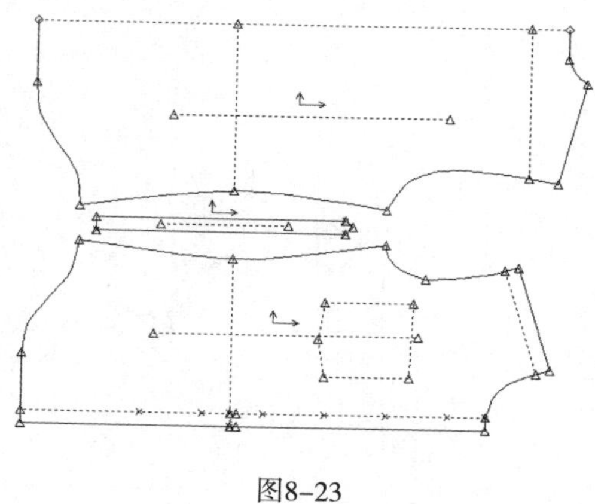

图8-23

8. 修改袖山弧线

使用【线段长】工具，度量前后片袖窿弧线长度，与袖山弧线对比，通过适当修改袖片上袖山弧线的弧度来修改长度。

9. 存储样片

使用【另存为】工具，依次保存样片，将样片保存在储存区“变化衬衫”中，文件名分别为“款式—前片”“款式—后片”“款式—挂面贴片”。

（二）款式二男衬衫样片设计

款式二的变化可在款式一的变化上继续，主要变化除了衣片收腰，下摆改为圆摆，还有增加口袋、前后片分割、袖片分割等，款式如图8-24所示。

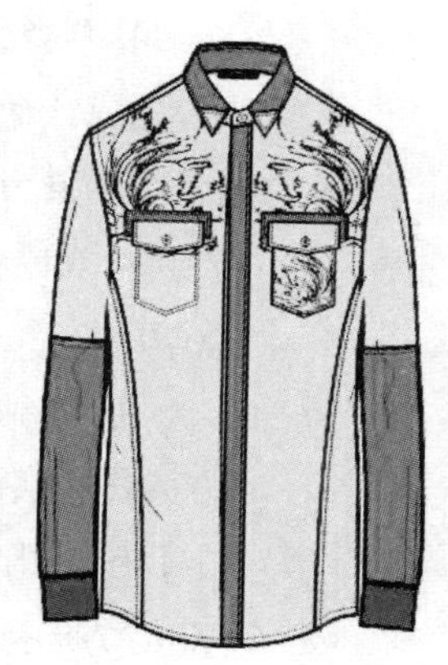

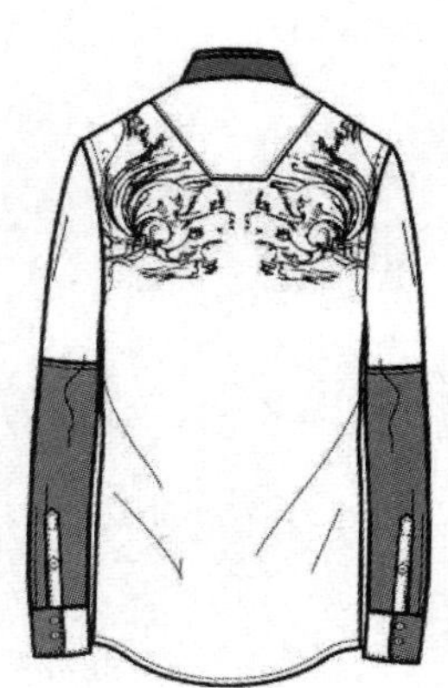

图8-24

1. 调出样片

打开“变化衬衫”储存区中“款式—前片”和“款式—后片”，并打开“男衬衫”储存区中“袖片”样片，放置在工作区的空白区域。

2. 修改前侧缝腰节劈势

使用【移动点】工具，向左1.5cm水平移动侧缝线与腰节线的交点，得新侧缝线，如图8-25所示。

3. 绘制前片分割线

使用【两点拉弧】工具，连接沿袖窿线下端点往上5cm的点R和底边上的点T，拉出适当弧度并与腰节线交与点K，得分割辅助线，使用【增加点】工具在K点往左右各0.75cm处分别取点K_1、K_2，再在线段RK_1上端点R往下6cm取一点R_1，分别连接线段R_1K_1T和线段R_1K_2T，得两条分割线，如图8-26所示。

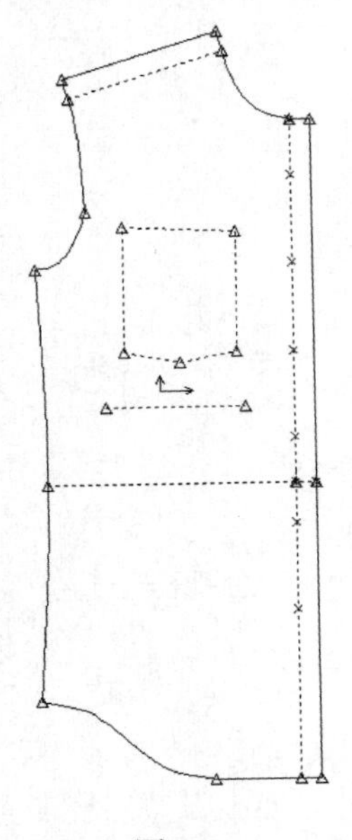
图8-25

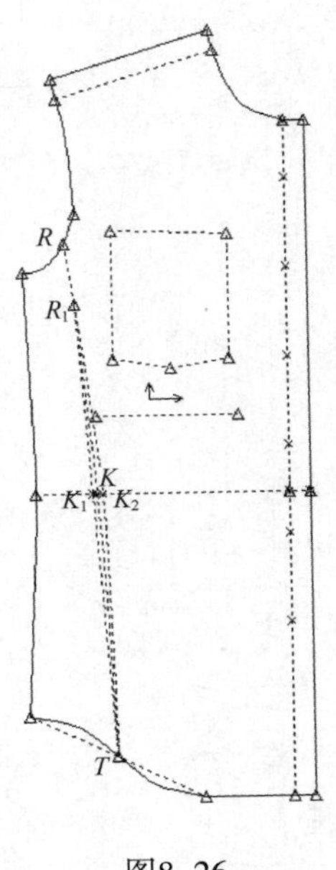

图8-26

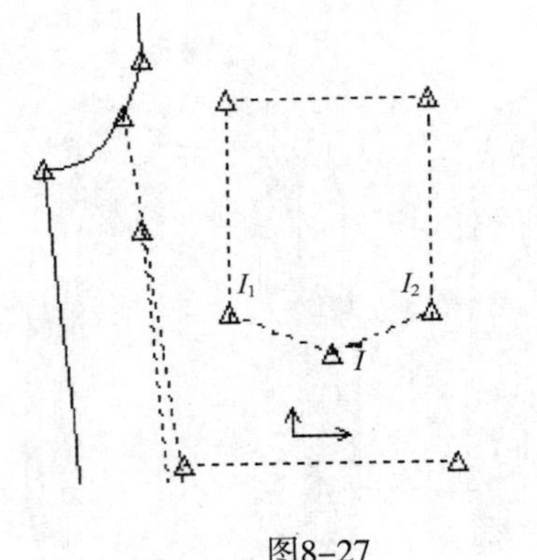

图8-27

4. 修改前口袋

（1）使用【增加点】工具，在两侧线下端点往上1.5cm处分别取一点I_1、I_2，原口袋下端点为I，使用【输入线段】工具，点击鼠标右键选择【线】，连接点I_1II_2。

（2）使用【线外垂线】工具，过口袋右侧线上端点作左侧线的垂线，得口袋形状，使用【修剪线段】和【删除线段】工具，修剪或删除多余线段，如图8-27所示。

5. 作袋盖

（1）使用【平行复制】工具，以口袋上侧线为基准向上2cm作平行线。

（2）使用【沿线移动点】工具，将线段向两侧各延长1cm得线段P_1P_2，再次使用【平行复制】工具，以该线段为基准向下5cm作平行线P_3P_4。

（3）使用【垂直平分线】工具，向下作新平行线的垂直平行线，长度为0.5cm，端点为P。

（4）使用【输入线段】工具，点击鼠标右键选择【线】，依次连接五个点$P_1P_3PP_4P_2$，得袋盖。

（5）使用相同工具，在大袋盖平行向上1.5cm处作长14cm、宽4cm的长方形装饰片，如图8–28所示。

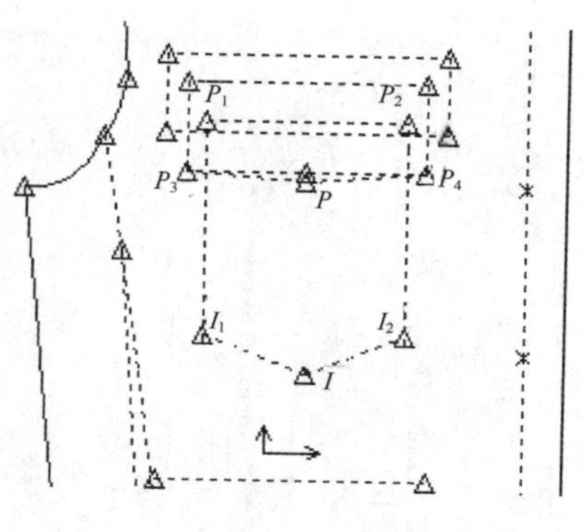

图8–28

6. 绘制后片分割线

使用【线上垂线】工具，在后领中心点向下16cm的一点往右作背中线的垂线LL_1，长12cm，再过垂线端点L_1作线段LL_1的垂线与肩线交于点L_2，使用【两点直线】工具，在线段LL_1上距L点4cm取第一点，点L_2为第二点，连接得后片分割线，如图8–29所示。

7. 绘制袖片分割线

使用【平行复制】工具，将袖肥线平行复制，向下20cm作平行线，使用【修剪线段】工具修剪多余线段，得到袖片分割线，如图8–30所示。

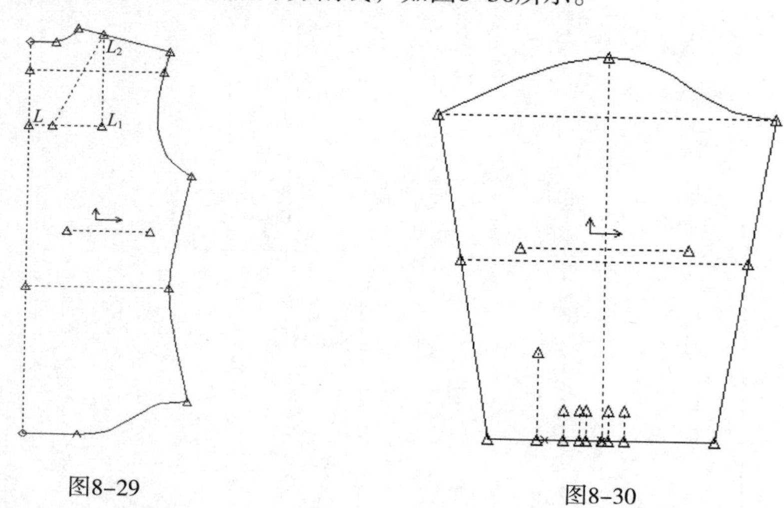

图8–29　　图8–30

8. 套取样片并修改布纹

步骤同款式一男衬衫样片设计的步骤7，如图8–31所示。

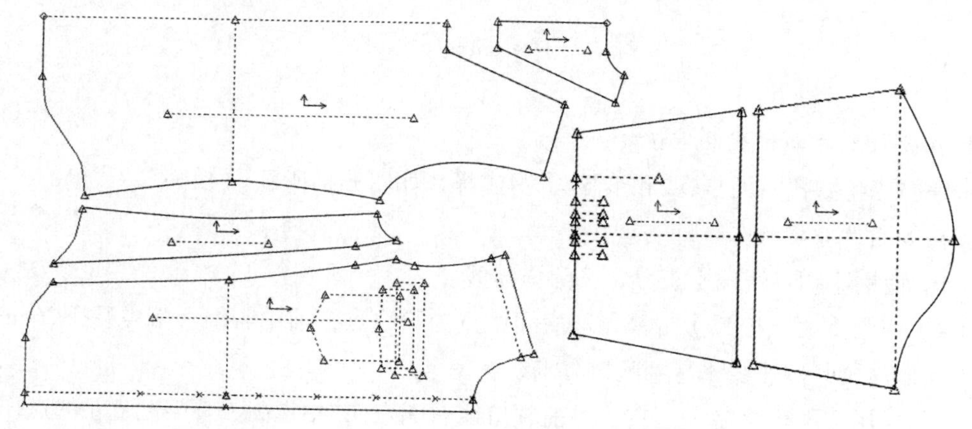

图8–31

图8-32

9. 存储样片

使用【另存为】工具，依次保存样片，将样片保存在储存区“变化衬衫”中，文件名分别为“款式二前片”“款式二前片分割片”“款式二后片”“款式二袖上片”“款式二袖下片”“款式二过肩”。

（三）款式三男衬衫样片设计

款式三的变化在基本款上变化，修改直下摆为圆摆后，前胸和腰部增加分割线，后边增加省道，袖片分割，款式如图8-32所示。

1. 调出样片

打开“男衬衫”储存区中“衬衫前片”“衬衫后片”“袖片”和“过肩”，放置在工作区的空白区域，如图8-33所示。

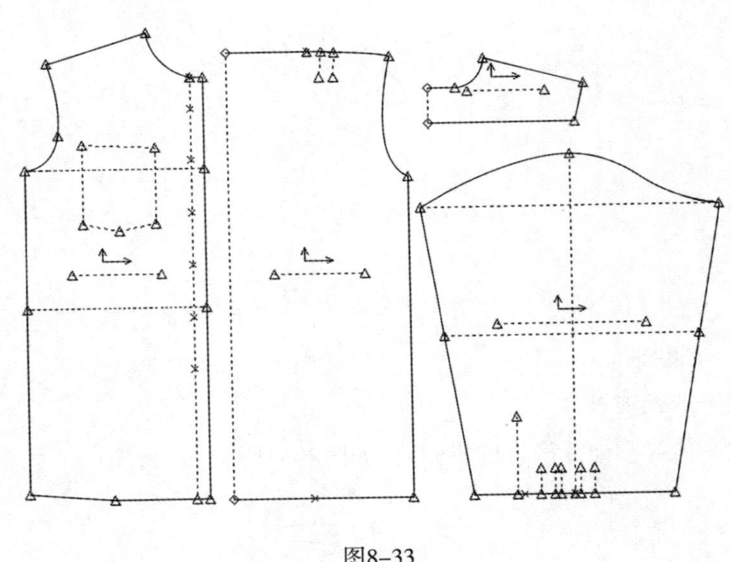

图8-33

2. 修改前后片侧缝线及下摆线

步骤同变化款式一的步骤2和步骤4，得出样片如图8-34所示。

3. 绘制前片分割线

（1）使用【删除线段】工具，删除口袋线。

（2）使用【两点拉弧】工具，取肩线中点为第一点，前中心线上端点往下26cm的点为第二点，连接并拉弧线，得到胸口分割线。

（3）使用【平行复制】工具，过前领口线右端点向左3.4cm（叠门宽X_2）的点作前中心线的平行线，得门襟辅助线。

（4）使用【两点拉弧】工具，侧缝线下端点向上11cm的点为第一点，前中心线下端点向上15cm为第二点，连接并拉弧线，得腰下分割线，如图8-35所示。

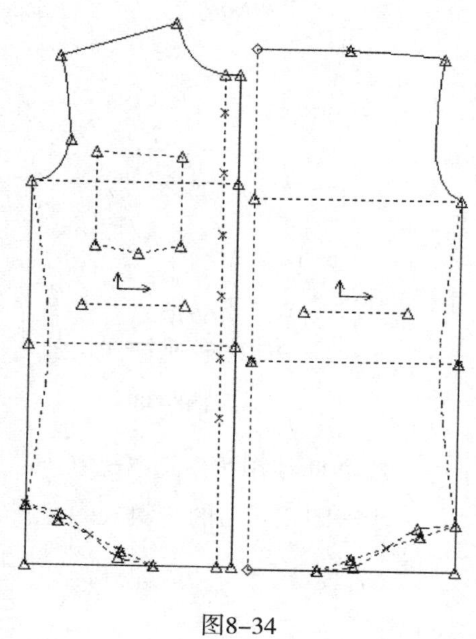

图8-34

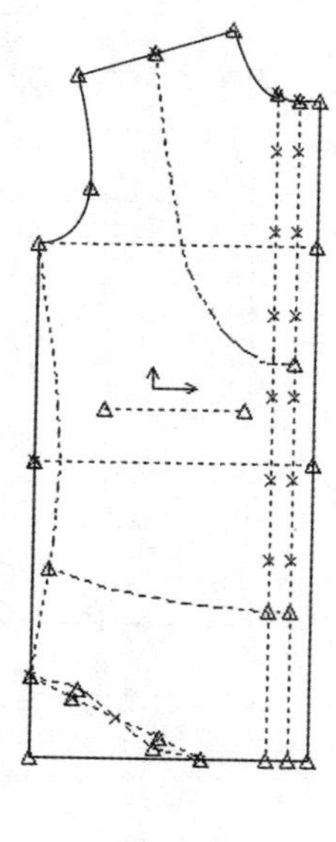

图8-35

4. 修改后片袖窿线

（1）为消除背裥2cm，使用【线上垂线】工具，在袖窿深线左端点往右21cm（后背宽）向上作垂线得背宽线，垂点为Q，过落肩点向背中线作垂线得落肩线，两条垂线相交于点Q_1。

（2）使用【输入线段】工具，点击鼠标右键选择【弧线】，依次连接落肩线上Q_1向右1cm（肩宽22）取为第一点，线段QQ_1上中点向下3cm取点Q_2为第二点，侧缝线上端点L为第三点，得新袖窿弧线，如图8-36所示。

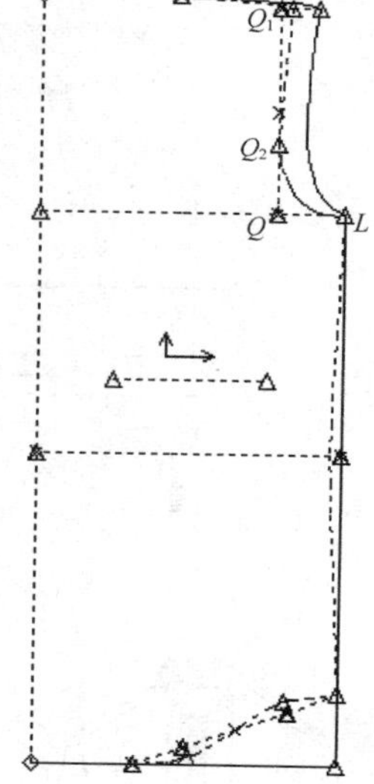

图8-36

5. 修改后片侧缝线及绘制腰省

（1）使用【移动点】工具，向右水平移动侧缝线与腰节线交点1.5cm，则省道宽1.5cm；使用【线上加点】工具，将腰节线两等分，中点为M，使用【线上垂线】工具，过中点向两侧作垂线，分别与袖窿深线、底边线相交于点M_1、M_2。

（2）使用【增加点】工具，在M点两侧0.75cm处各取一点N_1、N_2，在线段M_1M_2上M_1点向下5cm取一点N_3，M_2点向上10cm取一点N_4，分别依次连接点N_3、N_1、N_4，连接点N_3、N_2、N_4，得省道线，如图8-37所示。

6. 绘制袖片分割线

使用【平行复制】工具，将袖肥线平行复制，向下12cm作平行线，使用【修剪线段】工具修剪多余线段，得到袖片分割线，如图8-38所示。

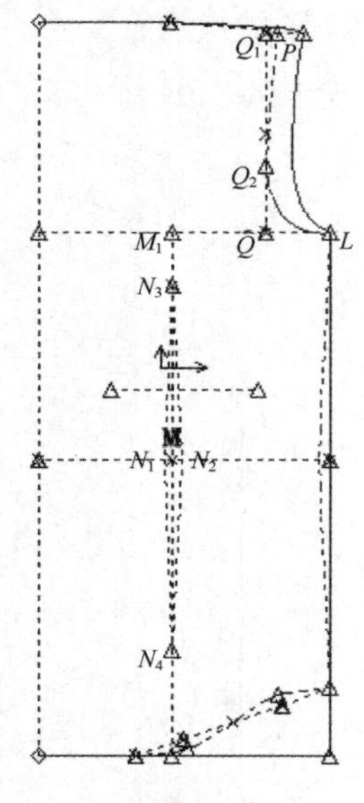

图8-37

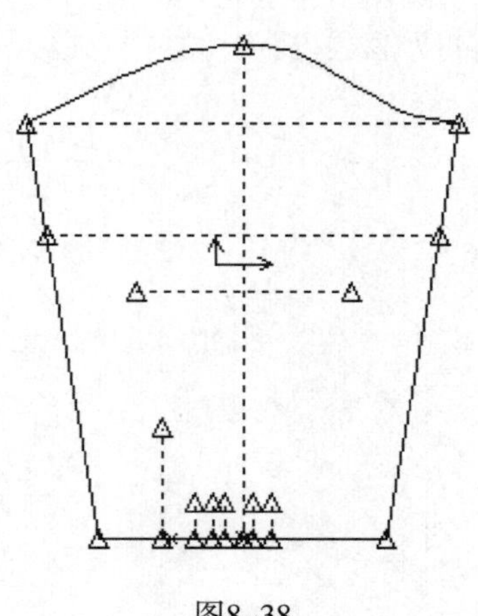

图8-38

7. 套取样片并修改布纹

步骤同款式一的步骤7，如图8-39所示。

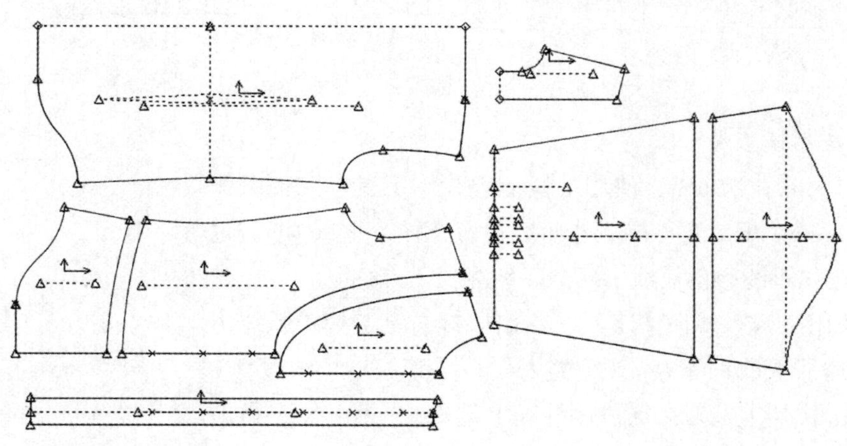

图8-39

8. 存储样片

使用【另存为】工具，依次保存样片，将样片保存在储存区“变化衬衫”中，文件名分别为“款式三前片”“款式三前片分割片”“款式三后片”“款式三门襟”“款式三袖上片”“款式三袖下片”和“款式三过肩”。

（四）款式四男衬衫样片设计

款式四的变化可在款式三上修改与变化，前胸增加分割线，后边对比款式三没有变化，款式图如图8-40所示。

图8-40

1. 调出样片

打开“变化衬衫”储存区中“款式三前片”“款式三后片”“款式三袖片”和“款式三过肩”，放置在工作区的空白区域，如图8–41所示。

2. 分割前衣片

（1）使用【两点拉弧】工具，选择肩线中点为第一点，前中线上端点往下35cm为第二点，连接并拉弧，根据款式图，绘制出相应的分割线。

（2）使用【平行复制】工具，以叠门线为基准线向左3.5cm作平行线，使用【修剪线段】工具，修剪多余线段。

（3）使用【沿线分割】工具，分割线分割前衣片，如图8–42所示。

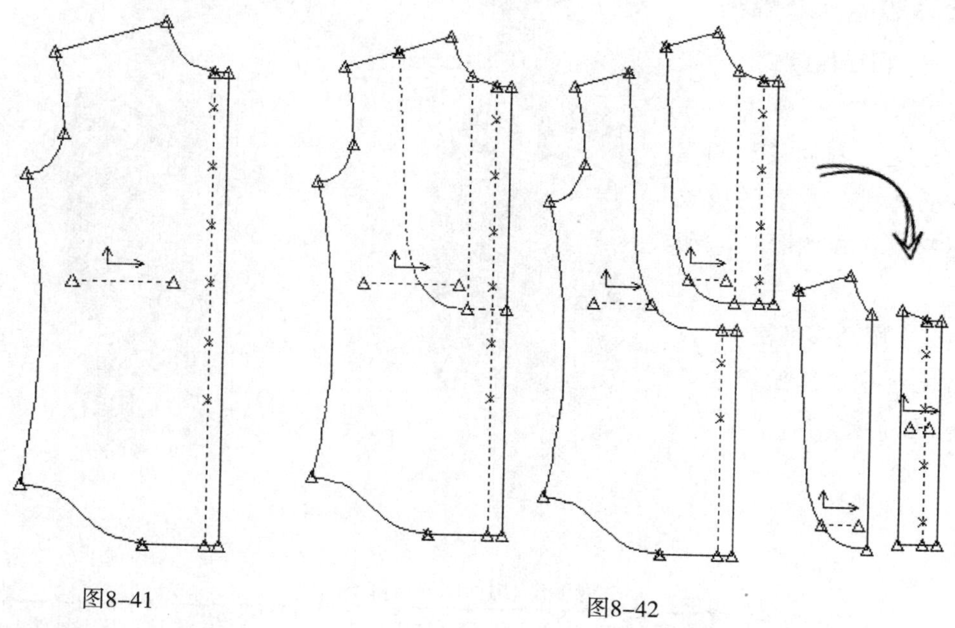

图8–41

图8–42

3. 修改布纹线

步骤同款式一步骤7，如图8–43所示。

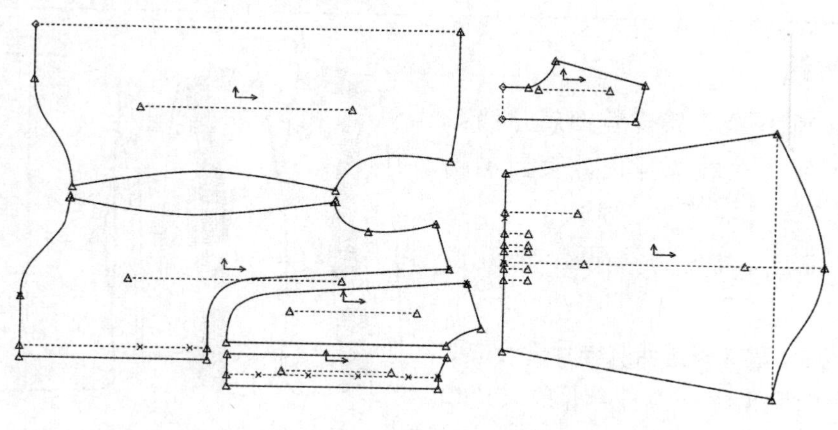

图8–43

4. 存储样片

使用【另存为】工具，依次保存样片，将样片保存在储存区“变化衬衫”中，文件名分别为“款式四前片”“款式四分割片1”“款式四分割片2”“款式四袖片”和“款式四过肩”。

第三节 男西服纸样的变化

一、男西服款式及规格

（一）男西服款式

男西服款式变化主要在衣片的分割、领片驳头的变化等方面体现，主要的成衣规格不变，款式如图8-44所示。

（二）男西服规格

两款变化男西服成衣规格如表8-5所示。

图8-44

表8-5 男西服成衣规格 单位：cm

部位	胸围（B）	腰围（W）	衣长（L）	袖长（SL）	肩宽（S）
款式一	110	94	74	59	46
款式二	110	94	69	59	46

二、样片设计

在AccuMark资料管理器中新建储存区“变化西服”，在样片设计页面工具栏中选择【检视】—【参数选项】—【路径】，将【路径】指定为储存区“变化西服”。

（一）变化款式一男西服样片设计

款式一的变化主要为：合并前衣片和侧片，并重新分割，款式如图8-45所示。

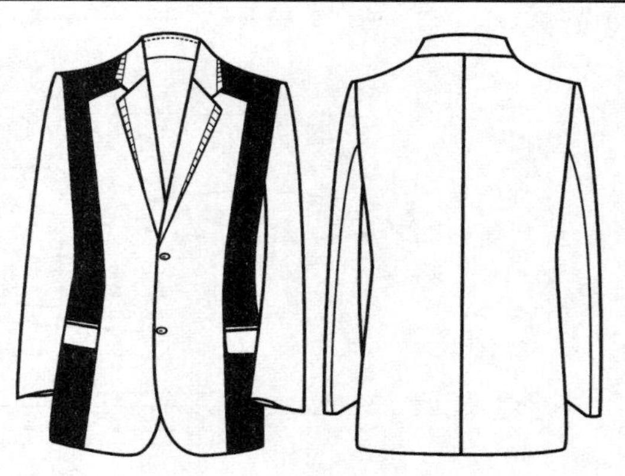

图8-45

1. 调出样片

打开“男西服”储存区中“前片草图”，放置在工作区的空白区域，使用【删除线段】工具，删除多余线段，如图8–46所示。

2. 绘制分割线

使用【输入线段】工具，由前肩点沿袖窿弧线向下6cm的点为第一点，从肩颈点沿领窝线向下4cm的点为第二点，连接得肩部分割线，再选择肩部分割线的中点为第一点，原胸省中线与腰节线的交点为第二点，再垂直向下与下摆线相交，得胸部分割线，如图8–47所示。

3. 修改下摆线

使用【修改弧线】工具，按款式图修改下摆弧线，如图8–48所示。

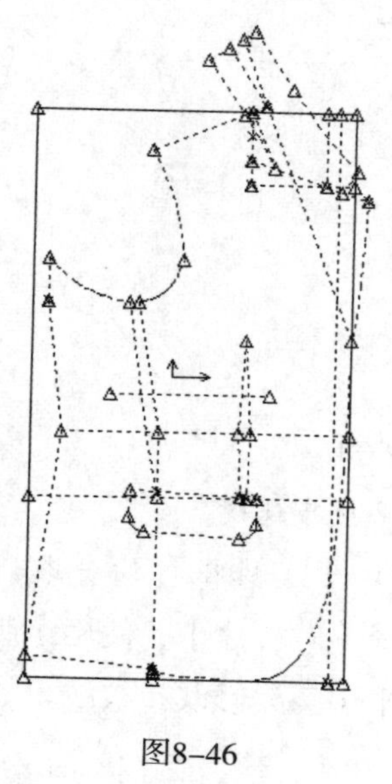

图8–46

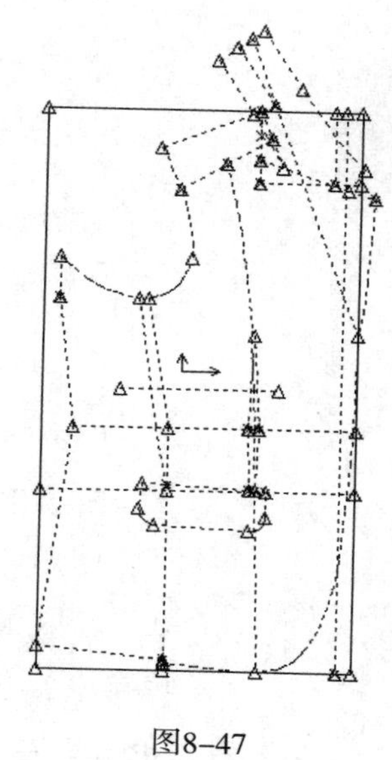

图8–47

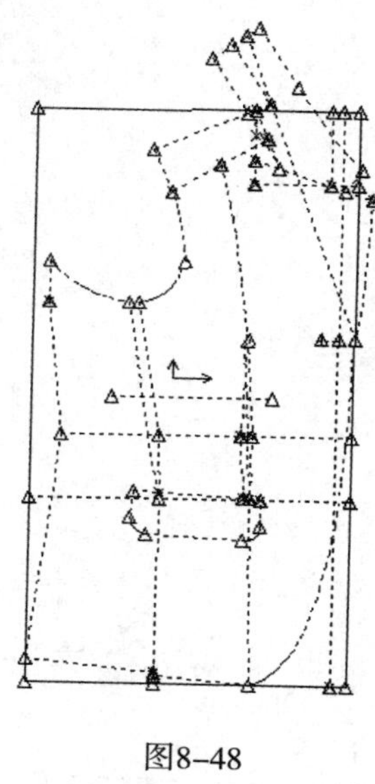

图8–48

4. 修改大口袋位置、纽扣位

（1）将原口袋位辅助线保留，使用【删除线段】工具，删除多余线段。

（2）原口袋位辅助线与胸部分割线的交点为新口袋位右端点，以该端点为基准，按照原口袋的大小绘制新的大口袋。

（3）使用【输入线段】工具在叠门上画出，驳领翻折止点向下2cm为第一个纽位，在腰节线下4cm处定出第二个纽位，如图8–49所示。

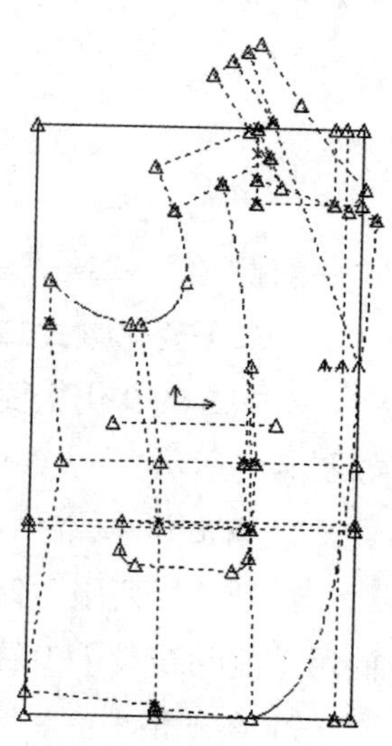

图8–49

5. 修改驳领、串口线

（1）使用【输入线段】工具绘出原有领口辅助线，再使用【删除线段】工具，删除原有领缺口线段、驳领线和串口线。

（2）根据款式图，使用【输入线段】工具，连接领深线下三分之一点和撇门线下四分之一点并延长得新串口线与前中线交于点*K*；连接*K*点和翻领止点，得到新驳领线。

（3）使用【增加点】工具，沿串口线从点*K*往上3.5cm处取一点*J*，使用【圆心半径】工具，作两个圆，一个以*J*点为圆心，半径为3.3cm，另一个以*K*点为圆心，半径为4cm，两圆相交的点为*Q*，连接*JQ*，得到领缺嘴。

（4）使用【弧线】工具，修顺领外口弧线和领脚线，如图8–50所示。

6. 绘制领驳镶拼线

使用【两点拉弧】工具，绘出领片和驳头的镶拼线，如图8–51所示。

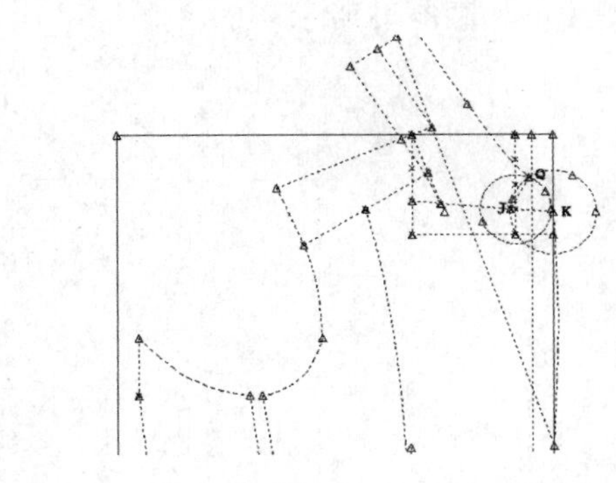

图8–50

图8–51

7. 套取样片及修改布纹线

使用【套取样片】工具将各片套取出来，套取领片时选择【对称片】；使用【旋转样片】【调对水平】工具修改布纹线，如图8–52所示。

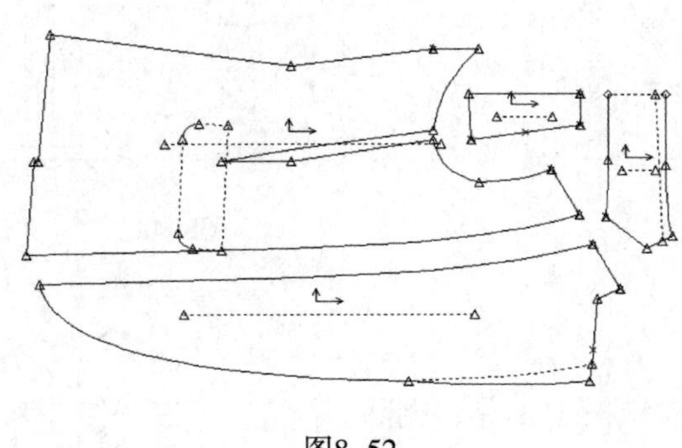

图8–52

8. 存储样片

使用【另存为】工具，依次保存样片，将样片保存在储存区“变化西服”中，文件名分别为“款式一前中片”“款式一前侧片”“款式一肩片”和“款式一领片”。

（二）变化款式二男西服样片设计

款式二的变化主要为：合并前衣片、侧片和后片，并重新分割，修改袖窿弧线，款式如图8–53所示。

1. 调出样片

打开“男西服”储存区中“前片”“侧片”和“后片”，放置在工作区的空白区域，使用【删除线段】工具，删除多余线段，如图8–54所示。

2. 合并样片

使用【合并样片】工具，将前衣片、侧片和后衣片合并，合并侧片和后衣片时，由

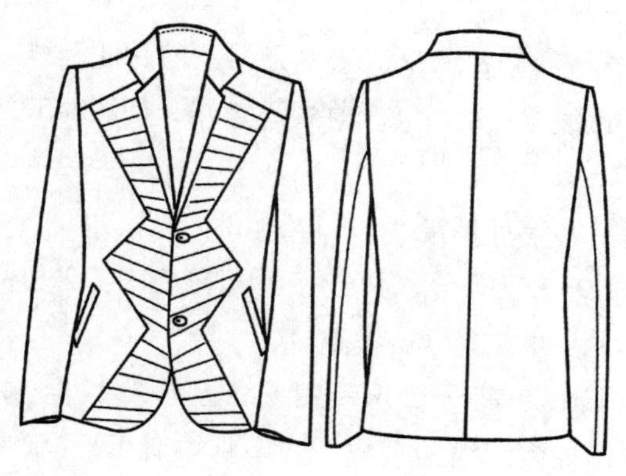

图8-53

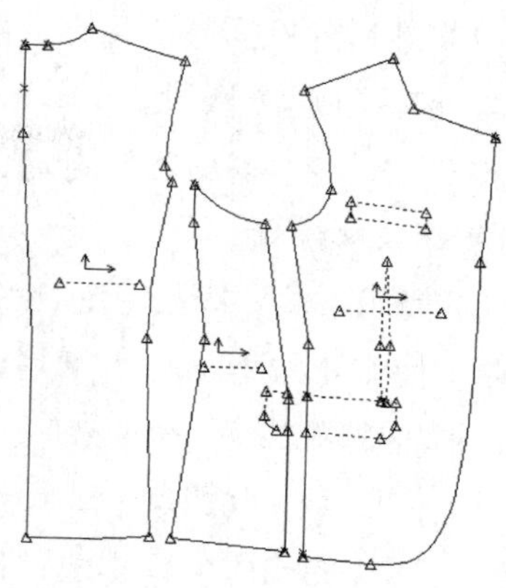

图8-54

于侧缝线内凹不能直接合并，使用【两点直线】工具，连接侧缝线上下端点作合并样片辅助线，使用【交换线段】工具，交换辅助线与侧缝线，使得周边线与内部线互换，再使用【合并样片】工具，合并前侧片和后衣片，如图8-55所示。

3. 修改衣长

侧片和前衣片的合并线为垂线，以此线为基准，使用【线上垂线】工具，在此线段下端点向上5cm处向两侧作此线段的垂线，得新底边辅助线，如图8-56所示。

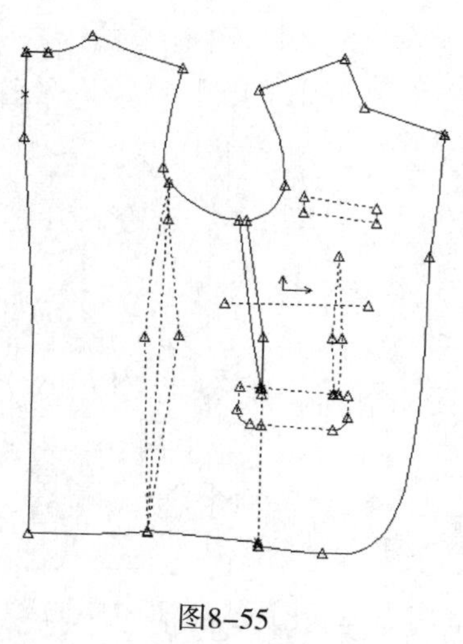

图8-55

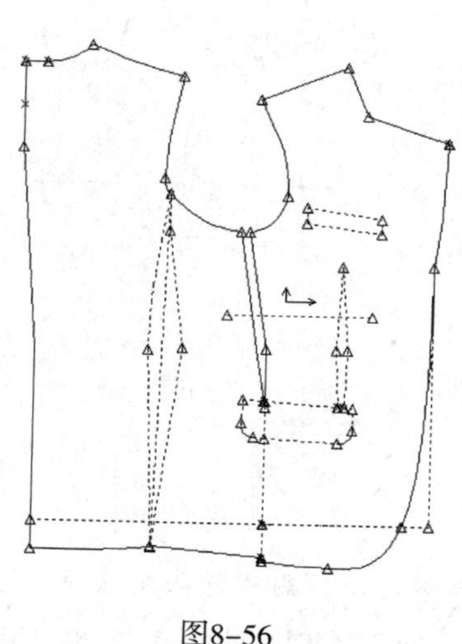

图8-56

4. 修改侧缝线和下摆线

（1）使用【垂直平分线】工具，作原前侧片处底边辅助线的垂直平分线，垂直向上重新分割衣片，将衣片分为前后片，得侧缝辅助线。

（2）使用【线外垂线】工具，过翻折止点向底边辅助线作垂线，按照原下摆弧线绘制方法绘制下摆弧线，与原前衣片和侧片的合并线交于点P_1。

（3）使用【增加点】工具，在腰节线与侧缝线交点两侧2cm各取一点B_1、B_2，使用【线上垂线】工具，在侧缝辅助线下端点1cm处向左作1cm垂线，端点为Z，使用【线上加点】工具将新后片底摆线二等分，得中点P_2。

（4）使用【输入线段】工具，分别依次连接点B、B_1、Z和P_1，得新前片侧缝线，再分别连接点B、B_2、Z，得新后片侧缝线，再连接线段P_1Z、P_2Z，修顺下摆线，如图8-57所示。

5. 修改袖窿弧线

（1）使用【输入线段】工具，重新画出袖窿处辅助线。

（2）使用【线上加点】工具，将线段O_1O_4三等分，再连接下三分之一点A和侧缝上端点B，再将线段二等分得中点M，连接MO_1，并二等分得中点M_1。

（3）使用【线上加点】工具，将线段O_2O_3三等分，再使用【线上垂线】工具，过下三分之一点C作的线段O_2O_3垂线，再过B点作袖窿深线的垂线，两条垂线交于点N，将线段NO_2三等分，得下三分之一点N_1。

（4）使用【输入线段】工具，依次连接点K_1（前肩端点）、点A、点M_1和点B，划顺前袖窿弧线，再依次连接点B、点N_1、点C和点K_2（后肩端点），划顺后袖窿弧线，如图8-58所示。

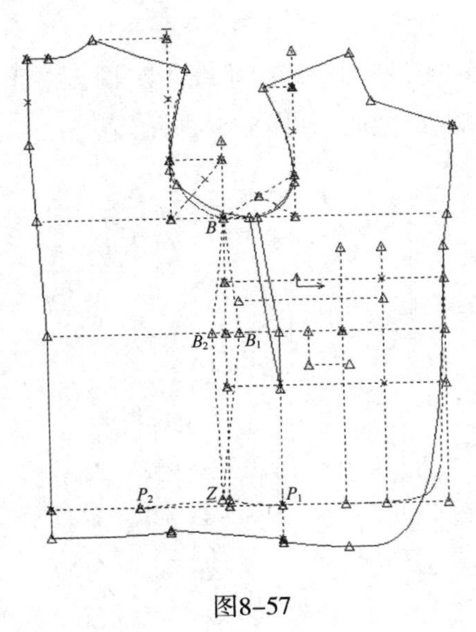

图8-57

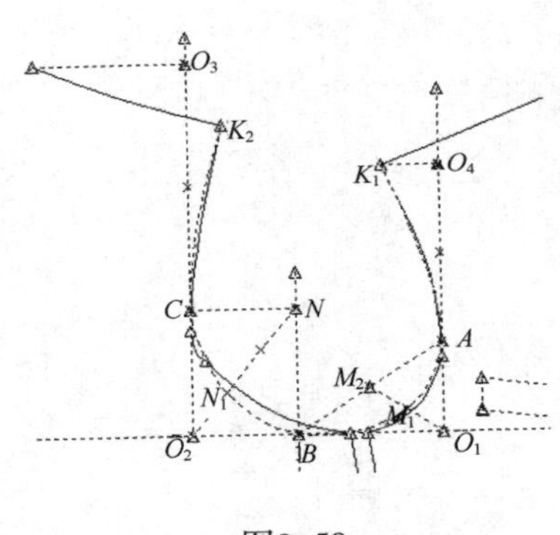

图8-58

6. 绘制前片分割线并修改省道

（1）使用【删除线段】工具，删除多余线段，再使用【输入线段】工具，在前袖窿弧线上端点向下6cm取第一点，领口线上端点向下4cm取第二点，连接得肩部分割线。

（2）使用【平行复制】工具，将腰节线分别向两侧8cm平行复制，前中线向左侧9cm平行复制，两条线段交于点D、E。

（3）使用【线上加点】工具，将肩部分割线四等分，左四分之一点为点F，使用【增加点】工具，在腰节线右端点往左15cm取一点G，在前片下摆辅助线左端点往右20cm取一点H，依次连接点F、D、G、E、H，得前片分割线。

（4）使用【增加点】工具在G点右侧1.5cm取一点I，H点左侧1.2cm取一点R，连接点

D、I、E、R，得新省道线，如图8-59所示。

7. 修改口袋

（1）根据款式图，大口袋改为侧袋，使用【增加点】工具，在G点左侧5cm取一点G_1，使用【线上垂线】工具，过点G_1向下作腰节线5cm的垂线，垂点为点G_2。

（2）使用【圆心半径】工具画圆，点G_2为圆心，半径为6cm，绘制长12cm宽2cm的侧口袋，斜度45°，如图8-60所示。

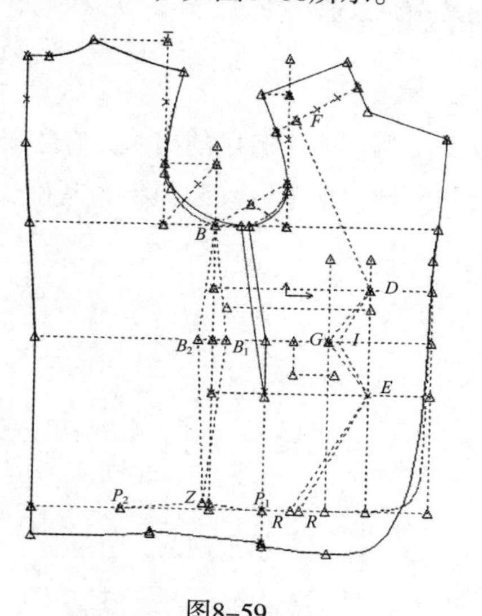

图8-59

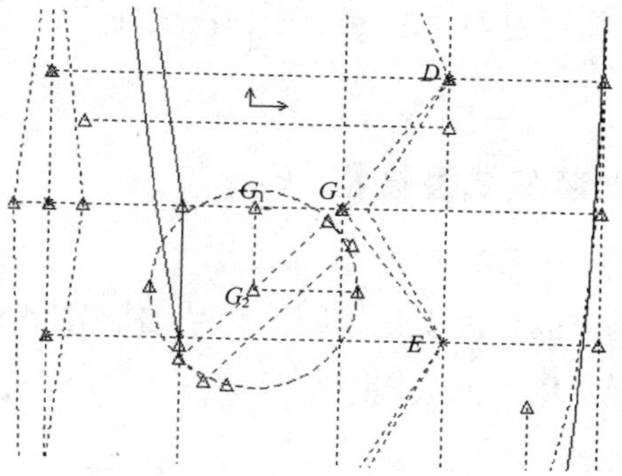

图8-60

8. 确立纽扣位和修改驳领形状

该款式与变化款式一同为两粒扣，所以纽扣位和驳领形状与前一款式相同，绘制步骤同变化款式一的步骤4、步骤5，如图8-61所示。

9. 套取样片及修改布纹线

同变化款式一的步骤7，如图8-62所示。

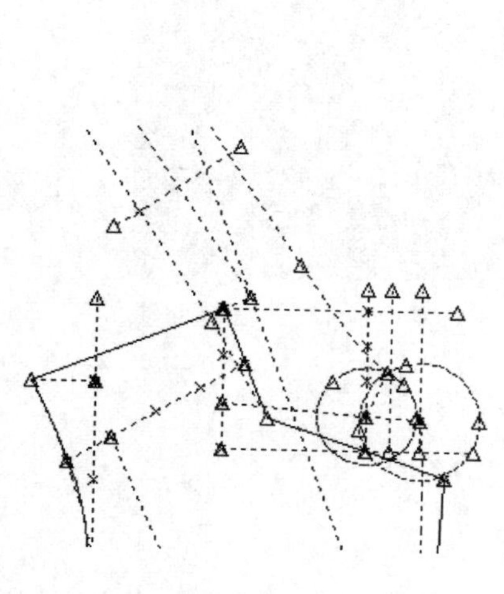

图8-61

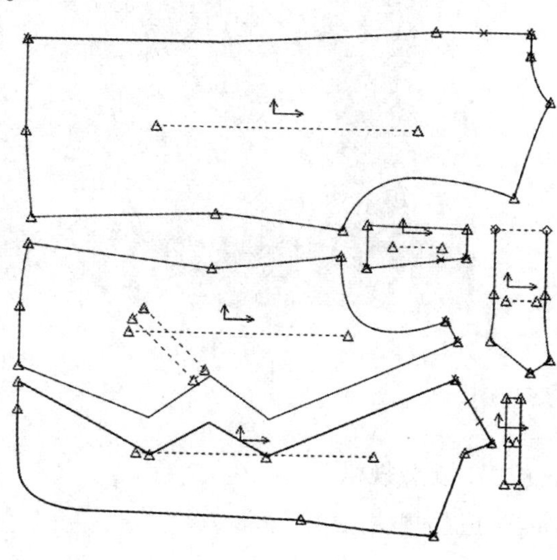

图8-62

10. 存储样片

使用【另存为】工具，依次保存样片，将样片保存在储存区“变化西服”中，文件名分别为“款式二前左片”“款式二前右片”“款式二后片”“款式二肩片”“款式二领片”和“款式二口袋”。

第四节　女装纸样的变化

如今市场中女装款式多样，而男装款式变化较少。为了适应市场的需求，在生产设计中，往往通过对女装原型进行快捷而多样的新款女装设计，本节以女装原型为基础变化产生新女装。

一、女装款式及规格

（一）女装款式

本节以日本文化式原型为基础，对女装进行变化，主要在腰节、胸省、叠门、衣长等处进行变化，款式如图8-63所示。

图8-63

（二）女装规格

四款成品规格尺寸见表8-6。

表8–6　女装成品规格

单位：cm

部位	衣长（L）	胸围（B）	腰围（W）	肩宽（S）	袖长（SL）
款式一	56	96	90	44	22
款式二	52	96	78	42	62
款式三	50	96	90	42	20
款式四	44	98	94	44	62

二、样片设计

在AccuMark资料管理器中新建储存区“变化女装”，在样片设计页面工具栏中选择【检视】—【参数选项】—【路径】，将【路径】储存区指定为“新文化原型”。

（一）款式一女装样片设计

款式一的变化主要为：修改衣片长度、转移省道、修改门襟等，款式如图8–64所示。

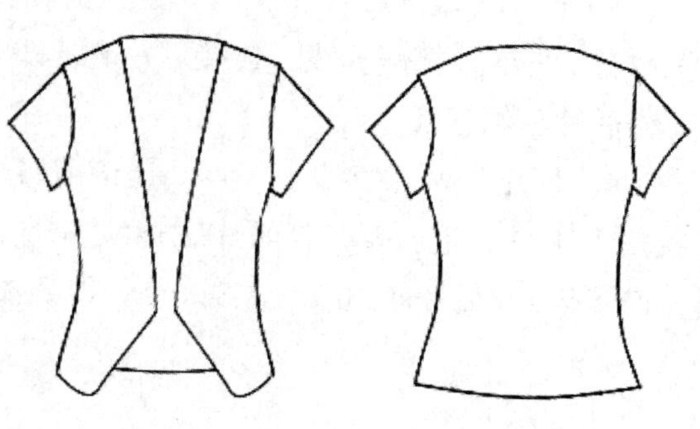

图8–64

1. 调出样片

打开“新文化原型”储存区中“新文化原型前片”“新文化原型后片”及“袖片”，放置在工作区的空白区域，使用【删除线段】工具，删除多余线段，如图8–65所示。

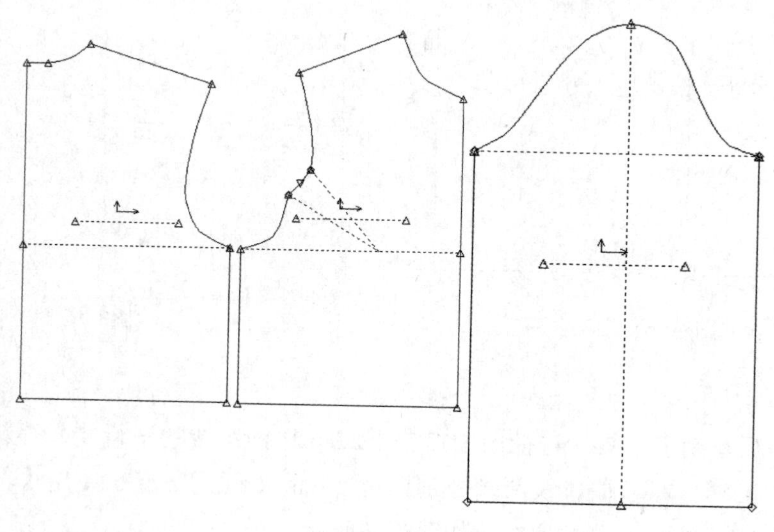

图8–65

2. 修改肩部及袖窿线

（1）使用【沿线移动点】工具，先将后肩线左端点沿肩线向右移动0.5cm，再将前衣片袖窿深线与侧缝线交点向上移动2cm，前肩线左端点沿肩线向左移动1cm。

（2）使用【两点拉弧】工具，重新划顺前袖窿弧线，如图8-66所示。

3. 修改衣长、绘制搭门及侧缝线

（1）使用【平行复制】工具，将前后片底边线向下分别平移14cm和12cm，使用【两点直线】工具，连接原底边线与新底边线的两端端点，得新侧缝线及中线。

（2）使用【线上垂线】工具，过前片新侧缝线下端点向上4.5cm向左作1cm的垂线得垂点*M*，过前片新前中线下端点向上10cm向右作2cm的垂线得垂点*K*，过后片新侧缝线下端点向上0.5cm处向右做1cm的垂线得垂点*N*。

（3）使用【输入线段】工具，连接前片侧缝线上端点、腰节线左端点向右1.5cm的点以及*M*点，得前片新侧缝线，连接后片侧缝线上端点、腰节线右端点向左1.5cm的点以及*N*点，得后片新侧缝线。

（4）使用【两点直线】工具，连接前肩线右端点向左0.5cm的点和*K*点，再使用【输入线段】工具，连接*K*点、前片底边线右端点向左8cm的点和*M*点，划顺得新前片下摆线，连接*N*点和后片底边线往左8cm点，得到新后片下摆线，如图8-67所示。

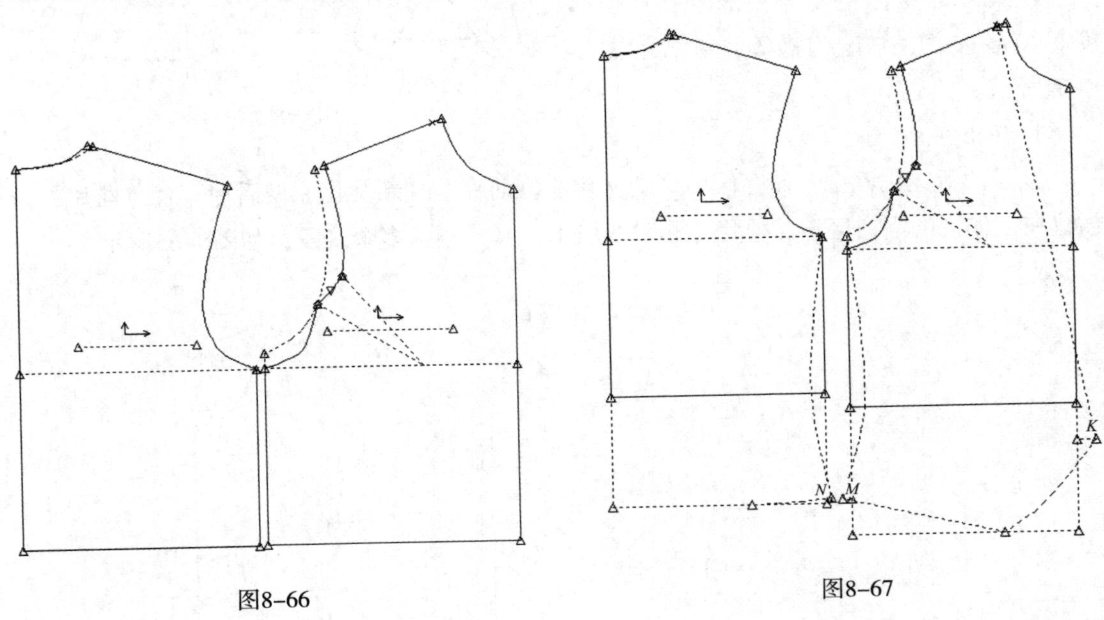

图8-66　　图8-67

4. 修改袖片

使用【平行复制】工具，过袖山中点向下22cm作袖肥线的平行线，得新袖口线，使用【增加点】工具，在新袖口线两端分别向里2.5cm取*A*点、*B*点，使用【输入线段】工具，连接线段*AC*、*BD*，得新袖底线，如图8-68所示。

5. 生成样片并修改布纹线

（1）使用【套取样片】工具，套取前后衣片样片及袖片，后衣片应为对称片，因为后中线由两条线段组成，在套取后片后，使用【合并线段】工具，合并两条线段，再使用

【产生对称片】工具，选择后中线，使后衣片成为以后中线为对称线的对称片。

（2）使用【旋转样片】工具和【调对水平】工具，修改样片布纹线，如图8-69所示。

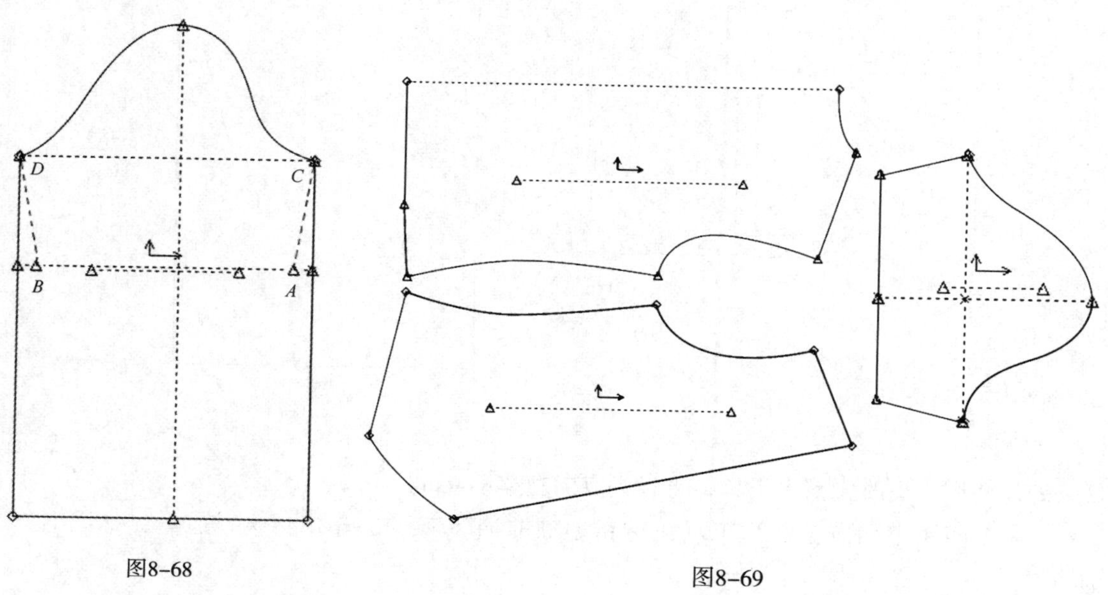

图8-68

图8-69

6. 储存样片

使用【另存为】工具，依次保存样片，将前后片样片保存在储存区“变化女装”中，文件名分别为“款式一前片”“款式一后片”和“款式一袖片”。

图8-70

（二）款式二女装样片设计

款式二的变化主要为：修改衣片长度、转移袖窿省道到侧缝处、修改胸省等，款式如图8-70所示。

1. 调出样片

打开“新文化原型”储存区中“新文化原型前片”“新文化原型后片”和“新文化原型袖片”，放置在工作区的空白区域，使用【删除线段】工具，删除多余线段，如图8-71所示。

2. 修改肩部、袖窿线及袖窿省

（1）使用【沿线移动点】工具，将后领窝线左端点沿肩线向右移动0.5cm，前肩线右端点沿肩线向左移动0.5cm，前领窝弧线下端点沿前中线向下移动1.5cm，前肩线左端点向左沿肩线移动1cm。

（2）使用【分布/旋转】工具，将前片原袖窿处省道转移2cm至前侧缝线上端点向下

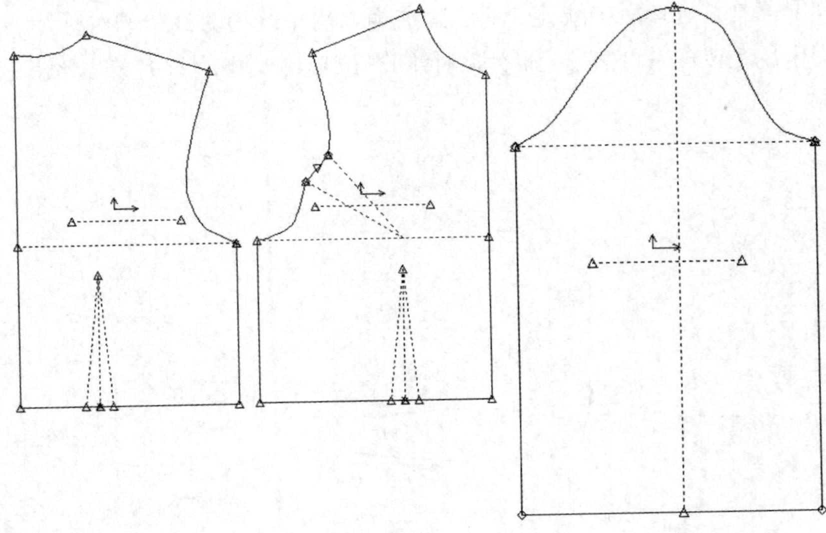

图8-71

2cm处，使用【更改尖褶】工具，将省尖点向左移动4cm。

（3）使用【两点拉弧】工具，重新划顺前袖窿弧线，合并剩余省道量，如图8-72所示。

3. 修改衣长、放出叠门

（1）使用【平行复制】工具，将前后衣片底边线向下分别平移10cm，再将前中线向左右两侧2.3cm分别平行复制，得门襟及门襟辅助线。

（2）使用【两点直线】工具，连接领窝线下端点和挂面线上端点，再连接原底边线与新底边线的两端端点，得新侧缝线、中线及门襟辅助线。

（3）使用【修剪线段】【删除线段】工具，修剪或删除多余线段，如图8-73所示。

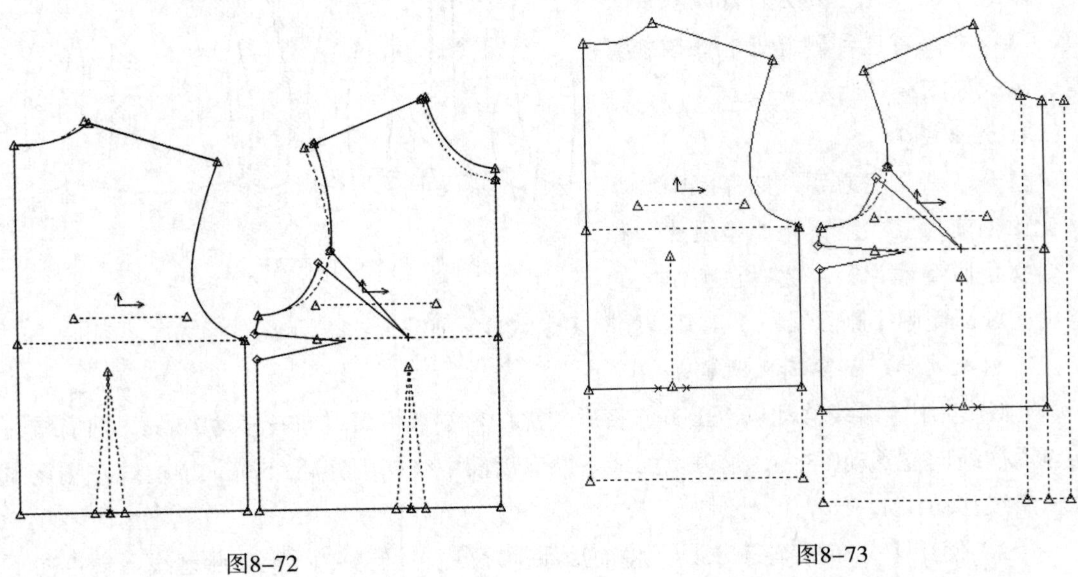

图8-72

图8-73

4. 绘制胸省

（1）使用【修改线段长度】工具，将前后衣片原腰省线分别延长与下摆线相交于点T_1、T_2，与腰节线（原底边线）交点为H_1、H_2。

（2）使用【增加X记号点】工具，右击选择【画圆定点】，分别以点H_1、H_2为圆心作半径为1.5cm的圆与腰节线交于点P_1、P_2和点P_3、P_4，同样，以点T_1、T_2为圆心作半径为0.5cm的圆与底边线交于点S_1、S_2和点S_3、S_4，得省道与腰节线、底边线的各个交点。

（3）使用【输入线段】工具，重新绘制省道，如图8-74所示。

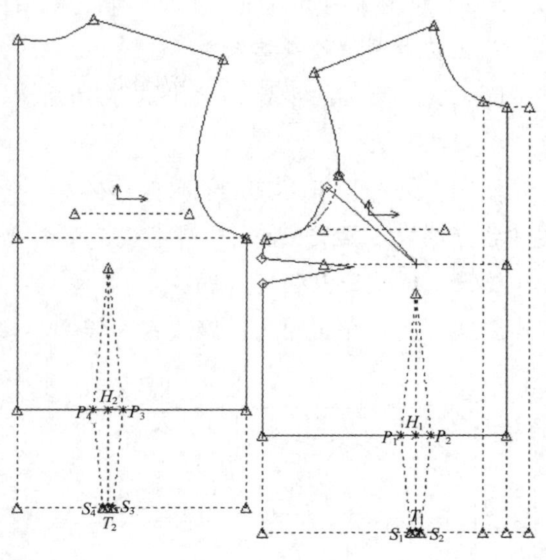

图8-74

5. 修改侧缝线

（1）使用【输入线段】工具，连接前片侧缝省道下开口点、腰节线左端点向右1.5cm的点以及新侧缝线下端点向上1.5cm的点M，得前片新侧缝线，连接后衣片侧缝线上端点、腰节线右端点向左1.5cm的点以及后衣片新侧缝线下端点向上1.5cm的点N，得后衣片新侧缝线。

（2）使用【两点拉弧】工具，分别连接MS_1和NS_3，划顺得新下摆线，如图8-75所示。

6. 绘制袖克夫

（1）使用【长方形】工具，设定X=23cm，Y=8cm的矩形框架，得袖克夫，如图8-76所示。

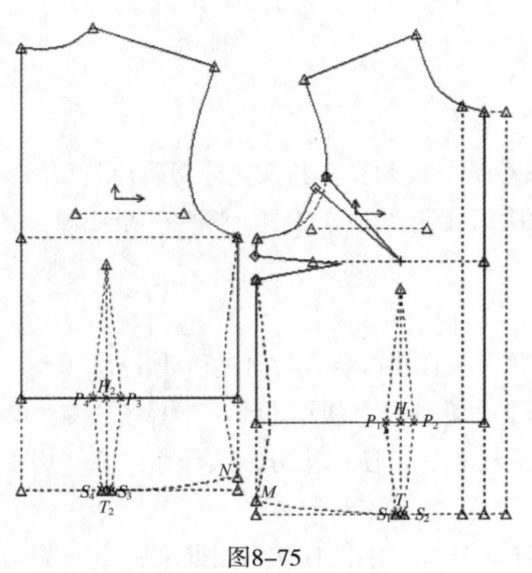

图8-75

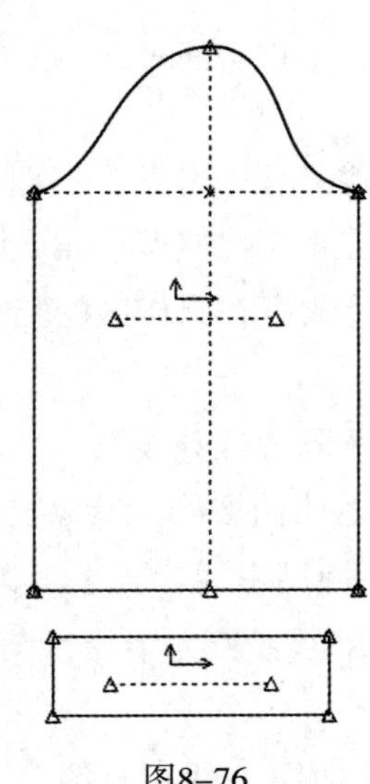

图8-76

（2）使用【两点直线】工具，闭合袖口线。

7. 生成样片并修改布纹线

同款式一女装的步骤4，如图8-77所示。

8. 储存样片

使用【另存为】工具，依次保存样片，将前后片样片保存在储存区“变化女装”中，文件名分别为“款式二前片”“款式二后片”“款式二袖片”“款式二袖克夫”。

（三）款式三女装样片设计

款式三的变化主要为：修改衣片长度、修省道等，款式如图8-78所示。

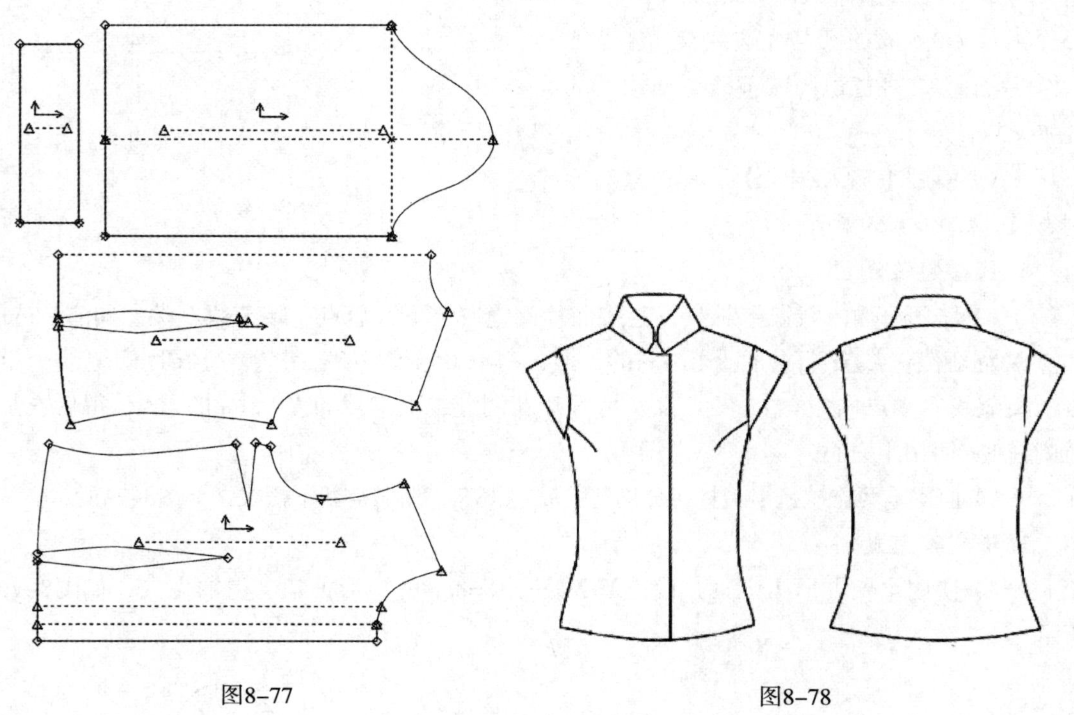

图8-77　　图8-78

1. 调出样片

打开“新文化原型”储存区中“新文化原型前片”“新文化原型后片”和“新文化原型袖片”，放置在工作区的空白区域，使用【删除线段】工具，删除多余线段，如图8-79所示。

2. 修改肩部及袖窿线

（1）使用【沿线移动点】工具，先后肩线右端点沿肩线向左移动1cm。

（2）使用【线段长】工具，量取原前袖窿省长，使用【圆心半径】工具，以原省尖点为圆心，原省长为半径，画圆与原省道线相交，使用【分割线段】工具，分割整圆曲线。

（3）使用【两点直线】工具，从省道开口上端点向下2cm处取一点与原省尖点相

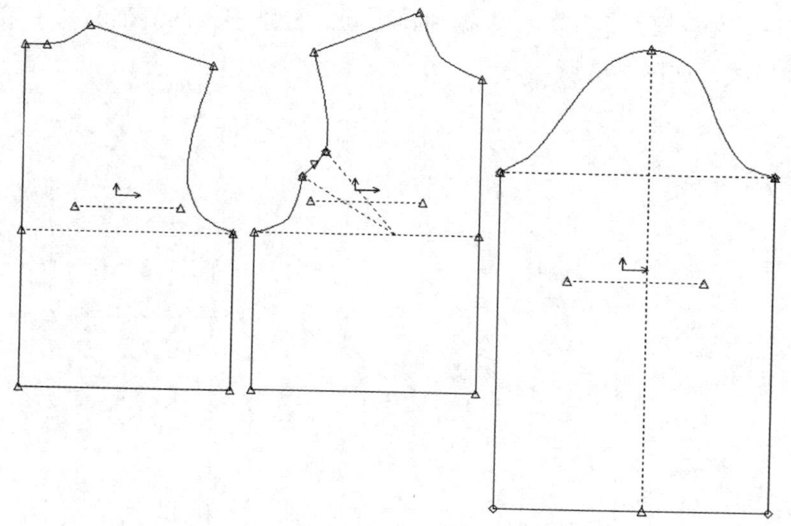

图8-79

连，得新省道大，再使用【两点拉弧】工具，连接新省道开口下端点与原袖窿弧线下端点，重新划顺前袖窿弧线，如图8-80所示。

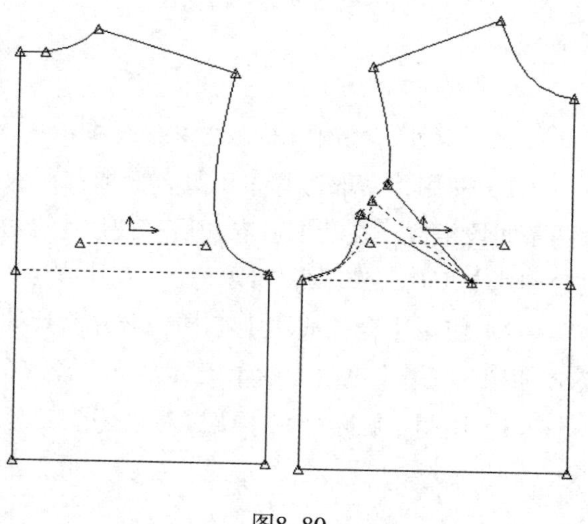

图8-80

3. 修改衣长及侧缝线

（1）使用【平行复制】工具，将前后衣片底边线向下分别平移8cm和7cm，再将前中线向右侧2cm进行平行复制，放出叠门量。

（2）使用【两点直线】工具，连接前领点和门襟线上端点，连接原底边线与新底边线的两端端点，使用【修改线段长度】工具，延长门襟线到底边。

（3）使用【输入线段】工具，连接前侧缝线上端点、腰节线（原底边线）左端点向右1.5cm的点以及新侧缝线下端点向上1.5cm的点M，得前片新侧缝线，连接后片侧缝线上端点、腰节线右端点向左1.5cm的点以及后片新侧缝线下端点向上0.5cm的点N，得后片新侧缝线。

（4）使用【两点拉弧】工具，分别连接M、N点与前后底边线中点，划顺得新下摆线，如图8-81所示。

4. 修改袖片

（1）使用【平行复制】工具，将袖肥线向下6cm（袖长-袖山高）平行复制，得新袖口线。

（2）使用【两点拉弧】工具，根据袖口形状，分别连接两侧袖斜线下端点与袖口线中点，绘制袖口线，如图8-82所示。

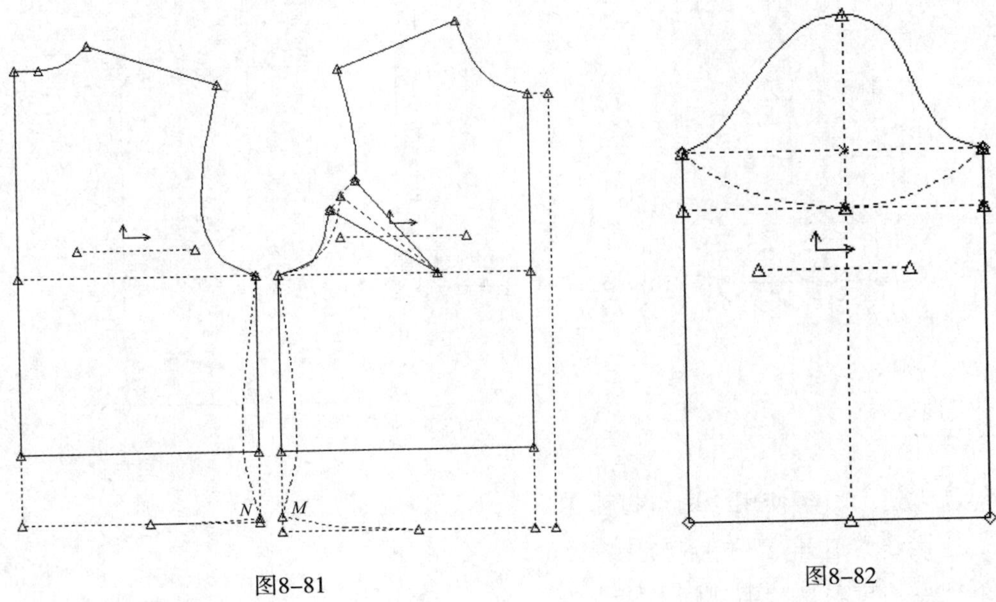

图8-81

图8-82

5. 生产样片、修改前袖窿省及修改布纹线

（1）使用【套取样片】工具，套取前后衣片样片，后衣片应为对称片，因为后中线由两条线段组成，在套取后衣片后，使用【合并线段】工具，合并两条线段，再使用【产生对称片】工具，选择后中线，使后衣片成为以后中线为对称线的对称片。

（2）使用【合并线段】工具，合并前片袖窿省的两条线段，使之成为符合系统尖褶要求的省，使用【更改尖褶】工具，修改省道长，使省道离原省尖点3cm。

（3）使用【旋转样片】【调对水平】工具，修改布纹线，如图8-83所示。

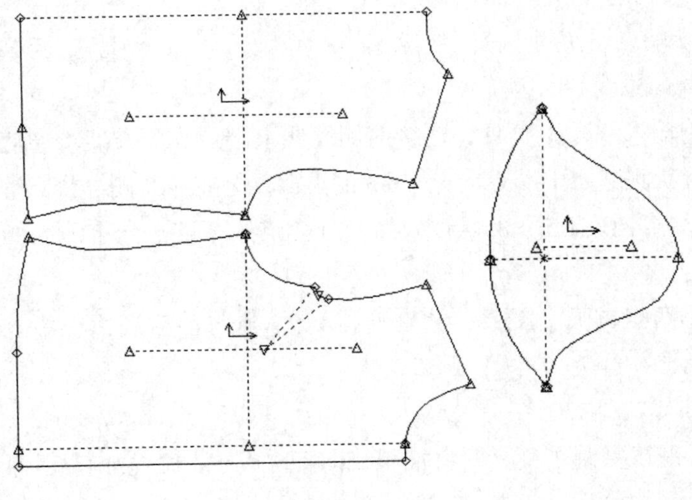

图8-83

6. 储存样片

使用【另存为】工具，依次保存样片，将前后片样片保存在储存区“变化女装”中，文件名分别为“款式三前片”“款式三后片”和“款式三袖片”。

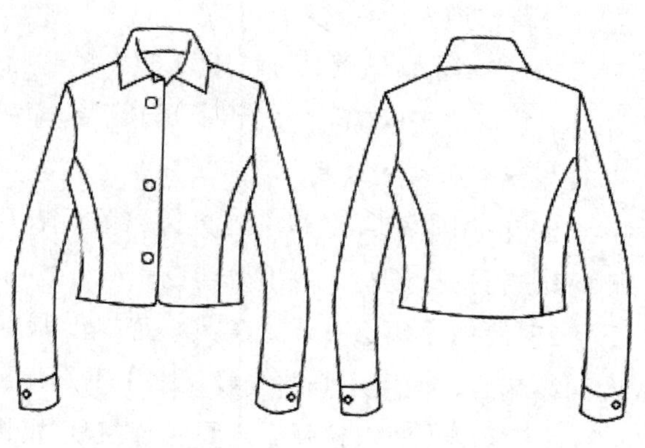

图8-84

(四) 款式四女装样片设计

款式四的变化主要为：修改衣片长度、分割衣片等，款式如图8-84所示。

1. 调出样片

打开“新文化原型”储存区中“新文化原型前片”和“新文化原型后片”，放置在工作区的空白区域，使用【删除线段】工具，删除多余线段，如图8-85所示。

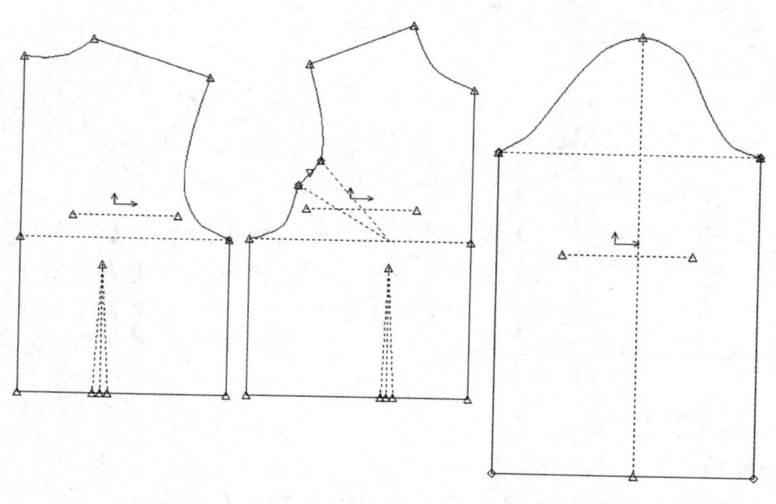

图8-85

2. 修改肩部及袖窿线

（1）使用【沿线移动点】工具，右侧工具栏中勾选【第二条线】，先将后肩线左端点沿肩线向右移动0.3cm，再将前肩线左端点沿肩线向左移动1cm，前肩线右端点沿肩线向左移动1cm。

（2）使用【线段长】工具，量取原前袖窿省长，使用【圆心半径】以原省尖点为圆心，原省长为半径，画圆与原省道线相交，使用【分割线段】工具，分割整圆曲线。

（3）使用【平行复制】工具，将前后侧缝线分别向外0.5cm平行复制，得新侧缝线，使用【修改线段长度】工具，将新前衣片侧缝线上端点向上移动1.5cm。

（4）使用【两点直线】工具，从前袖窿省开口上端点向下2cm处取一点与原省尖点相连，得新省道大。

（5）使用【输入线段】工具，过新省道开口点，重新划顺前袖窿弧线，同样连接原后袖窿下端点与新后侧缝上端点，得新后袖窿弧线，如图8-86所示。

3. 修改衣长及侧缝线

（1）使用【平行复制】工具，将前后衣片底边线向下分别平移4cm，再将前中线向右侧4cm进行平行复制，放出叠门量。

（2）使用【两点直线】工具，连接前领点和前门襟上端点，连接原底边线与新底边线的两端端点，使用【修改线段长度】工具，延长门襟线至底边。

（3）使用【两点拉弧】工具，连接前片侧缝上端点和前侧缝线下端点向上2.5cm的点M，连接后片侧缝线上端点和侧缝线下端点向上1cm的点N，拉弧得前后片新侧缝线；分别连接M、N点与前后底边线中点，划顺得新下摆线，如图8-87所示。

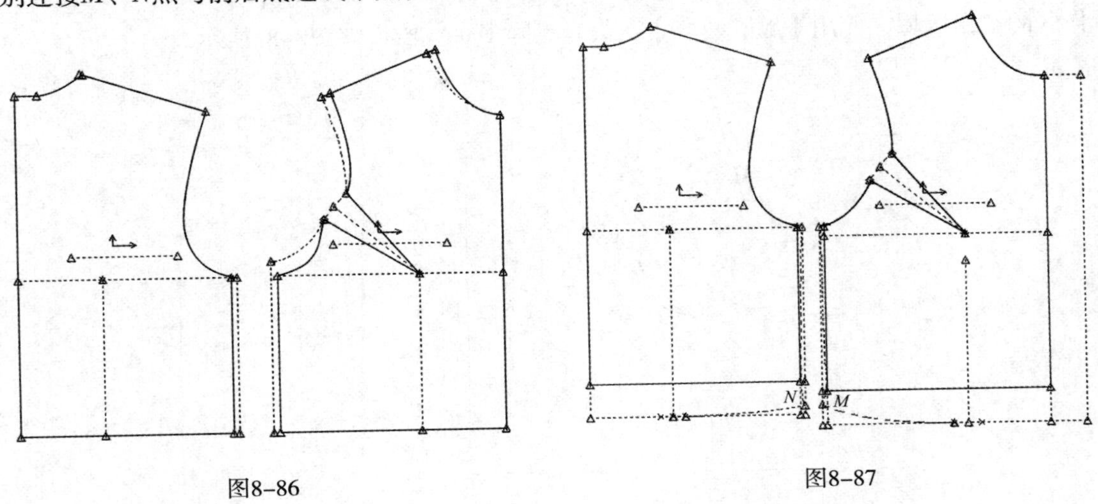

图8-86　　图8-87

4. 绘制分割线

使用【两点拉弧】工具，连接省道上开口点与原前衣片胸省右侧线下端点，拉弧过省尖点，再连接省道下开口点与原胸省左侧线下端点，拉弧同样过省尖点，得前衣片分割线；再连接后袖窿中点与原后衣片胸省左侧线下端点，拉弧过省尖点，再连接省尖点与原胸省右侧线下端点，拉弧划顺得后衣片分割线，如图8-88所示。

5. 绘制袖克夫

同款式三女装的步骤4，如图8-89所示。

6. 生成样片并修改布纹线

步骤同款式一女装的步骤4，如图8-90所示。

7. 储存样片

使用【另存为】工具，依次保存样片，将前后片样片保存在储存区“变化女装”中，文件名分别为“款式四前片1”“款式四前片2”“款式四后片1”“款式四后片2”和“款式四袖片”。

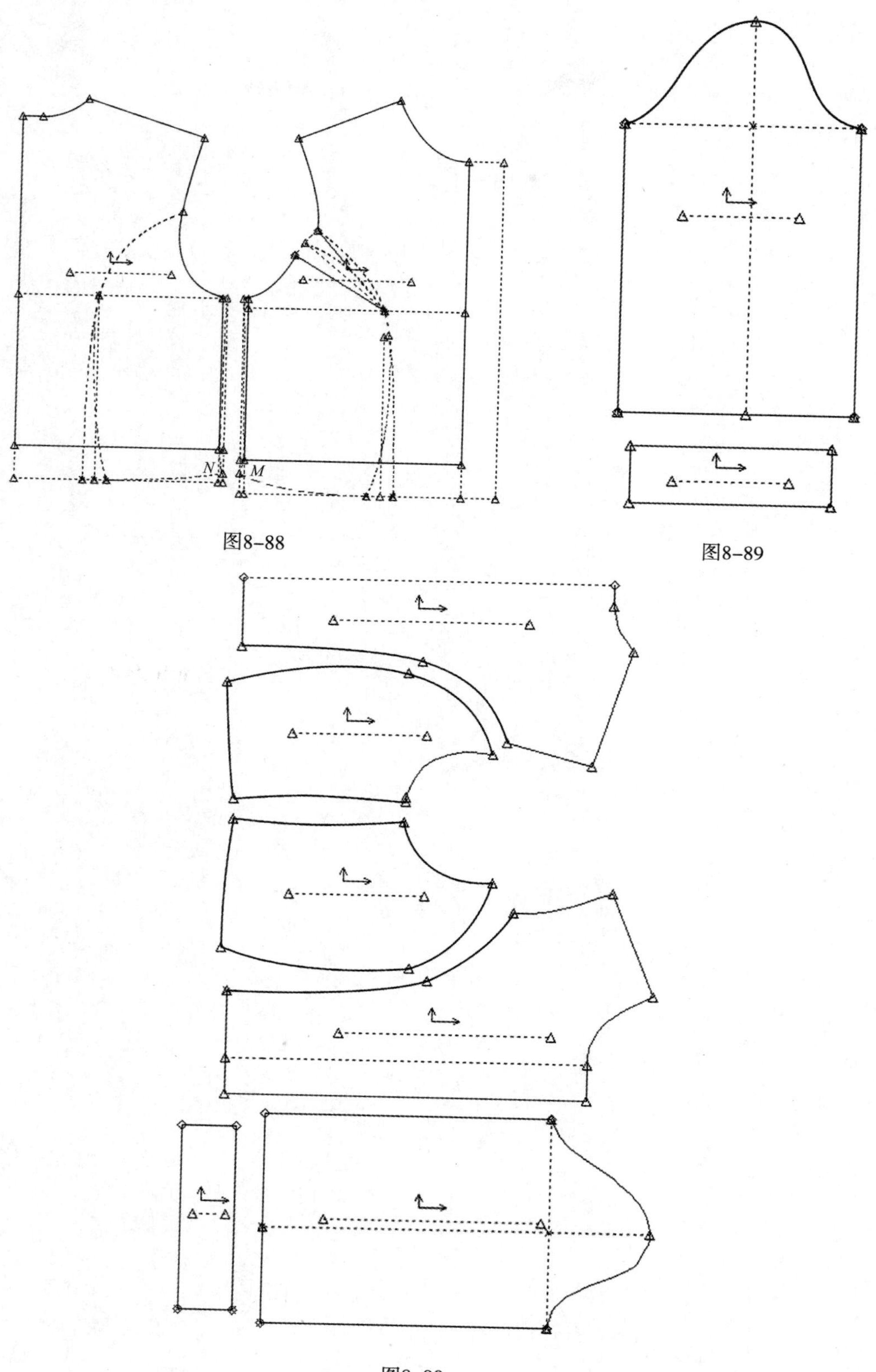

图8-88

图8-89

图8-90

应用与实践——

工业制版应用实例

课题名称：工业制版应用实例

课题内容：1. 配齐零部件
2. 加放缝份
3. 做缝制标记
4. 样片放缩
5. 排版操作

课题时间：8课时

学习目的：1. 能够在投产前按工艺要求进行加放缝份/做缝制标记。
2. 掌握利用放码规则生成大小码样片的方法。
3. 掌握不同的排版方式，提高面料利用率。

学习重点：样片的放缩，人机交互式排版。

教学方式：以课堂操作讲授和上机练习为主要授课方式。

教学要求：能够按工艺要求将结构图转换成工业用系列样版并给出最佳排版图。

课前课后准备：课前复习放缝、放码及排版基础知识，课后上机实践。

第九章　工业制版应用实例

在服装CAD制版过程中，工业制版即对净样放缝、增加剪口、放码及最后的排版，是在服装投入生产前的最后一步，本章以男西服为例进行阐述。首先在AccuMark资料管理器中新建储存区“西服生产版”，双击LaunchPad中的【样片设计】选项，打开样片设计页面，点击【检视】—【参数选项】—【路径】，将【路径】指定为储存区“西服生产版”。

第一节　配齐零部件

一、绘制挂面及里料

挂面和里料的绘制只需在已有的衣片基础上进行修改。

（一）绘制挂面

1. 调出样片

打开储存区“男西服”，从“男西服”调取出“前片”，放置在工作区的空白区域。

2. 分割样片

使用【输入线段】工具绘制挂面分割线。再使用【贴边片】，将挂面直接套取出来。同样，使用【贴边片】工具，将前片与挂面缝合的里料直接套取出来，如图9-1所示。

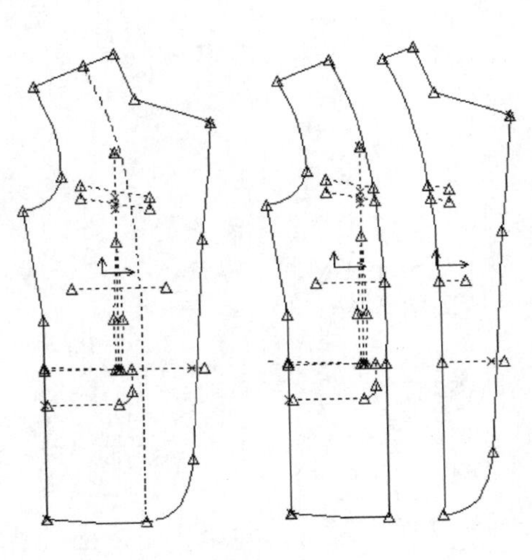

图9-1

3. 储存样片

使用【另存为】工具，保存样片，将样片保存到储存区“西服生产版”中，文件名为“挂面”。

（二）绘制里料

1. 调出样片

打开储存区“男西服”，从“男西服”调取

出“挂面”“前片”“侧片”“后片”“大袋盖”“大袖片”和“小袖片”，放置在工作区的空白区域。

2. 增加缝份

使用【设定/增加缝份】工具绘制挂面及里料缝份，按丝缕方向，挂面领口线放缝2cm，其余缝份均设定为1cm，得里料样片，如图9-2所示。

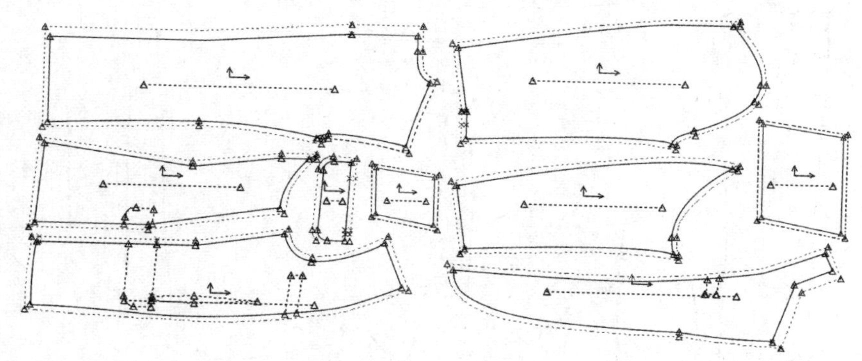

图9-2

3. 存储样片

使用【另存为】工具，依次保存样片，将样片保存到储存区“西服生产版”中，文件名分别为“挂面放缝”“前片里”“侧片里”“后片里”“大袋盖里”“大袖片里”“小袖片里”。

二、配齐衬料

（一）绘制胸衬

1. 调出样片

打开储存区“男西服”，从“男西服”调取出“前片”，放置在工作区的空白区域。

2. 分割样片

使用【输入线段】工具绘制胸衬分割线。再使用【套取样片】工具，将胸衬套取出来，如图9-3所示。

3. 存储样片

使用【另存为】工具，保存样片，将样片保存到储存区“西服生产版”中，文件名“胸衬”。

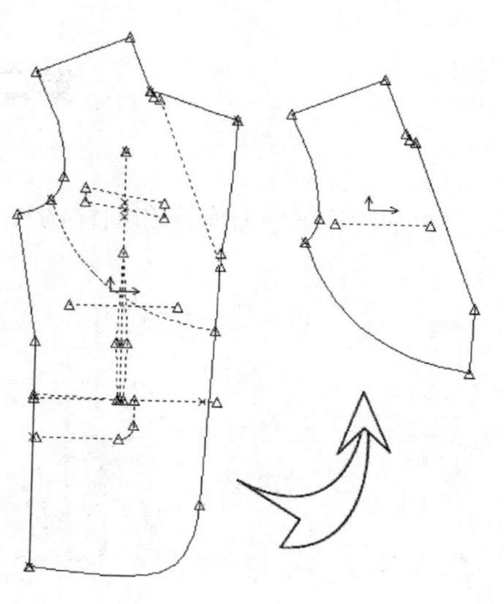

图9-3

（二）绘制大身衬等其他衬

1. 调出样片

打开储存区“男西服”，从“男西服”调取出“挂面”“前片”“侧片”“后片”“领片”“大袋盖”“大袖片”和“小袖片”，放置在工作区的空白区域。

2. 绘制大身衬等其他衬

使用【输入线段】【套取样片】等工具，配齐大身衬、挂面衬、领衬、袋盖衬等，方法同绘制胸衬。如图9-4中斜线部分，从左往右依次为后领口衬、后贴边衬、侧片袖窿衬、侧片贴边衬、大袋袋口衬、袖大小片袖口衬，如图9-4所示。

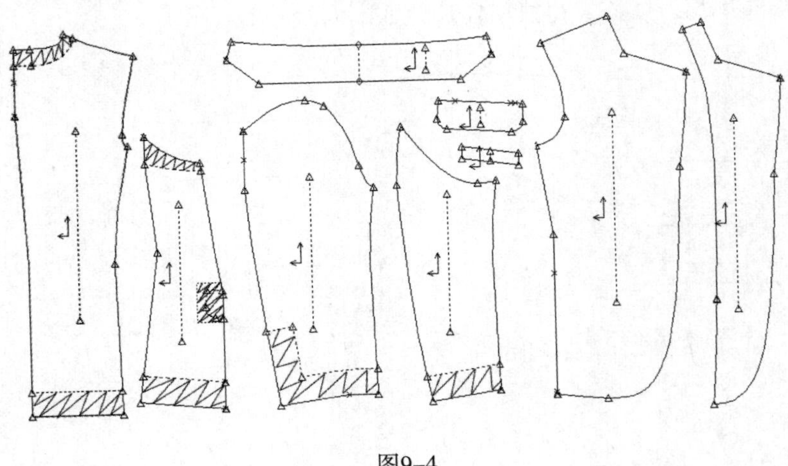

图9-4

3. 存储样片

使用【另存为】工具，依次保存样片，将样片保存到储存区“西服生产版”中，文件名分别为“大身衬”“挂面衬”“袋盖衬”“领衬”“后领口衬”“后贴边衬”“侧片袖窿衬”“侧片贴边衬”“大袋袋口衬”“袖大片袖口衬”和“袖小片袖口衬”等。

第二节　加放缝份

制版中纸样分为净样和毛样两种，工厂生产所需的一般是毛样，所以要对纸样放缝。

样片放缝

（一）衣身缝份

1. 调出样片

打开储存区“男西服”，从“男西服”调取出“前片”“侧片”“后片”“领片”“大袋盖”和“手帕袋爿”，放置在工作区的空白区域，如图9-5所示。

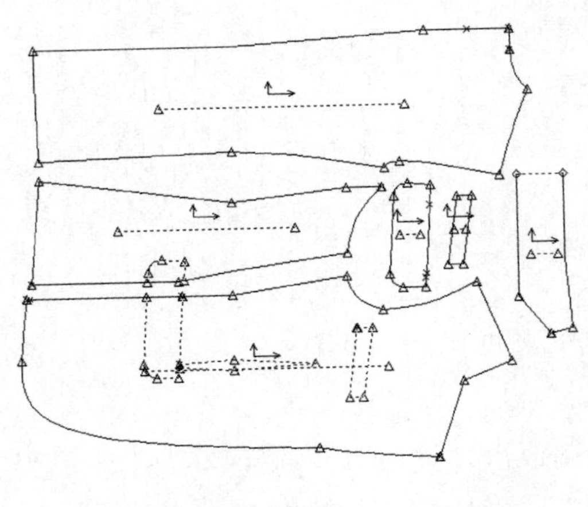

图9-5

2. 增加衣片缝份

（1）使用【设定/增加缝份】工具绘制衣身缝份，先将缝份全部设定为 1cm，分别选择后片和侧片下摆，设定缝份为4cm。

（2）使用【垂直梯形角】工具，在前衣大片下摆拐角处选择一点，作为作垂直梯形角的角，然后选择这一点前后任意一条线段，再选择需要改变缝份量的线段，即下摆平直部分的线段，设定缝份量为4cm。

（3）使用【切直角】工具，先选择袖窿尖角点，然后选择一条作直角的选段即侧缝线，对袖窿尖角进行直角处理；再修改后片后袖窿底部夹角，选择夹角点，再选择一条作直角的线段即后侧缝线，作出直角处理，如图9-6所示。

3. 存储样片

使用【另存为】工具，依次保存样片，将样片保存到储存区“西服生产版”中，文件名不变。

（二）袖身缝份

1. 调出样片

打开储存区“男西服”，从“男西服”调取出“大袖片”“小袖片”样片，放置在工作区的空白区域，如图9-7所示。

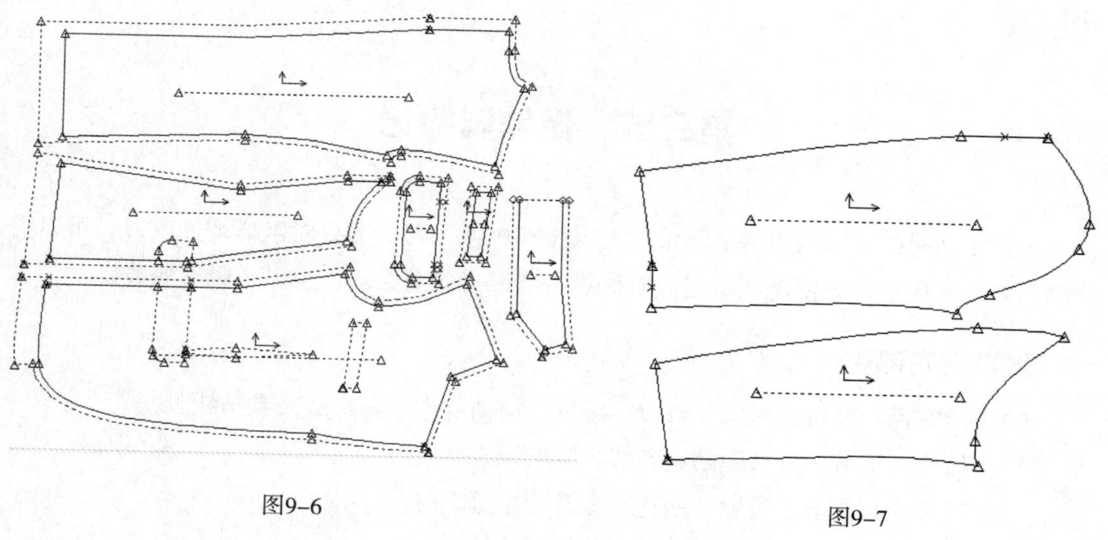

图9-6　　图9-7

2. 增加缝份

（1）使用【设定/增加缝份】工具绘制袖身缝份：袖口贴边为4cm，其余部位为1cm。

（2）绘制袖衩：袖衩长9cm，袖衩宽3cm；使用【分割线段】工具，在后袖缝左端点向右9cm将后袖缝分为两条线段；使用【垂直梯形角】工具，选择后袖片上的分割点作为作垂直梯形角的角，然后选择这一点前后任意一条线段，再选择需要改变缝份量的线段（即9cm的线段，为袖衩长），设定缝份量为3cm。大小袖片的袖衩制作方法一致。

（3）使用【切直角】工具，处理大小袖片的袖尖角，方法同增加衣身缝份的步骤（3），如图9-8所示。

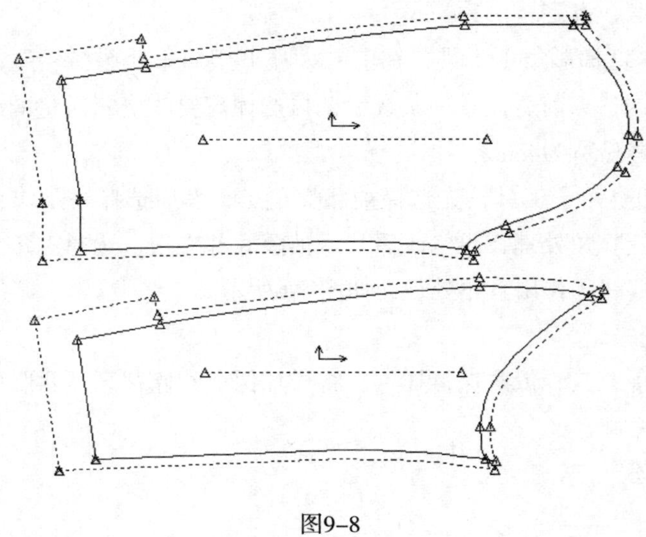

图9-8

3. 存储样片

使用【另存为】工具，依次保存样片，将样片保存到储存区“西服生产版”中，文件名不变。

第三节　做缝制标记

工厂中通过CAD制版之后要将纸样投入生产中使用时，需要对纸样增加剪口，可以提高缝制效率和质量，方便缝制时定点对位。本节以男西服为例，为男西服增加剪口。

一、剪口设定部位

（1）前衣片：翻折线两端、省位、袋位、前袖结点、贴边线及腰节线处等。

（2）侧片：腰节线两端、贴边宽等。

（3）后衣片：腰节线位置、贴边线宽及背中缝宽等。

（4）袖片：袖山中点、袖口贴边及袖衩贴边等。

二、绘制剪口

（一）设定剪口参数表

1. 运行剪口参数模块

双击LaunchPad中的【剪口参数表】图标，运行剪口参数模块。AccuMark系统可以同时设定多种类型的剪口，但对于服装工业制版，一般只需要设定一种剪口，即直剪口。

2. 设置剪口参数

打开剪口参数模块，在剪口类型中输入【直剪口】，设定剪口深度0.3mm，如图9-9

所示。

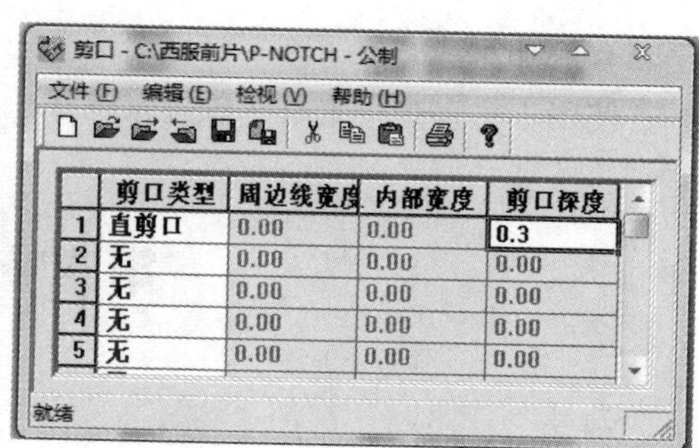

图9-9

（二）增加剪口

1. 调出样片

打开储存区“西服生产版”中“前片”“侧片”“后片”“大袖片”和“小袖片”，放置在工作区的空白区域，如图9-10 所示。

2. 增加剪口

（1）使用【交换裁缝线】工具，将缝份线与周边线交换。

（2）使用【增加剪口】工具，选择要增加剪口的点，在衣片上增加剪口，如图9-7所示。

（3）使用【加上/移除缝份线】工具，移除缝份线，使视图清晰，如图9-11所示。

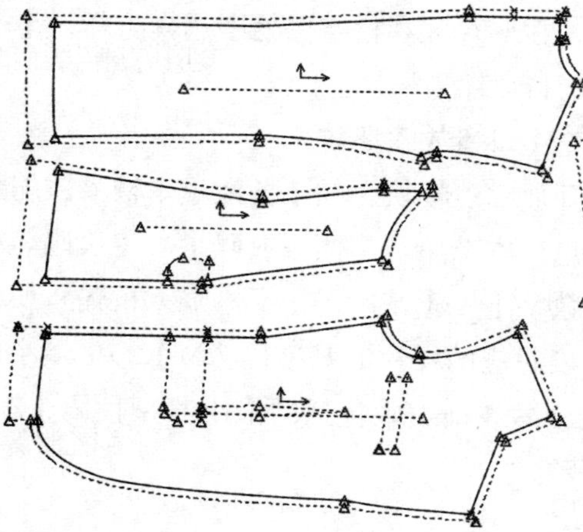

图9-10

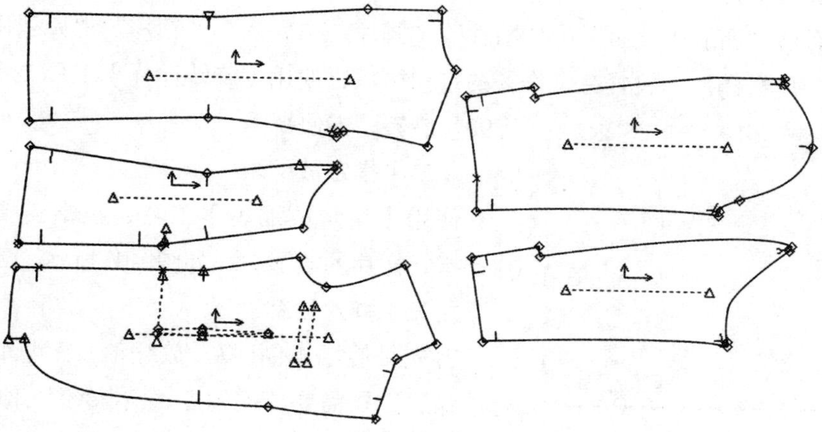

图9-11

3. 存储样片

使用【另存为】工具，依次保存样片，文件名不变。

第四节　样片放缩

对于一款服装，工厂大都是要做出不同号型规格的大小码，以适应不同身材顾客的需求。例如，一款女装一般都有S、M、L三个码，所以在纸样投入生产前，还需要在CAD中进行放缩。

一、设定放缩表

（一）运行放缩表模块

在AccuMark系统资源管理器中打开“西服生产版”储存区，在储存区右栏空白处中选择【新建】—【放缩表】，运行放缩表模块。

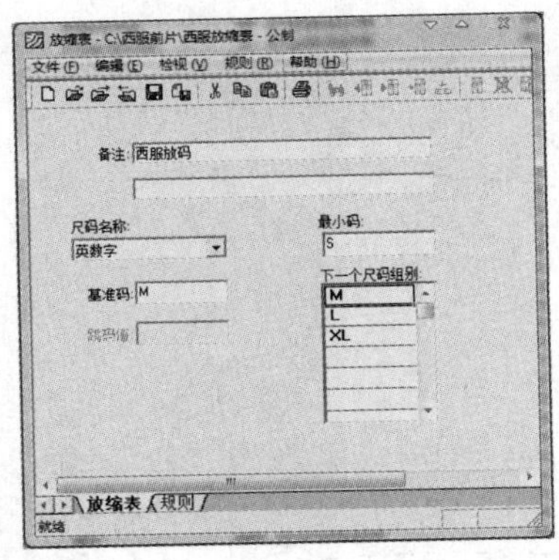

图9–12

（二）设置放缩参数

打开放缩表模块，在【备注】中输入放缩规则表的描述信息，本节填写【西服放码】。【尺码名称】中选择【英数字】，【基准码】文本输入框输入所建立的放码规则表对应的样片的基准码【M】，【最小码】文本框输入放缩规则表中包括的最小号型代码【S】，如图9–12所示。

二、样片放缩

（一）调出样片

打开储存区“西服生产版”中“前片”“侧片”“后片”“领片”“大袋片”“耳朵袋片”及各个里料样片，放置在工作区的空白区域，使用【旋转样片】工具，将样片逆时针90°旋转，方便视图。

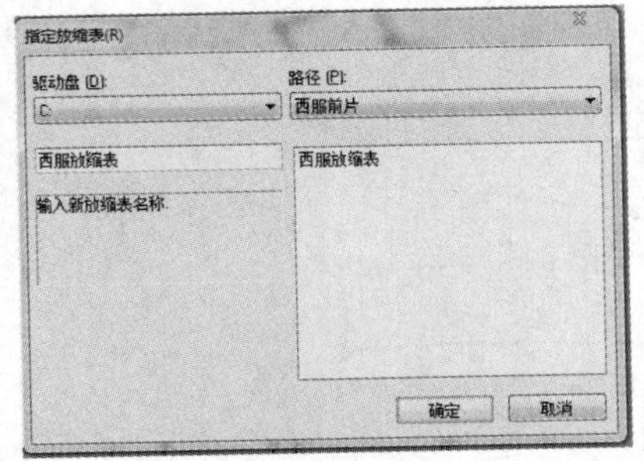

图9–13

（二）指定放缩表

使用【指定放缩表】工具，点击需要放缩的样片，指定样片的放缩表，如图9–13所示。

（三）样片放缩

首先，使用【创建*X*/*Y*放缩值】工具，对样片进行放缩，选择需要放缩的点，清除*X*值/*Y*值，输入*X*/*Y*的值，点击更新，然后对下一点放码，完成整片样片每个需要放缩的点的放码，从而完成样片放缩，如图9–14所示。

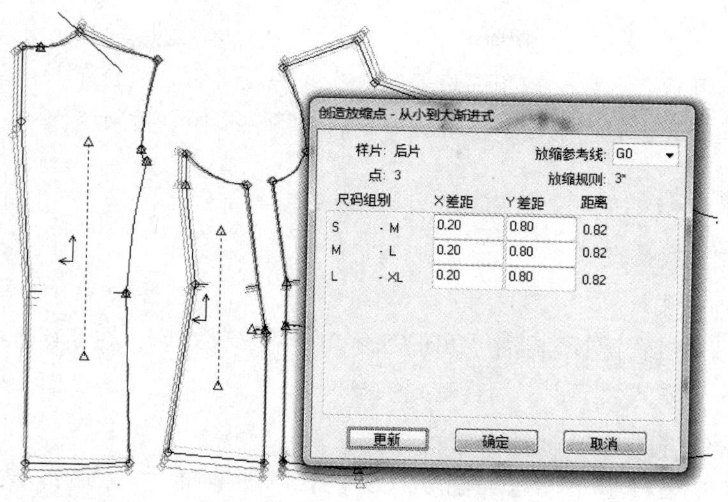

图9–14

其次，完成放缩，并将样片旋转至水平，如图9–15所示。

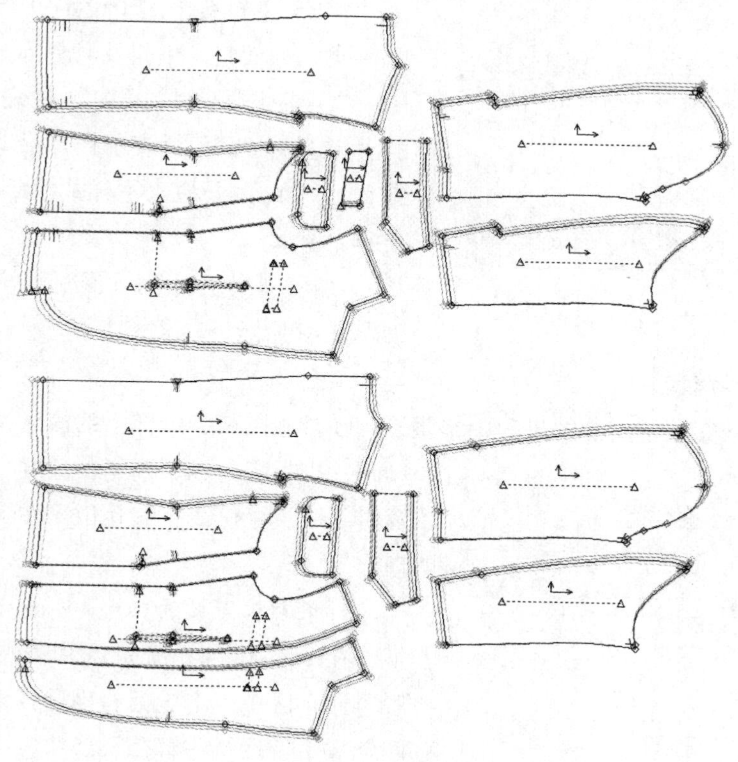

图9–15

最后，储存样片。使用【保存】工具，依次保存样片，文件名不变。

第五节 排版操作

对纸样进行排版是工厂中裁布前重要的一步，通过排版，节省布料，节约成本。在完成了样片设计、放缝、剪口制作、基准码放缩后，下一步便是排版工作。

一、建立排版资料

（一）建立款式档案

1. 运行款式档案模块

在AccuMark系统资源管理器中打开“西服生产版”储存区，在储存区中点击鼠标右键选择【新建】—【款式档案】，运行款式档案模块。

2. 设定款式档案

（1）【样片名称】中输入当前款式所包含的所有样片，点击该栏右侧的查找按钮，可以选择该款包含的所有样片，选择后，所有的样片图像、样片类别和样片描述等会依次显示在【样片名称】右侧的相应栏中。

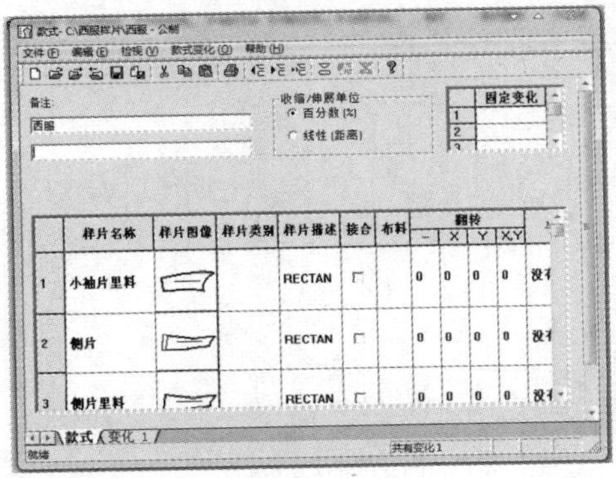

（2）【布料】用于设定每个样片使用布料的种类，如面料、里料及衬料等。

（3）【翻转】中“–”栏表示读入状态的样片数量，“X”栏表示样片沿X轴翻转的样片数量，“X，Y”栏表示样片沿X、Y轴方向翻转的样片数量。

（4）【半片】用于面对面拉布的排版中，如图9–16所示。

图9–16

（二）注解档案

建立注解档案，定义绘图过程中希望绘制在排版图或者纸样上的信息，如样片名称、尺码、排版图名称、幅宽、长度、利用率等，以及内部线、缝份线、钻孔位等在绘图过程中的处理。

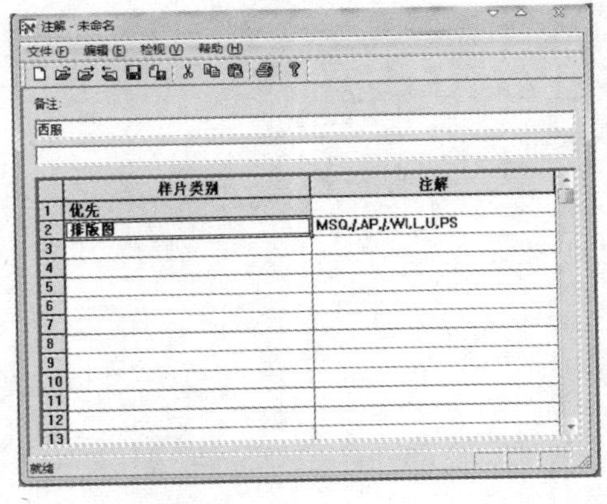

图9–17

1. 运行注解档案模块

在AccuMark系统资源管理器中“西服生产版”储存区中点击鼠标右键选择【新建】—【注解档案】，运行注解档案模块，【备注】中可输入款式信息，由用户自行根据需要进行输入，如图9–17所示。

2. 设定注解档案

（1）在表格左侧【样片类别】栏中，第一行为【优先】，用户无法删除或替换，“优先”的注解项对应的注解信息将被打印在所有样片上，除非对于某个具体样片要进行注解。

（2）【注解】栏里可以直接输入代码或者按右侧查找按钮，在弹出的窗口进行选择，在窗口中输入注解代码，多个注解代号之间必须以逗号分开，而且在注解代号之间不能有空格，如MK1–20，PN1–20。系统默认读图样片为左片，需要注解左右片时输入“LR”，换行时输入“，/，”，如图9–18所示。

（3）第二行为【排版图】，代表绘制排版图时排版图边界打印的特别信息，在注解种类中，带“*”的注解除“*常数”和“*尺码”外，其他一般均用于排版图注解。多数情况下，排版图中绘出钻孔，内部线（缝份线、款式风格线）不需要绘制出来，以防被裁刀误裁。

（4）第三行可以输入内部资料，可在【样片类别】栏中输入样片类别【LABELX】，X代表内部资料的标记字幕，如“D”代表钻孔，标记字母前不能有空格。内部线注解有三种：“LT0”（不画线）、“LT1”（画实线）、“LT2”（画虚线）。内部钻孔的注解格式为“SYxxhh”，其中“xx”表示符号形状，取值和含义有“74（+）”“69（*）”“88（○）”“89（□）”“90（◇）”。“hh”表示符号大小，如图9–19所示。

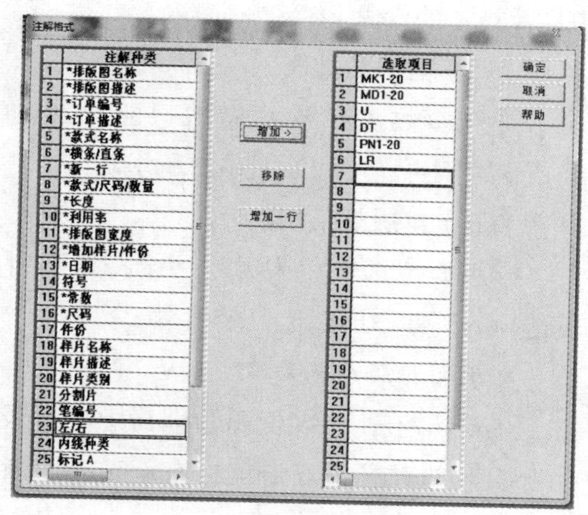

图9–18

图9–19

（三）排版放置限制档案

排版放置限制档案用来解释每个样片在排版时所受到的限制，如倾斜等。

1. 运行排版放置限制档案模块

（1）在AccuMark系统资源管理器中“西服生产版”储存区中点击鼠标右键选择【新建】—【排版放置限制档案】，运行排版放置限制档案模块。

（2）【备注】中可输入款式信息，由用户自行根据需要进行输入，如图9-20所示。

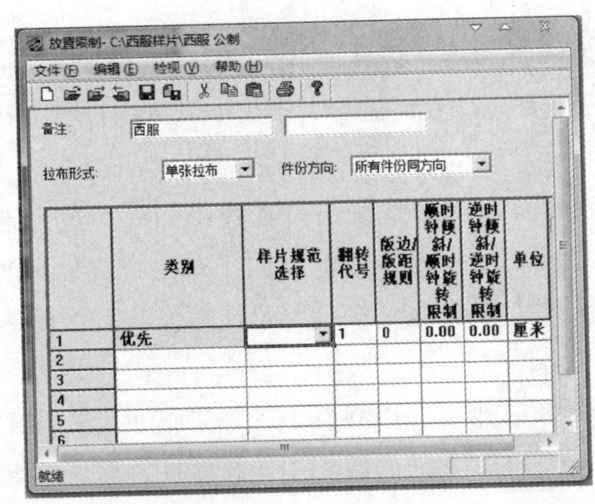

图9-20

2. 设定排版放置限制档案

（1）排版放置限制档案窗口中，【拉布形式】中有“单张拉布”“面对面拉布”“对折拉布”“圆筒拉布”四个选择，本节选择“单张拉布”。

（2）【件份方向】有“所有件份同方向”“件顺”和“同尺码同方向”。

①所有件份同方向：所有件份同一方向。这种方式对布料有毛向限制。

②件顺：交替方向显示，件份左右交替排列。这种方式对布料没有毛向限制，件份可在排版图中旋转180°。

③同尺码同方向：相同尺码的件份统一方向。这种方式对布料倒顺毛基本没有限制，不同尺码可能是不同方向。

（3）排版放置限制档案窗口中，【类别】栏第一项默认“优先”，表示除了特定样片类别设定，所有样片按照优先样片规范设定。特殊样片的设定，可以在类别栏里直接输入样片类别。在【样片规范选择】栏中选择所需样片规范的代码。

（四）剪口参数表

剪口参数表在样片做剪口时已经建好，步骤不再详述，如图9-21所示。

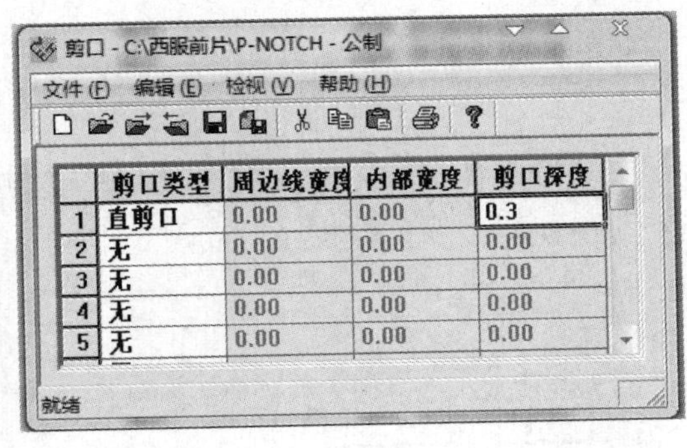

图9-21

（五）排版规范档案

排版规范档案用来说明一个排版图所需选择的档案，即以上三个档案。

1. 运行排版规范档案

在AccuMark系统资源管理器中“西服生产版”储存区中点击鼠标右键选择【新建】—【排版规范档案】，运行排版规范档案模块。

2. 设置排版规范档案

（1）排版规范档案窗口中，必须输入的选项如下：

①【排版图名称】内输入排版图名称。

②【放置限制】【注解档案】和【剪口参数表】均点击查找按钮，导入前步骤创建的档案。

③【布宽】设置布料宽度，本节设定为150cm。

④【目标利用率】用于设置排料利用率的希望值，本节设置为90%。

（2）其余选项可以不填。其中，【缩短（-）/加长（+）】选项主要是设定布料的缩水率，【版边版距】用来设定所需的版边版距档案，如图9-22所示。

（3）完成档案后，点击窗口底部“款式”标签页。设置款式页中款式、尺码、数量等相关内容，其他根据需要填写相关选项，如图9-23所示。

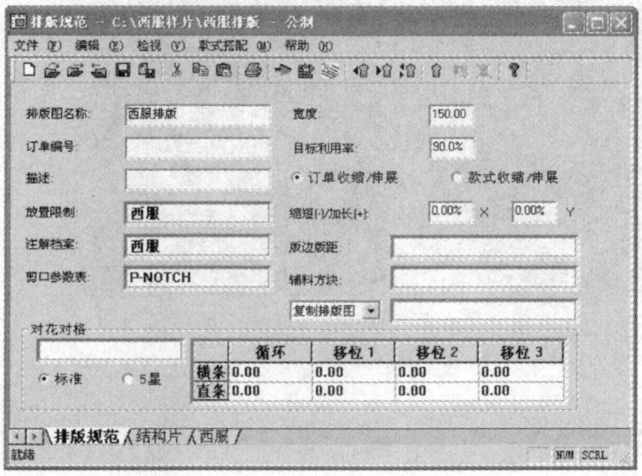

图9-22

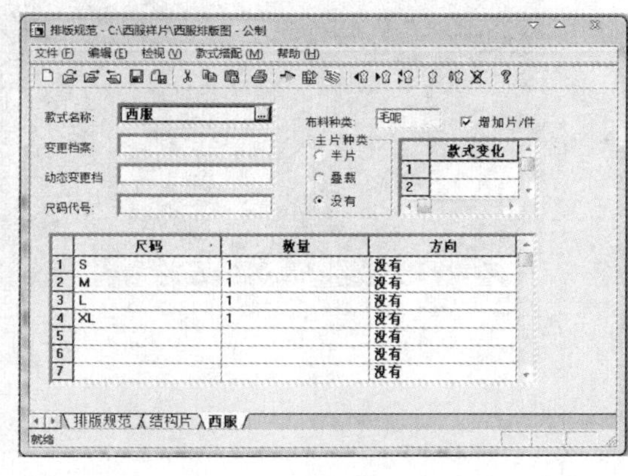

图9-23

（4）完成建档工作后，单击工具栏中的【执行排版规范】按钮，执行完成后系统会显示执行状态。执行成功则可以成功进行排版，进入下一步。

（5）如果出现错误，可能是同一排版图样片中的类别重复，也可能是【排版规范】中输入的尺码与所选款式样片的实际尺码不匹配，或者是找不到【排版规范】所需的款式档案或者样片，再或者是反复产生相同的排版图，在【用户环境】设置中【覆盖排版图】选项选择对否，导致无法产生排版图。系统在执行每一项工作时，会自动记录每一工作的执行状态，工作出错时，点击工具栏中【活动日志】，可弹出【活动日志】窗口，提示出错原因，如图9-24所示。

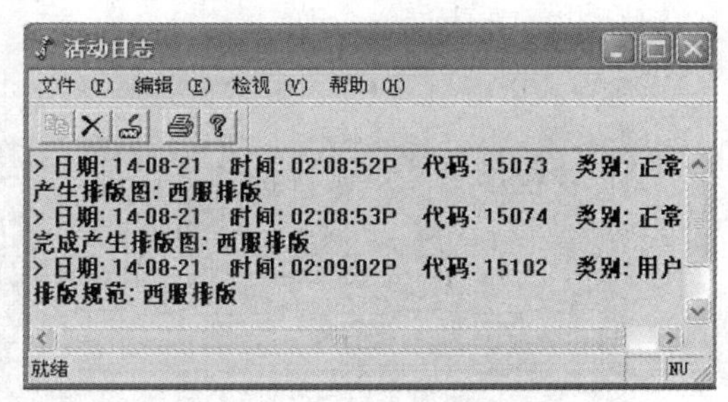

图9-24

二、排版

（一）产生排版图

在完成上一小节中的【执行排版规范】步骤执行成功后，会生成【排版】文档，在此的基础上，可产生排版图。

双击运行【AccuMark资源管理器】中储存区“西服生产版”，点击鼠标右键选择【排版】，运行排版图模块，如图9-25所示。

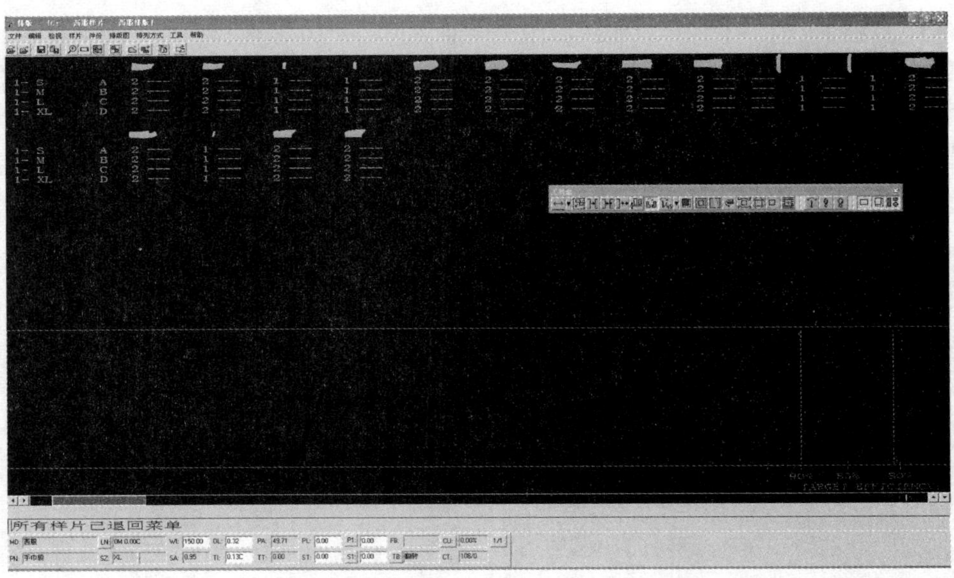

图9-25

（二）排版

1. 打开排版模块

（1）双击LaunchPad中的【排版】图标，进入【排版】模块，并通过工具栏或文件菜单打开产生的排版图，排版工作界面，如图9-20所示。

（2）从样片选择区框选样片移至排版区进行排版，可以手动排版也可以自动排版。在排版区模块下方是排版图资料区，显示当前样片的相关信息，手动选择样片，将样片放入排版区内，如图9-26所示。

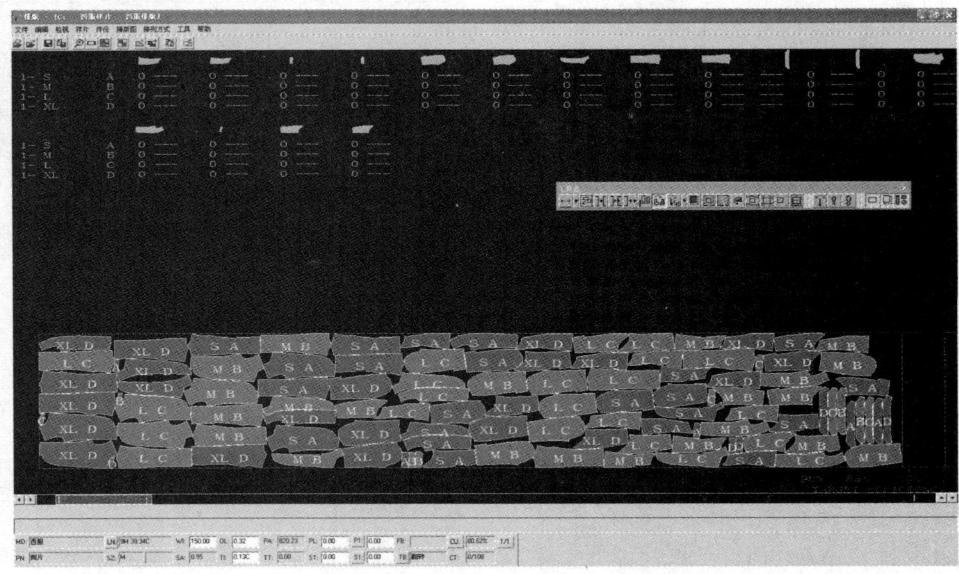

图9-26

2. **自动排版**

（1）双击LaunchPad中的【自动排版】图标，或通过【排版】模块的文件菜单点击【自动排版】按钮，运行自动排版界面，如图9–27、图9–28所示。

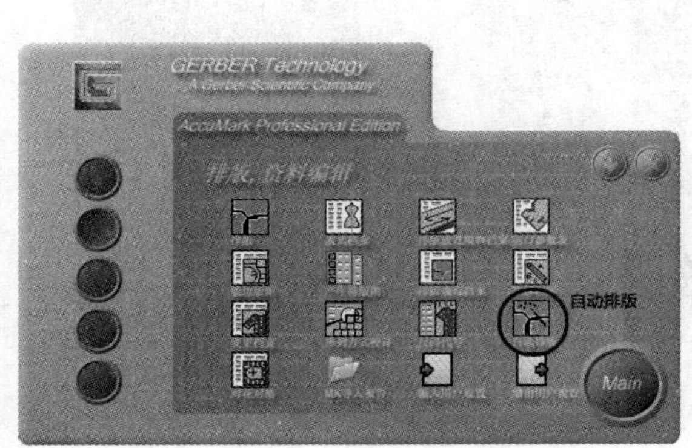

图9–27

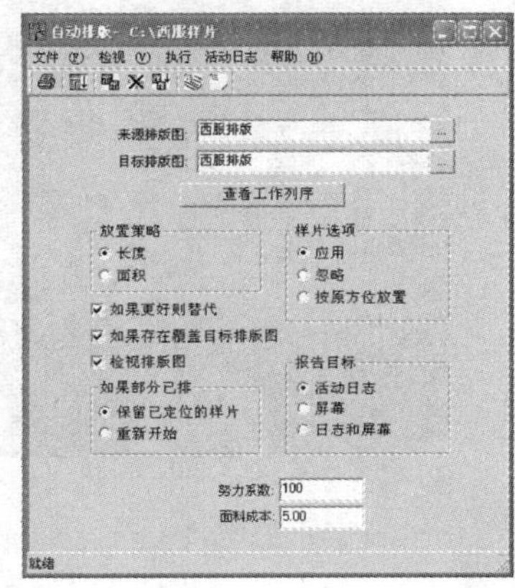

图9–28

（2）设置相关信息，导入需要排版的排版图，输入自动排版后保存的名称，设定应用排版放置限制、布料单价等，设置完成后，选择【执行】命令，进行自动排版，自动排版完成后，系统显示出西服排版的【检视绘图】，如图9–29所示。

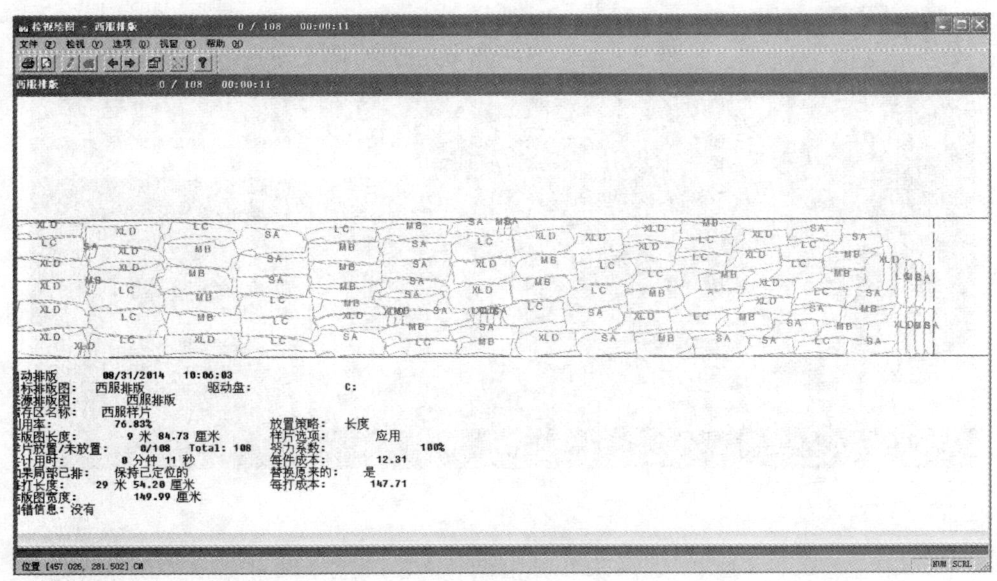

图9–29

（3）打开排版图【西服排版】，可见到自动排版的完成情况，可在此基础上再手动调整，提高利用率，完成排版，如图9–30所示。

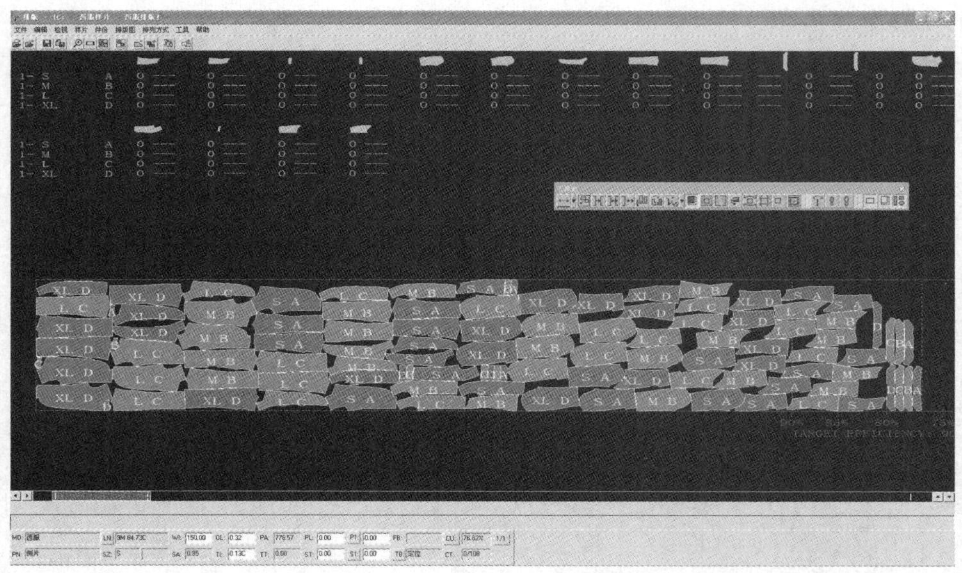

图9-30

（4）一般来说工厂中习惯先手动排版只排大片，再采用自动排版排小片，将小片插在大片的缝隙中，以提高布料的利用率。步骤同上，在自动排版界面中选择【保留已定位样片】，如图9-31所示。

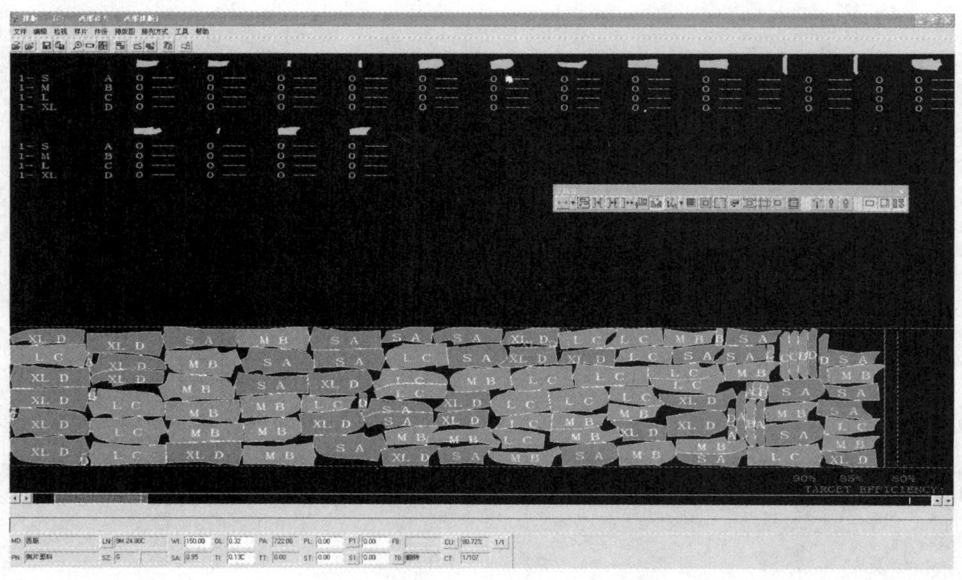

图9-31

参考文献

［1］张辉，郭瑞良，金宁．服装CAD实用制版技术　格柏篇［M］．北京：中国纺织出版社，2011.

［2］张玲，张辉．服装CAD版型设计［M］．北京：中国纺织出版社，2005.

［3］张玲，张辉，郭瑞良．服装CAD版型设计［M］．2版．北京：中国纺织出版社，2008.

［4］威尼弗雷德·奥尔德里奇．英国经典服装版型［M］．刘莉，译．北京：中国纺织出版社，2003.

［5］刘瑞璞．服装纸样设计原理与技术男装编［M］．北京：中国纺织出版社，2005.

［6］中屋典子，三吉满智子．服装造型学技术篇Ⅱ［M］．刘美华，孙兆全，译．北京：中国纺织出版社，2007.

［7］三吉满智子．服装造型学理论篇［M］．郑嵘，张浩，韩洁羽，译．北京：中国纺织出版社，2008.

［8］谭雄辉，张宏仁，徐佳．服装CAD［M］．北京：中国纺织出版社，2002.

［9］刘荣甲，李金强．服装CAD技术［M］．北京：化学工业出版社，2007.

［10］吴俊．女装结构设计与应用［M］．北京：中国纺织出版社，2002.

［11］刘瑞璞，刘维和．女装纸样设计原理与技巧［M］．北京：中国纺织出版社，2005.

［12］王海亮，周邦桢．服装制图与推版技术［M］．3版．北京：中国纺织出版社，1999.

［13］罗春燕，马仲岭，虞海平．服装CAD制版实用教程［M］．2版．北京：人民邮电出版社，2009.

［14］陈建伟．服装CAD应用教程［M］．北京：中国纺织出版社，2008.

［15］齐德金．服装CAD应用原理与实例精解［M］．北京：中国轻工业出版社，2009.

［16］宋玉生．服装CAD［M］．北京：高等教育出版社，2005.

［17］傅月清，龙琳．服装CAD［M］．北京：高等教育出版社，2007.

［18］斯蒂芬·格瑞．服装CAD/CAM概论［M］．张肆，等译．北京：中国纺织出版社，2000.